Stefan Koger

Reaktionskinetische Untersuchungen zur Umwandlung stickstoffhaltiger Gaskomponenten unter Bedingungen der Abfallverbrennung

Reaktionskinetische Untersuchungen zur Umwandlung stickstoffhaltiger Gaskomponenten unter Bedingungen der Abfallverbrennung

von
Stefan Koger

Dissertation, Universität Karlsruhe (TH)
Fakultät für Chemieingenieurwesen und Verfahrenstechnik,
Tag der mündlichen Prüfung: 19.06.2009
Referenten: Prof. Dr.-Ing. H. Bockhorn, Prof. Dr. H. Seifert

Impressum

Karlsruher Institut für Technologie (KIT)
KIT Scientific Publishing
Straße am Forum 2
D-76131 Karlsruhe
www.uvka.de

KIT – Universität des Landes Baden-Württemberg und nationales
Forschungszentrum in der Helmholtz-Gemeinschaft

KIT Scientific Publishing 2010
Print on Demand

ISBN 978-3-86644-500-0

Reaktionskinetische Untersuchungen zur Umwandlung stickstoffhaltiger Gaskomponenten unter Bedingungen der Abfallverbrennung

zur Erlangung des akademischen Grades eines

DOKTORS DER INGENIEURWISSENSCHAFTEN (Dr.-Ing.)

der Fakultät für Chemieingenieurwesen und Verfahrenstechnik der

Universität Fridericiana Karlsruhe (TH)

genehmigte

DISSERTATION

von

Dipl.-Ing. Stefan Koger

aus Lörrach

Referent: Prof. Dr.-Ing. H. Bockhorn

Korreferent: Prof. Dr. H. Seifert

Tag der mündlichen Prüfung: 19.06.2009

Die Neugier steht immer an erster Stelle eines Problems, das gelöst werden will.
Galileo Galilei

Gewidmet meinen Eltern und meiner Familie.

Vorwort

Die vorliegende Arbeit entstand während meiner Tätigkeit am Lehrstuhl für Verbrennungstechnik des Engler-Bunte-Instituts der Universität Karlsruhe (TH). Sie wurde durch die Helmholtz-Gemeinschaft Deutscher Forschungszentren (HGF) im Rahmen des Strategiefonds-Projekts „Primärseitige Stickoxidminderung als Beispiel für die Optimierung des Verbrennungsvorgangs in Abfallverbrennungsanlagen" gefördert.

Mein erster Dank gebührt meinem Doktorvater Herrn Prof. Dr.-Ing. Henning Bockhorn für die Ermöglichung der Arbeit an seinem Lehrstuhl, für sein entgegengebrachtes Vertrauen, den gewährten wissenschaftlichen Freiraum sowie seine stets wohlwollende Unterstützung in allen Fragen.

Herrn Prof. Dr. Helmut Seifert danke ich für sein Interesse an der Arbeit und die freundliche Übernahme des Korreferats.

Weiterhin möchte ich allen danken, die zum erfolgreichen Gelingen der Arbeit beigetragen haben, begonnen bei meinem guten Kollegen Peter Schmittel, der mich als Diplomarbeiter an den Lehrstuhl geholt hat und damit den Grundstein für mein wissenschaftliches Wirken in der Verbrennungstechnik gesetzt hat. Bei Herrn Prof. Dr.-Ing Wolfgang Leuckel bedanke ich mich für die Einstellung als wissenschaftlicher Mitarbeiter am Lehrstuhl und damit für sein in mich gesetztes Vertrauen.

Der Aufbau der zweistöckigen Versuchsanlage war immens und ich bin allen Technikern dankbar, die dabei mitgeholfen haben: Peter Steitel, Helmut Pabel, Hans-Dietrich Klette, Rainer Donnerhacke, Stefan Herbel, Richard Brunner, Manfred Haug. Für die Unterstützung bei der Durchführung der Rechnungen bedanke ich mich bei den immer hilfsbereiten IT-Kollegen Walter Pfeffinger, Wolfgang Paulat sowie Peter Habisreuther und Arne Hoffmann, die mich auch in fachlichen Diskussionen weiterbrachten.

Mein Dank gilt auch meinen Seminar-/Diplomarbeitern und Praktikanten Camilo Cardenaz, Frank Wetzel und Bernd Günther für die Unterstützung bei der Durchführung der Messungen und Berechnungen sowie meinem Kollegen Klaus Merkle, der mir bei den LDA-Messungen beistand.

Bei all meinen lieben Kollegen bedanke ich mich für die familiäre Atmosphäre und die schöne Zeit am Institut, insbesondere bei meinen Bürokollegen Arne, Klaus und Camilo. Auch bin ich dankbar für die Herausforderungen beim Basketball und Fussball.

Bedanken möchte ich mich auch bei Dagmar Reinhardt, die als Sekretärin von Herrn Bockhorn stets hilfreich bei allen organisatorischen Problemen war.

Mein letzter und besonderer Dank gebührt meiner Frau Christel. Sie hat mich stets unterstützt und entlastet, was nicht immer einfach war, wenn man bedenkt, dass während dieser Zeit auch unsere drei Kinder zur Welt kamen. Ausserdem hat sie alle meine Veröffentlichungen sowie diese Arbeit mehrfach korrekturgelesen.

Visp, Dezember 2009   Stefan Koger

Inhaltsverzeichnis

Formelzeichen und Indizes

Lateinisch:

A	$cm^3/(mol \cdot s)$	Präexponentieller Faktor (2. Ordnung)
C	mol/cm^3	Molare Konzentration
d	mm	Durchmesser
D	m^2/s	Dispersionskoeffizient
E	AU	Extinktion
E_A	Kal/mol	Aktivierungsenergie
I		Lichtintensität
k	$cm^3/(mol \cdot s)$	Reaktionsgeschwindigkeitskoeffizient (2. Ordnung)
K		Gleichgewichtskonstante
N_A	$6{,}023 \cdot 10^{23}/mol$	Avogadro-Konstante
p	bar	Druck
q	-	Impulsstromdichteverhältnis
q	$mol/(cm^3 \cdot s)$	Nettoreaktionsgeschwindigkeit einer Reaktion
$\dot{Q}$	W/s	Wärmestrom
R	mm	Radius
r	mm	Radiale Koordinate
R	$8{,}314\ J/(mol \cdot K)$	Universelle Gaskonstante
S	-	Sensitivitätskoeffizient
t	s	Zeit
T	K	Temperatur
u	m/s	Axialgeschwindigkeit
x	mm	Axialkoordinate
X	-	Molenbruch
Y	-	Massenbruch

Griechisch:

β	-	Temperaturexponent
ε	-	Relative Grenze
Φ	-	Brennstoffzahl
λ	-	Luftzahl
ν	-	Stöchiometrischer Koeffizient
σ		Stoßquerschnitt
τ	s	Verweilzeit
$\dot{\omega}$	$mol/(cm^3 \cdot s)$	Umsatzgeschwindigkeit einer Spezies

Indizes:

0	Anfang
b	Rückreaktion
Disp	Dispersion
f	Hinreaktion
i	Zähler für Reaktionen
k	Zähler für Spezies
max	Maximum

Kennzahlen:

Bo	Bodensteinzahl
Re	Reynoldszahl

Abkürzungen:

FTIR	Fourier Transform Infrarot Spektrometer
GRI	Gas Research Institute
J	Jakobimatrix
LDA	Laser-Doppler-Anemometrie
LLNL	Lawrence Livermore National Laboratory
M	Stoßpartner
PFR	Kolbenströmungsreaktor
PSR	Rührkesselreaktor
QRRK	Quantum-Rice-Ramsperger-Kassel
RRKM	Rice-Ramsperger-Kassel-Marcus
TFN	Total Fixed Nitrogen

Kapitel 1: Einführung

1.1 Motivation und Zielsetzung

Die thermische Abfallbehandlung als umweltfreundliches Verfahren der Abfallbeseitigung gewinnt heutzutage immer mehr an Bedeutung. Dies ist in Deutschland insbesondere auf die Technische Anleitung Siedlungsabfall (TASi) zurückzuführen, die die Verringerung des Abfallvolumens und vor allem die Inertisierung des Abfalls zum Ziel hat, bevor dieser in einer Deponie abgelagert werden darf. Sie dient daher dem Schutz von Boden und Grundwasser sowie der Luftreinhaltung, indem die schädlichen Deponieemissionen in Form von Sickerwasser und Deponiegas vermieden werden. Die TASi wurde 1993 erlassen, wobei der Gesetzgeber aber zur Realisierung dieser Vorgaben eine Übergangsfrist von 12 Jahren festgesetzt hat. Seit Juni 2005 müssen also alle Siedlungsabfälle vor der Deponierung in geeigneter Weise vorbehandelt werden. Nach heutigem Stand der Technik ist der festgeschriebene Grad der Inertisierung nur durch eine thermische Behandlung zu erreichen. Mechanisch-biologische Verfahren werden zurzeit überprüft.

Für die thermische Abfallbehandlung stehen mehrere Verfahren zur Verfügung, die je nach Konzept auf der Pyrolyse, der Vergasung, der Verbrennung oder auf Mischformen dieser drei Umwandlungsmöglichkeiten beruhen. Voraussetzung für die hohe Umweltfreundlichkeit dieser Verfahren ist eine entsprechende Abgasbehandlung. Die Einhaltung der gesetzlich vorgeschriebenen Emissionsgrenzwerte macht die Rauchgasreinigung zum teuersten Element einer solchen Anlage. Dies gilt sowohl für die Investitionskosten als auch für die laufenden Kosten. Ein nicht unerheblicher Anteil des Aufwandes bei der Rauchgasreinigung wird durch die Entfernung der Stickstoffoxide (NO_x) verursacht. Die Höhe des Anteils ist abhängig vom angewandten Verfahren. Bei der klassischen Abfallverbrennung, dem am weitesten verbreiteten und billigsten Verfahren, können je nach Abfallzusammensetzung die NO_x-Emissionen beträchtlich sein und damit auch der Aufwand für deren Entfernung.

Bei den Stickstoffoxiden besteht aber die Möglichkeit, durch Primärmaßnahmen deren Entstehung schon im Feuerraum einer Abfallverbrennungsanlage zu verringern und somit die kostenintensiven Sekundärmaßnahmen wie zum Beispiel die Selektive Nicht-Katalytische Reduktion (SNCR) zu minimieren. Solche Primärmaßnahmen können die gestufte Zuführung von Luft oder Brennstoff sein sowie der gezielte Einsatz von Zusatzbrennstoffen, bestehend aus bestimmten Abfallkomponenten, Pyrolysegas oder Erdgas. Möglich ist auch die geschickte Strömungsführung von Pyrolysegas, Verbrennungsgas und Abgas. Dieser Ansatz wurde bisher vor allem deswegen nur wenig verfolgt, da die NO_x-Bildung bei der Verbrennung fester Abfallstoffe noch nicht ausreichend verstanden wird.

In der Abfallverbrennung wird die Stickoxidbildung vor allem durch den im Brennstoff selbst gebundenen Stickstoff verursacht, der hier z.B. in Form von natürlichen und künstlichen Polymeren auf Polyamidbasis oder tierischen und pflanzlichen Eiweißstoffen auftritt. Aufgrund des geringen Temperaturniveaus von 700 - 1100 °C spielt die so genannte Thermische Stickoxidbildung aus dem Stickstoff der Verbrennungsluft keine Rolle. Gelangt der stickstoffhaltige Abfall in die heiße Verbrennungsanlage, so wird er zunächst thermisch zersetzt. Dabei wird der im Feststoff gebundene Stickstoff zum größten Teil in gasförmige

Produkte wie z.B. NH_3, HCN, HNCO, Pyrrol, Caprolactam sowie N_2, NO und N_2O überführt. Diese stickstoffhaltigen Gasspezies gehen weiterhin eine Vielzahl von Umwandlungsreaktionen und Reaktionen mit anderen gasförmigen Pyrolyseprodukten sowie mit dem Sauerstoff der Verbrennungsluft ein. Hauptziel dieser Arbeit ist die Untersuchung dieser Reaktionen und die Bereitstellung eines detaillierten, reaktionskinetischen Modells, das die Bildung der unerwünschten Stickstoffoxide (NO, NO_2, N_2O) unter Bedingungen der Abfallverbrennung beschreiben kann. Charakteristisch für die Abfallverbrennung sind die für Verbrennungsprozesse relativ niedrigen Temperaturen (700 °C < T < 1100°C) und die hohe Wasserkonzentration (> 10 %). Beide Parameter sind für die Reaktionskinetik von entscheidender Bedeutung.

Ein weiteres Ziel ist die Vereinfachung des Reaktionsmechanismus für den Einsatz in der numerischen Simulation von Abfallverbrennungsanlagen. Mit der Simulation können gezielt Reduktionsstrategien für die NO_x-Bildung im Feuerraum erarbeitet werden. Die in diesem Zusammenhang ebenfalls sehr wichtige Freisetzung der stickstoffhaltigen Komponenten aus den Feststoffen ist nicht Gegenstand der Arbeit (siehe dazu z. B. Seifert, 2003).

1.2 Vorgehensweise

Es wurde zunächst der Einfluss von wichtigen Parametern wie der Temperatur, der Stöchiometrie oder des Wassergehalts auf die NO_x-Bildung bei der Abfallverbrennung so weit wie möglich mittels Arbeiten aus der Literatur untersucht. Weiterhin wurde die Sensitivität der NO_x-Bildung hinsichtlich dieser charakteristischen Parameter anhand reaktionskinetischer Berechnungen detailliert analysiert.

Zusammen mit Messdaten aus Abfallverbrennungsanlagen und thermischen Zersetzungsversuchen aus der Literatur dienten die erhaltenen Ergebnisse als Grundlage zur Erstellung eines Messprogramms für die Durchführung von möglichst praxisnahen Experimenten zur Untersuchung der Reaktionskinetik. Diese Experimente wurden für die Überprüfung und Bewertung von detaillierten Reaktionsmechanismen aus der Literatur eingesetzt.

Durch die Kombination und Erweiterung verschiedener Mechanismen und durch die Aktualisierung wichtiger reaktionskinetischer Daten wurde schließlich ein detailliertes, reaktionskinetisches Modell für die Stickstoffoxidbildung erstellt und mit den eigenen Messdaten sowie Messdaten aus der Literatur überprüft. Zum Schluss wurde das Modell noch in geeigneter Weise für den Einsatz zur numerischen Simulation von Feuerräumen in Abfallverbrennungsanlagen vereinfacht.

1.3 Gliederung der Arbeit

Die Arbeit gliedert sich in drei Hauptkapitel, in denen die Grundlagen, die Durchführung der Experimente sowie kinetischen Berechnungen und die Ergebnisse dargestellt sind.

Das zentrale Thema dieser Arbeit ist die homogene Reaktionskinetik, deren Grundgesetze am Anfang des Grundlagenkapitels diskutiert werden. Hierbei stehen die Reaktionsgeschwindigkeitskoeffizienten von Elementarreaktionen im Vordergrund. Aufbauend darauf werden dann die Eigenschaften von Reaktionsmechanismen, sowie Methoden zu deren Analyse und Vereinfachung aufgezeigt. Die Stickstoffoxidbildung hängt unabhängig vom Bildungsmechanismus sehr stark von der begleitenden Kohlenwasserstoffumsetzung ab, weshalb im folgenden Abschnitt die wichtigsten Charakteristika und Einflussfaktoren hinsichtlich der Oxidation von Wasserstoff und Methan beschrieben werden. Im letzten Kapitel der Grundlagen werden eingehend die unterschiedlichen NO_x-Bildungsmechanismen, insbesondere der Brennstoff-N-Bildungsweg, behandelt. Es wird auf die Umsetzung von brennstoffgebundenem Stickstoff in Flammen eingegangen sowie verschiedene Einflussfaktoren unter den für die Abfallverbrennung relevanten Bedingungen erörtert.

Im zweiten Hauptkapitel wird der Aufbau der Versuchsanlage erklärt und die verwendete Messtechnik zur Temperatur- und Konzentrationsmessung aufgezeigt. Es wird zudem die Vorgehensweise bei der rechnerischen Simulation der Experimente mit detaillierter Kinetik erläutert und es werden die getesteten Reaktionsmechanismen aus der Literatur vorgestellt. Die Beschreibung des Messprogramms schließt dieses Kapitel ab.

Der Ergebnisteil der Arbeit geht zunächst auf die Umsetzung der beiden wichtigsten stickstoffhaltigen Zwischenspezies aus der Abfallpyrolyse, Ammoniak und Cyanwasserstoff, ein. Das Kapitel wird von ausführlichen reaktionskinetischen Berechnungen zur Sensitivität der NO_x-Bildung bezüglich wichtiger Parameter eingeleitet. Anschließend werden detaillierte Reaktionsmechanismen aus der Literatur, die für die Beschreibung der Umsetzung von Methan sowie Ammoniak und Cyanwasserstoff geeignet sind, mit Hilfe der eigenen Messdaten überprüft und bewertet. Danach wird der beste Mechanismus diskutiert und dessen Modifikation auf Basis von Sensitivitätsanalysen und neueren kinetischen Daten erläutert. Anschließend folgt die Überprüfung des modifizierten Mechanismus anhand der eigenen Messdaten sowie Messdaten aus der Literatur.
Es ist bekannt, dass Halogene schon in kleinsten Mengen einen starken Einfluss auf die Reaktionsgeschwindigkeiten bei Verbrennungsprozessen ausüben. Da diese auch bei der Abfallverbrennung auftreten, wird daher im folgenden Abschnitt am Beispiel von Chlor dessen Einfluss auf die Reaktionskinetik und insbesondere die NO_x-Bildung anhand von Berechnungen aufgezeigt.
Auch Pyrrol und Caprolactam entstehen bei der Pyrolyse von Abfallkomponenten wie Proteinen und Polyamiden. Mechanismen zum Abbau dieser beiden Stoffe werden in den nächsten Kapiteln behandelt. Den Abschluss der Arbeit bildet die Vereinfachung des detaillierten Gesamtmechanismus, der die Teilmodelle für die Umsetzung einfacher Kohlenwasserstoffe sowie von Ammoniak, Cyanwasserstoff, Pyrrol und Caprolactam enthält.

Kapitel 2: Grundlagen und Literaturübersicht

2.1 Kinetik homogener Gasphasenreaktionen

Während die Thermodynamik nur Aussagen über den Gleichgewichtszustand eines chemischen Systems in Abhängigkeit von Druck, Temperatur und Zusammensetzung liefern kann, gibt die Reaktionskinetik Aufschluss darüber, wie schnell dieses Gleichgewicht oder stationäre Zustände erreicht werden und auf welchem Reaktionsweg dies erfolgt. Die folgenden Abschnitte erläutern die Grundgesetze der Kinetik homogener Gasphasenreaktionen sowie die Temperatur- und Druckabhängigkeit von Reaktions-geschwindigkeiten (siehe Warnatz et al., 2001; Lutz et al., 1989). Weiterhin wird kurz auf die Messung und Berechnung von Geschwindigkeitskoeffizienten eingegangen. Den Abschluss bildet eine Zusammenstellung der wichtigsten Sammlungen und Bewertungen von reaktionskinetischen Daten.

2.1.1 Beschreibung homogener Gasphasenreaktionen

Chemische Reaktionen werden im Allgemeinen durch Reaktionsgleichungen beschrieben. Läuft eine Reaktion auf molekularer Ebene so ab, wie in der Reaktionsgleichung dargestellt, spricht man von Elementarreaktionen. Eine Elementarreaktion lässt sich in allgemeiner Form wie folgt schreiben:

$$\sum_{k=1}^{N_k} v_{ki}^{-}\, \chi_k \Leftrightarrow \sum_{k=1}^{N_k} v_{ki}^{+}\, \chi_k \tag{2.1.1}$$

Hierbei bezeichnen v_{ki}^{-} und v_{ki}^{+} die stöchiometrischen Koeffizienten der Edukte und der Produkte in der Reaktion i. χ_k symbolisiert die chemische Bezeichnung der beteiligten Spezies k.

Je nach Anzahl der Edukte werden unterschiedliche Reaktionstypen unterschieden. Wenn am geschwindigkeitsbestimmenden Reaktionsschritt nur ein Teilchen beteiligt ist, spricht man von einer unimolekularen Reaktion. Dies ist bei der Dissoziation oder der Umlagerung eines Moleküls der Fall. Sie unterliegt einem Zeitgesetz erster Ordnung, die Reaktionsgeschwindigkeit ist hier direkt proportional zur Konzentration des Ausgangsteilchens. Bei bimolekularen Reaktionen, dem am häufigsten vorkommenden Reaktionstyp, stoßen zwei Teilchen zusammen und reagieren miteinander. Das Zeitgesetz ist hier zweiter Ordnung, die Reaktionsgeschwindigkeit ist jeweils proportional zur Konzentration der beiden Edukte. Sind drei Teilchen am geschwindigkeitsbestimmenden Schritt einer Reaktion beteiligt, spricht man von trimolekularen Reaktionen, die einem Zeitgesetz dritter Ordnung gehorchen. Als Beispiel können hier Rekombinationsreaktionen von Radikalen aufgeführt werden. Zwei Radikale können sich nur dann zu einem stabilen Molekül verbinden, wenn bei deren Zusammenstoß auch noch ein drittes Teilchen anwesend ist, das die bei dem Stoß freiwerdende Energie aufnimmt. Auf weitere Eigenschaften von Dissoziations- und Rekombinationsreaktionen wird in Kapitel 2.1.3 eingegangen.

Die Nettoreaktionsgeschwindigkeit q_i einer Elementarreaktion i ergibt sich aus der Differenz von Hin- und Rückreaktionsgeschwindigkeit. Diese wiederum setzen sich aus den Geschwindigkeitskoeffizienten $k_{f,i}$ und $k_{b,i}$ sowie den molaren Konzentrationen C_k potenziert mit den entsprechenden stöchiometrischen Koeffizienten zusammen:

$$q_i = q_{f,i} - q_{b,i} = k_{f,i} \prod_{k=1}^{N_k} C_k^{\nu_{ki}^-} - k_{b,i} \prod_{k=1}^{N_k} C_k^{\nu_{ki}^+} \qquad (2.1.2)$$

Die zeitliche Konzentrationsänderung durch chemische Reaktion bzw. die Umsatzgeschwindigkeit einer Spezies $\dot{\omega}_k$ ergibt sich aus der Summe aller mit den stöchiometrischen Koeffizienten ν_{ki} gewichteten Reaktionsgeschwindigkeiten der relevanten Reaktionen:

$$\frac{dC_k}{dt} = \dot{\omega}_k = \sum_{i=1}^{N_i} \nu_{ki} \, q_i \quad \text{mit} \quad \nu_{ki} = \nu_{ki}^+ - \nu_{ki}^- \qquad (2.1.3)$$

Befindet sich eine Elementarreaktion im chemischen Gleichgewicht, dann sind die Reaktionsgeschwindigkeiten von Hin- und Rückreaktion gleich groß, so dass die Nettoreaktionsgeschwindigkeit verschwindet. Es gilt dann:

$$q_{f,i} = q_{b,i} \quad \Rightarrow \quad k_{f,i} \prod_{k=1}^{N_k} C_k^{\nu_{ki}^-} = k_{b,i} \prod_{k=1}^{N_k} C_k^{\nu_{ki}^+} \qquad (2.1.4)$$

$$\Rightarrow \quad \frac{k_{f,i}}{k_{b,i}} = \prod_{k=1}^{N_k} C_k^{\nu_{ki}} = K_{C,i}(T) \qquad (2.1.5)$$

Anhand von Gleichung 2.1.5 erkennt man, dass die Geschwindigkeitskoeffizienten von Hin- und Rückreaktion über das Massenwirkungsgesetz mit der Gleichgewichtskonstanten $K_{C,i}$ verknüpft sind. $K_{C,i}$ ist temperaturabhängig und lässt sich gemäß folgender Gleichung aus der Änderung der Freien Enthalpie ΔG_i^0 bei der Reaktion berechnen:

$$K_{C,i}(T) = \left(\frac{p_0}{RT}\right)^{\sum_k \nu_{ki}} \exp\left(-\frac{\Delta G_i^0}{RT}\right) \qquad (2.1.6)$$

Es ist also möglich, den Geschwindigkeitskoeffizienten der Rückreaktion aus dem der Hinreaktion sowie den thermodynamischen Daten aller beteiligten Spezies zu berechnen.

2.1.2 Temperaturabhängigkeit der Geschwindigkeitskoeffizienten

Die Geschwindigkeitskoeffizienten unterliegen zum großen Teil einer stark ausgeprägten, nicht linearen Abhängigkeit von der Temperatur, die im Allgemeinen parametrisiert werden kann in der Form:

$$k_i = A_i \, T^{\beta_i} \exp\left(-\frac{E_{Ai}}{R\,T}\right) \qquad (2.1.7)$$

Die Aktivierungsenergie E_A entspricht einer Mindestenergie, die die an der Reaktion beteiligten Teilchen aufbringen müssen, damit es zur Reaktion kommt. Ihr maximaler Wert ist begrenzt durch die Bindungsenergien der beteiligen Spezies. Bei Dissoziationsreaktionen

6

entspricht sie in etwa der Bindungsenergie des Ausgangsteilchens. Die Aktivierungsenergie kann aber auch wesentlich kleiner sein, bis hin zu null, wenn gleichzeitig zum Bindungsaufbruch neue Bindungen gebildet werden.

Der Exponentialterm in Gleichung 2.1.7 kann bei einer bimolekularen Reaktion als die Wahrscheinlichkeit gedeutet werden, mit der bei einem Stoß genügend Energie für eine Reaktion vorhanden ist. Durch Auftragung des Logarithmus von k über der reziproken Temperatur erhält man das so genannte Arrhenius-Diagramm. Für Geschwindigkeits-koeffizienten, die dem Arrheniusgesetz gehorchen (Gleichung 2.1.7 mit $\beta = 0$), erhält man in diesem Diagramm Geraden, deren Steigung durch $-E_A/R$ gegeben ist. Die Temperaturabhängigkeit von k_i ist also umso stärker ausgeprägt, je größer die Aktivierungsenergie ist.

Für sehr kleine Aktivierungsenergien oder für ausreichend hohe Temperaturen nähert sich der Exponentialterm in 2.1.7 dem Wert 1 an, so dass der Geschwindigkeitskoeffizient direkt durch den präexponentiellen Faktor $A_i' = A_i T^{\beta_i}$ gegeben ist. Dieser kann für uni-, bi- und trimolekulare Reaktionen unterschiedlich gedeutet werden. Bei unimolekularen Reaktionen entspricht A_i' dem Kehrwert der mittleren Lebensdauer eines reaktiven Teilchens, die bei einer Dissoziationsreaktion von der Schwingungsfrequenz der Bindung abhängt. A_i' ergibt sich danach als die doppelte Schwingungsfrequenz der Bindung und nimmt für übliche Molekülschwingungen Werte von 10^{14} bis 10^{15} s^{-1} an.

Für bimolekulare Reaktionen kann der präexponentielle Faktor, multipliziert mit den beiden molaren Konzentrationen der beteiligten Spezies und der Avogadro-Konstante N_A, einer Stoßzahl gleichgesetzt werden. Diese gibt die Anzahl von Stößen zweier Moleküle pro Zeit- und Volumeneinheit wieder. Aus der kinetischen Gastheorie ergeben sich damit für A_i' Werte zwischen 10^{13} und 10^{14} cm^{3}mol^{-1}s^{-1}.

Auch bei trimolekularen Reaktionen kann A_i' aus einer Stoßzahl abgeleitet werden. Nur ist hier für das Ablaufen der Reaktion entscheidend, dass 3 Teilchen gleichzeitig aufeinander stoßen. Es ist in diesem Fall schwierig, Zahlenwerte für A_i' anzugeben, da schwer zu definieren ist, ab wann ein Stoß als hinreichend gleichzeitig bezeichnet werden kann.

Der präexponentielle Faktor zeigt oftmals eine typische Temperaturabhängigkeit, da der Ansatz nach Gleichung 2.1.7 zumeist für einen relativ großen Temperaturbereich Gültigkeit besitzen soll. Insbesondere bei H-Abstraktionsreaktionen (Reaktion bei der ein H-Atom von einer Spezies auf eine andere übergeht) können für den Temperaturexponenten β_i typische Werte theoretisch hergeleitet werden (Zellner 1984).

2.1.3 Druckabhängigkeit der Geschwindigkeitskoeffizienten

Die Reaktionsgeschwindigkeiten von Elementarreaktionen sind abhängig vom Druck p. Bei bimolekularen Reaktionen ist diese Abhängigkeit in erster Linie durch die Druckabhängigkeit der molaren Konzentrationen ($C_k \sim p$) der beteiligten Spezies gegeben. Es ergibt sich damit eine Proportionalität der Reaktionsgeschwindigkeit zu p^2. Bei uni- und trimolekularen Reaktionen ist auch der Geschwindigkeitskoeffizient eine Funktion des Drucks. Diese beruht darauf, dass hier komplexe Reaktionsfolgen ablaufen.

Ein Modell für die Druckabhängigkeit des Geschwindigkeitskoeffizienten einer Zerfallsreaktion wurde von Lindemann (1922) abgeleitet. Voraussetzung für die Dissoziation eines Moleküls A ist demnach die energetische Anregung durch einen Stoß mit einem anderen Teilchen M. Das angeregte Molekül kann dann entweder durch einen weiteren Stoß seine Energie wieder verlieren oder es zerfällt in einem unimolekularen Schritt in die Produkte P.

Die Geschwindigkeitskoeffizienten lassen sich für zwei Extremfälle definieren. Für sehr niedrige Drücke ist die Konzentration des Stoßpartners M sehr gering. Physikalisch gesehen ist in diesem Fall der bimolekulare Aktivierungsschritt geschwindigkeitsbestimmend für die Gesamtreaktion. Für die Produktbildungsgeschwindigkeit folgt damit ein Geschwindigkeitsgesetz zweiter Ordnung:

$$\frac{dC_P}{dt} = k_0 C_A C_M \tag{2.1.8}$$

Den Geschwindigkeitskoeffizienten für den so genannten Niederdruckbereich bezeichnet man als k_0.

Bei sehr hohen Drücken dagegen ist die Konzentration des Stoßpartners sehr groß. Die Geschwindigkeit der Gesamtreaktion ist unabhängig von der Konzentration des Stoßpartners, da bei hohem Druck ausreichend Stöße stattfinden. Die Reaktionsgeschwindigkeit wird nun durch den unimolekularen Zerfall bestimmt. Es ergibt sich daraus ein Geschwindigkeitsgesetz erster Ordnung:

$$\frac{dC_P}{dt} = k_\infty C_A \tag{2.1.9}$$

k_∞ ist der Geschwindigkeitskoeffizient für den so genannten Hochdruckbereich.

Zwischen diesen beiden Extrembereichen befindet sich der Übergangsbereich, auch Fall-Off-Bereich genannt. Im einfachsten Fall kann hier die Reaktionsgeschwindigkeit mit dem Lindemann-Mechanismus (F = 1) beschrieben werden:

$$\frac{dC_P}{dt} = \frac{k_\infty k_0 C_M}{k_0 C_M + k_\infty} \cdot F \cdot C_A \tag{2.1.10}$$

Durch einen Vergleich mit Experimenten zeigt sich jedoch, dass dieses Gesetz oft unzureichend ist. Eine Ursache dafür ist, dass der Lindemann-Mechanismus nicht berücksichtigt, dass viele Reaktionen nur dann ablaufen, wenn ein ganz bestimmter Anregungszustand vorherrscht. Die beim Stoß übertragene Energie wird normalerweise auf alle Bindungen und auch auf die Rotation des Moleküls verteilt. Erst wenn sich die Anregungsenergie an den entscheidenden Stellen konzentriert, kommt es zur Reaktion. Neben der Anregung durch den Stoß ist also auch noch die Bildung eines so genannten Übergangszustandes von Bedeutung mit einem eigenen Geschwindigkeitskoeffizienten für jeden Schritt:

$$A* \ \rightarrow \ A^{\#} \qquad (A^{\#}: \text{Übergangszustand}) \tag{2.1.11}$$

Eine Möglichkeit, in diesem Fall die Geschwindigkeitskoeffizienten in Abhängigkeit von Druck und Temperatur zu berechnen, bietet zum Beispiel die RRKM-Theorie (Robinson und Holbrook , 1972).

Für reaktionskinetische Berechnungen in der Praxis wird im Fall-Off-Bereich oft der Faktor F (siehe Gleichung 2.1.10) in das Lindemann-Modell eingefügt. F wird über einen algebraischen Ausdruck als Funktion der Temperatur und des Drucks ermittelt (Gardiner und Troe, 1984). Die für die Berechnung des Faktors F erforderlichen Koeffizienten werden zuvor mittels experimenteller Daten und detaillierter Berechnungen validiert. In Abb. 2-1 sind gemessene und berechnete Geschwindigkeitskoeffizienten in Abhängigkeit von Druck und Temperatur für den unimolekularen Zerfall von Ethan dargestellt.

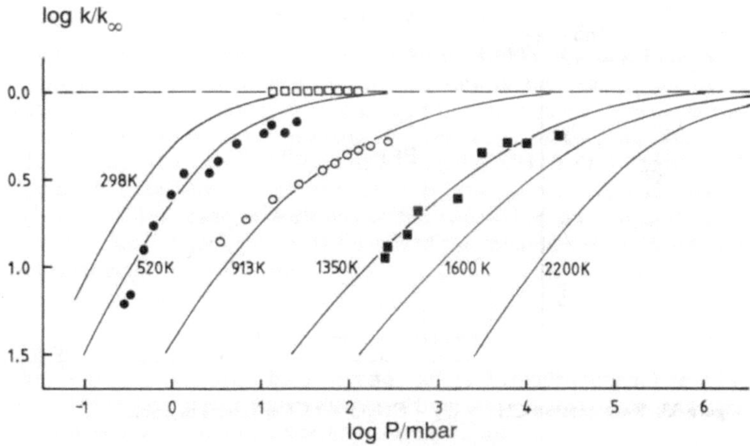

Abb. 2-1: Fall-Off-Kurven für den Zerfall von C_2H_6 => 2 CH_3 (Warnatz 1984)

Bei Rekombinationsreaktionen kann man in analoger Weise verfahren wie bei Zerfallsreaktionen. Auch hier wird zunächst über einen Stoß der rekombinierenden Teilchen ein angeregtes Molekül gebildet, welches entweder wieder in die Ausgangsteilchen zerfällt oder durch einen weiteren Stoß seine Energie weitergeben kann und zum stabilen Produkt reagiert. Bei niedrigem Druck haben sowohl die Bildung des angeregten Moleküls als auch der deaktivierende Stoß zum stabilen Rekombinationsprodukt Einfluss auf die Reaktionsgeschwindigkeit. Die Reaktionsgeschwindigkeit ist proportional zu C_M und zu den Konzentrationen der rekombinierenden Teilchen (trimolekulare Reaktion). Bei hohem Druck ist die Bildung des angeregten Moleküls geschwindigkeitsbestimmend. Die Reaktionsgeschwindigkeit ist unabhängig von C_M und man erhält ein Geschwindigkeitsgesetz zweiter Ordnung.

Als Stoßpartner für die Zerfalls- und Rekombinationsreaktionen kommen alle Spezies in Frage, die sich in dem Reaktionssystem befinden. Da die einzelnen Spezies verschiedene Strukturen (Bindungen, Atomzahl, ...) aufweisen, können sie auch unter gleichen Bedingungen sowohl qualitativ als auch quantitativ unterschiedlich viel Energie besitzen. Dies führt dazu, dass die einzelnen Spezies von unterschiedlicher Stoßeffektivität sind.

Warnatz (1984) konnte durch Vergleich der bis dahin untersuchten trimolekularen Reaktionen feststellen, dass die effektiven Stoßfaktoren für alle Reaktionen näherungsweise gleich groß sind. Die von Warnatz vorgeschlagenen Werte sind in unten stehender Tabelle angegeben. Alle Faktoren sind auf den Wert von Wasserstoff bezogen.

H_2	O_2	N_2	H_2O	CO	CO_2	CH_4	Ar	He
1,0	0,4	0,4	6,5	0,75	1,5	6,5	0,35	0,35

Große Abweichungen von diesen Werten sollten sich nur ergeben, wenn bei einer Reaktion der Stoßpartner chemisch interagiert. Neuere kinetische Daten (Baulch, 2005) zeigen jedoch, dass die effektiven Stoßfaktoren für unterschiedliche Reaktionen nicht mehr als konstant angesehen werden können.

Man erkennt in oben stehender Tabelle, dass insbesondere H_2O, CH_4 und CO_2 hohe effektive Stoßfaktoren besitzen. Da diese Spezies auch unter den Bedingungen der Abfallverbrennung hohe Konzentrationen besitzen, sind deren Stoßfaktoren in den Reaktionen, die für das entsprechende Stoffsystem von großer Bedeutung sind, genau zu überprüfen.

2.1.4 Messung von Geschwindigkeitskoeffizienten

Die Möglichkeiten zur experimentellen Bestimmung von Geschwindigkeitskoeffizienten lassen sich durch drei wichtige Charakteristika unterscheiden: die Art der Reaktoren, die Herstellungsweise der reaktiven Spezies und die Art der Konzentrationsmessung.

Es werden zwei Arten von Reaktoren verwendet. Dies ist zum einen der instationär betriebene, homogene Reaktor. Hier wird der Reaktor mit den Ausgangsstoffen beschickt und der zeitliche Verlauf der Konzentrationen untersucht. Die Alternative ist der Strömungsreaktor, bei dem der zeitliche Konzentrationsverlauf durch die stationäre Strömung in einen örtlichen Verlauf umgewandelt ist.

Für fast alle Elementarreaktionen bei Verbrennungsvorgängen werden reaktive Teilchen benötigt. Dies sind entweder Atome (H, O, N, …) oder Radikale (OH, HO_2, CH_3, C_2H_5, NH_2, …). Die Herstellung dieser Teilchen erfolgt durch Dissoziationsreaktionen, die mittels Mikrowellenentladung, Blitzlicht- oder Laserphotolyse (energiereiches UV-Licht) oder thermisch durch hohe Temperaturen erreicht werden. Um eine Reaktion der reaktiven Teilchen untereinander zu unterbinden wird unter hoher Inertgasverdünnung (Ar, He) gearbeitet. Weit verbreitet ist die thermische Erzeugung der reaktiven Spezies in Stoßwellenreaktoren, in denen das homogene Gemisch durch eine Druckwelle aufgeheizt wird.

Zur Konzentrationsmessung kommen Massenspektrometrie, Elektronenspinresonanz sowie optische Spektroskopie und Gaschromatographie zum Einsatz.

Große Probleme bereitet die Untersuchung von Elementarreaktionen, bei denen zwei reaktive Ausgangsspezies miteinander reagieren (Radikal-Radikal-Reaktionen). Sowohl die gleichzeitige Erzeugung als auch die simultane Detektierung dieser Spezies kann sich als sehr schwierig erweisen. Oft werden hier indirekte Messmöglichkeiten angewendet, wodurch die Messgenauigkeit abnimmt.

2.1.5 Berechnung von Geschwindigkeitskoeffizienten

Es ist zwar sehr schwierig, die Geschwindigkeitskoeffizienten unmittelbar aus den physikalischen Eigenschaften der Atome zu berechnen. Die Grundzüge der Berechnungsmethoden sind jedoch relativ einfach herauszuarbeiten und leisten somit einen Beitrag zum allgemeinen Verständnis über die molekularen Vorgänge bei chemischen Reaktionen. Die zwei theoretischen Ansätze, die hier kurz beschrieben werden, sind die Stoßtheorie und die Theorie des Übergangszustandes (siehe Atkins, 2002; Zellner, 1984). Zur Verdeutlichung der Ansätze wird immer eine einfache Reaktion A + B => P betrachtet.

2.1.5.1 Stoßthcorie

Bei der Stoßtheorie werden die Reaktionspartner als starre Teilchen betrachtet, die mit ausreichend Energie zusammenstoßen müssen, damit es zur Reaktion kommt. Die Anzahl der Stöße pro Volumen- und Zeiteinheit liefert die Stoßzahl aus der kinetischen Gastheorie. Sie ist unter anderem abhängig vom Stoßquerschnitt σ. Ein Vergleich von so berechneten mit gemessenen Reaktionsgeschwindigkeiten zeigt zum Teil sehr große Unterschiede, die über mehrere Größenordnungen reichen. Eine Ursache für diese Abweichung ist, dass der eingesetzte Stoßquerschnitt σ nicht dem reaktiven Wirkungsquerschnitt σ^* entspricht. Eine Verbesserung der Theorie erreicht man durch die Einführung des sterischen Faktors P mit $\sigma^* = P\cdot\sigma$. P enthält die lokalen Eigenschaften einer Reaktion wie die gegenseitige Orientierung der Moleküle und den Abstand, bei dem die Reaktion beginnt. Wäre dieser sterische Faktor P berechenbar, dann würde die Stoßtheorie sehr gute Ergebnisse liefern.

2.1.5.2 Theorie des Übergangszustandes

Der Grundgedanke der Theorie des Übergangszustandes oder auch des Aktivierten Komplexes (engl.: Transition State Theory, TST) liegt darin, dass sich die Teilchen bei einer Reaktion zunächst annähern und berühren. Es kommt dabei zur Deformierung der Teilchen, die dann einen so genannten aktivierten Komplex bilden. Dabei erhöht sich die potentielle Energie der reagierenden Teilchen bis zu einem Maximum und fällt danach, wenn Atome ausgetauscht wurden und sich die Reaktionsprodukte voneinander entfernen, wieder auf einen charakteristischen Wert der Produkte ab. Der Zustand mit der höchsten potentiellen Energie wird Übergangszustand genannt. Wurde dieser überschritten, dann kommt es zur Bildung der Produkte. Trägt man die potentielle Energie über der Lage aller an der Reaktion beteiligten Atome auf, erhält man die so genannte Hyperfläche der potentiellen Energie. Man nimmt an, dass die Reaktion den Weg mit der kleinsten potentiellen Energie beschreitet. Der Reaktionsweg, auch Reaktionskoordinate genannt, folgt demnach immer Talsohlen, wobei der Übergangszustand den Sattelpunkt zwischen dem Tal der Edukte und der Produkte darstellt.

Die Geschwindigkeitskoeffizienten lassen sich aus den molaren Zustandssummen berechnen. Für Reaktionen, bei denen mehrere Übergangszustände auftreten oder bei uni- und trimolekularen Reaktionen sowie bei Reaktionen, bei denen Tunneleffekte eine Rolle spielen, kann die RRKM-Theorie (Rice-Ramsperger-Kassel-Marcus; Robinson und Holbrook , 1972) eingesetzt werden, die auch auf der TST basiert. Hier wird nicht ein integraler temperaturabhängiger Geschwindigkeitskoeffizient betrachtet, sondern es werden Geschwindigkeitskoeffizienten in Abhängigkeit von den Energiezuständen berechnet. Die für die RRKM-Berechnungen benötigten physikalischen und thermodynamischen Eigenschaften der reagierenden Spezies werden üblicherweise mittels Ab Initio Methoden ermittelt. Eine Abart zur RRKM-Theorie ist die QRRK-Methode (Quantum Rice-Ramsperger-Kassel; Dean und Bozzelli, 2000).

2.1.6 Datenbanken und Bewertungen reaktionskinetischer Daten

Sammlungen von neuen reaktionskinetischen Daten zu Elementarreaktionen sowie kritische Bewertungen dieser Daten bieten für die Aktualisierung von schon vorhandenen Mechanismen eine gute Ausgangsbasis. Im Folgenden sind die wichtigsten Sammlungen homogener Gasphasenreaktionen für einfache Kohlenwasserstoffe und Stickstoffverbindungen aufgeführt.

Einige kritische Überprüfungen kinetischer Daten von Elementarreaktionen wurden am U. S. National Institute of Standards and Technologie (NIST, früher: National Bureau of Standards, NBS) durchgeführt. Beispiele für Datenbewertungen bezüglich der Methanoxidation und der Verbrennung höherer Kohlenwasserstoffe sind Arbeiten von Tsang und Hampson (1986), Tsang (1988) sowie Herron (1988). Elementarreaktionen stickstoffhaltiger Spezies wurden von Tsang und Herron (1991) sowie von Tsang (1992) kritisch bewertet. Die umfangreichste Sammlung kinetischer Daten von Elementarreaktionen ist die NIST Chemical Kinetics Database. Sie beinhaltet kinetische Daten aus der Literatur zu über 15.000 Gasphasenreaktionen, die jedoch ohne Empfehlung aufgelistet sind.

Weitere Bewertungen wurden von der „CEC-Gruppe für Bewertung von kinetischen Daten für Verbrennungsmodellierung" erarbeitet (Baulch et al., 1992, 1994, 2005). Diese Sammlungen beinhalten Empfehlungen für die kinetischen Daten sowie Unsicherheitsfaktoren.

Eine ebenfalls sehr gute Überarbeitung der kinetischen Daten bezüglich Reaktionen stickstoffhaltiger Spezies ist bei Dean und Bozzelli (2000) zu finden, deren Arbeit im Buch „Gas Phase Combustion Chemistry" (Gardiner, 2000) veröffentlicht wurde. Auch in der ersten Auflage „Combustion Chemistry" (Gardiner, 1984) befinden sich schon ausführliche Bewertungen für Elementarreaktionen von Kohlenwasserstoffspezies (Warnatz, 1984) sowie N-haltiger Spezies (Hanson und Salimian, 1984).

2.2 Reaktionsmechanismen

Ein detaillierter Reaktionsmechanismus ist eine Zusammenstellung von Elementarreaktionen zur Beschreibung einer chemischen Umwandlung auf molekularer Ebene. Er beinhaltet die reaktionskinetischen Daten der Hinreaktionen aller reversiblen Elementarschritte und auch die thermodynamischen Daten der Spezies, um über die Gleichgewichtskonstante die Geschwindigkeitskoeffizienten der Rückreaktionen berechnen zu können. Zum Teil sind auch Hin- und Rückreaktion einzeln als irreversible Reaktionen definiert.

In diesem Kapitel werden zunächst typische Eigenschaften von Reaktionsmechanismen sowie die Begriffe Kettenreaktion, Quasistationarität und Partielles Gleichgewicht erläutert. Anschließend werden experimentelle Möglichkeiten vorgestellt, mit denen sich Mechanismen überprüfen lassen. Danach wird auf die Analysemöglichkeiten von Mechanismen wie zum Beispiel Sensitivitäts- und Reaktionsflussanalysen eingegangen, die die Grundlage für die im Anschluss beschriebenen Vereinfachungsstrategien der zum Teil sehr umfangreichen detaillierten Mechanismen bilden (siehe Warnatz et al., 2001).

2.2.1 Eigenschaften von Mechanismen

Wegen der Vielzahl an möglichen Elementarreaktionen bei einer chemischen Umwandlung sind deren kinetische Daten oft ungenau, da sie, wie z. B. bei vielen Verbrennungsreaktionen, auf Basis von Analogien und theoretischen Berechnungen abgeschätzt wurden. Viele Elementarraktionen bleiben zudem unberücksichtigt. Ein Mechanismus ist daher meist nur für bestimmte Bedingungen (Druck, Temperatur, Zusammensetzung) anwendbar. Verbrennungsmechanismen haben die charakteristische Eigenschaft, dass nur wenige Reaktionen z. B. die laminare Brenngeschwindigkeit beeinflussen. Die kinetischen Parameter dieser Reaktionen müssen genau bekannt sein. Ungenauigkeiten in der Datenbasis bei den übrigen Reaktionen beeinflussen die laminare Brenngeschwindigkeit nicht und können toleriert werden. Verfolgt man jedoch andere Ziele, wie zum Beispiel die Stickstoffoxidbildung bei der Kohlenwasserstoffverbrennung, dann existieren sehr viel mehr einflussreiche Reaktionen. Da bei der Aufstellung von Mechanismen zumeist unterschiedliche Schwerpunkte gesetzt werden und unterschiedliche Validierungsdaten verwendet werden, können diese recht verschieden sein, auch wenn sie für ähnliche Anwendungsbedingungen entwickelt wurden. Dies betrifft sowohl die reaktionskinetischen Daten der Elementarreaktionen als auch die Berücksichtigung oder Vernachlässigung von Elementar-reaktionen.

Alle Verbrennungsmechanismen sind **Kettenreaktionsmechanismen**. Das bedeutet, dass die Produkte eines Reaktionsschrittes als Edukte für einen oder mehrere nachfolgende Schritte dienen. In einer Kettenreaktion lassen sich verschiedene Typen von Reaktionen definieren. Die Kette beginnt mit Start- bzw. Initiierungsreaktionen. Durch sie werden aus den anfänglichen stabilen Edukten so genannte aktive Spezies oder Kettenträger gebildet. Dies sind in der Regel Radikale oder Atome, die dann in weiteren Reaktionen die stabilen

Ausgangsstoffe und auch schon gebildete Zwischenprodukte angreifen. Erhöht sich dabei die Anzahl aktiver Teilchen, so spricht man von Verzweigungsreaktionen, bleibt die Anzahl der Kettenträger konstant, dann nennt man sie Fortpflanzungsreaktionen. Sind durch die Startreaktionen ausreichend Kettenträger gebildet, so führt dies durch die Verzweigungsreaktionen zu einem exponentiellen Anstieg aktiver Teilchen, die wiederum für einen sprungartigen Anstieg des Reaktionsumsatzes sorgen. Nachdem die Ausgangsstoffe aufgebraucht sind, kommt es zu einer Überkonzentration an aktiven Spezies, da diese einerseits durch den Abbau von Zwischenprodukten weiterhin stark gebildet werden, aber andererseits nicht mehr für den Brennstoffabbau benötigt werden. Diese so genannte Übergleichgewichtskonzentration wird dann über die Kettenabbruch- oder Rekombinationsreaktionen wieder abgebaut. Rekombinationsreaktionen laufen auch in kalten Flammenbereichen wie zum Beispiel in der Nähe von Wänden ab.

Im Zusammenhang mit der Kettenreaktion ist auch der Begriff der **Quasistationariät** zu nennen. Viele Zwischenprodukte treten nur in sehr geringen Konzentrationen auf, die sich während des Reaktionsverlaufes fast nicht oder nur sehr langsam ändern. Dies liegt daran, dass die Geschwindigkeitskoeffizienten der Bildungsreaktionen sehr viel kleiner sind als die der Abbaureaktionen. Sobald das Zwischenprodukt entstanden ist wird es schon wieder durch schnelle Folgereaktionen umgesetzt. Die Bildung dieser Spezies ist also geschwindigkeitsbestimmend. Für quasistationäre Spezies gilt näherungsweise, dass deren Umsatzgeschwindigkeit $\dot{\omega}_k$ verschwinden muss.

$$\dot{\omega}_k = \sum_{i=1}^{N_i} \nu_{ki} \, q_i \approx 0 \tag{2.2.1}$$

Mit Hilfe solcher Quasistationaritätsbedingungen lassen sich Mechanismen vereinfachen. Auf die genaue Vorgehensweise wird später noch eingegangen.

Eine weitere wichtige Eigenschaft von Reaktionsmechanismen ist die Ausbildung von **Partiellen Gleichgewichten**. Sind die Temperaturen hinreichend groß, so nehmen die Geschwindigkeiten von Hin- und Rückreaktion eines Elementarschritts annähernd gleich große Werte an. Edukte und Produkte dieser Reaktion befinden sich im Gleichgewicht.

2.2.2 Überprüfung von detaillierten Reaktionsmechanismen

Die Überprüfung von Reaktionsmechanismen erfolgt anhand globaler Experimente, die fluiddynamisch einfach und sehr genau berechenbar sein müssen, so dass unter Anwendung von detaillierter Kinetik der Rechenaufwand nicht zu groß wird. Es gibt fünf gebräuchliche Arten von Experimenten: perfekter Rührkesselreaktor (engl.: perfectly-stirred-reactor, PSR), Kolbenströmungsreaktor (engl.: plug-flow-reactor, PFR), Stoßwellenrohr, laminare Vormischflammen und Gegenstrom-Diffusionsflammen.

Die Realisierung eines **perfekten Rührkesselreaktors** gestaltet sich als sehr schwierig, da innerhalb des Reaktors eine unendlich schnelle Durchmischung erreicht werden muss, so dass Transporteffekte bedeutungslos werden. Der so genannte „Jet-stirred-Reactor" (Longwell und Weiss, 1955; Dagaut et al., 1985) stellt eine Näherung dieses Reaktors dar. Das Frischgas wird hierbei über mehrere Düsen mit sehr hoher Geschwindigkeit in einen kleinen, meist runden Reaktionsbehälter eingedüst, der entweder adiabat oder thermostatisiert betrieben wird. Um Temperaturerhöhungen und damit Temperaturgradienten im Reaktor zu vermeiden wird oft unter sehr großer Inertgasverdünnung gearbeitet. Die mittlere Verweilzeit ergibt sich aus dem Verhältnis des Reaktorvolumens V zum Volumenstrom $\dot{V}$ ($\tau = V/\dot{V}$). Gasproben lassen sich am Austritt mit gekühlten Sonden entnehmen.

Das Konzept des **Kolbenströmungsreaktors** entspricht dem eines homogenen Reaktors, in dem die zeitliche Konzentrationsänderung nach perfekter Vormischung der Ausgangskomponenten untersucht wird. Während jedoch der homogene Reaktor instationär betrieben wird, ist die Betriebsweise beim Kolbenströmungsreaktor stationär, die Zeitachse ist in eine Ortskoordinate konvertiert. Die Probleme bei der Realisierung des PFR liegen in der homogenen Vermischung der reagierenden Stoffe am Anfang des Reaktors. Die Vermischung sollte bezüglich der Reaktionskinetik sehr schnell erfolgen, um eine Reaktion in diesem Bereich zu vermeiden. Als ebenso schwierig gestaltet sich die Realisierung einer eindimensionalen, rückvermischungsfreien Strömung. Reale Strömungen besitzen auf Grund der Wandreibung kein ideales Blockprofil. Weiterhin ist bei kleinen Abmessungen des Reaktors der Einfluss von Wandeffekten zu überprüfen. Die Umsetzung des PFR ist sowohl im Labormaßstab (Kristensen et al., 1995) als auch im Technikumsmaßstab (Mechenbier, 1989; Yetter et al., 1991; Huth, 1992; Stapf, 1998) üblich.

Das **Stoßwellenrohr** bedient sich ebenfalls des Konzepts des homogenen Reaktors. Die Ausgangsstoffe werden bei niedriger Temperatur unter sehr hoher Inertgasverdünnung im Stoßwellenrohr vorgelegt. Das homogene Gemisch wird dann durch eine Stoßwelle adiabatisch aufgeheizt, wobei durch Dissoziationsreaktionen reaktive Teilchen entstehen. Der Reaktionsfortschritt wird dann zumeist mit optischen Methoden verfolgt. Die Reaktionszeiten sind typischerweise sehr kurz (< 1ms). Mit dem Stoßwellenrohr werden im Allgemeinen nur kleine Teilmechanismen sowie einzelne Elementarreaktionen untersucht.

An **laminaren Vormischflammen** werden Konzentrationsprofile über die Flammenfront hinweg gemessen. Zur besseren räumlichen Auflösung werden diese eindimensionalen Flachflammen unter Unterdruck betrieben, was die Flammenfrontdicke vergrößert. Neben der Reaktionskinetik werden diese Flammen auch durch molekulare Transportvorgänge beeinflusst. Im Berechnungsmodell dieser Flammen muss also ein Transportmodell für Stoffdiffusion und Wärmeleitung enthalten sein, dem die erforderlichen Stoffdatenbanken zur Verfügung gestellt werden müssen. Sowohl die Transportmodelle als auch die Stoffdatenbanken sind mögliche Fehlerquellen, die die Interpretation der experimentellen Daten hinsichtlich der Kinetik erschweren.

Bei **Gegenstrom-Diffusionsflammen** strömt aus zwei gegenüberliegenden Düsen Luft und Brennstoff aus. Die beiden rotationssymmetrischen Gasströme treffen aufeinander und bilden eine Stauebene aus, auf der die Axialkomponente der Geschwindigkeit verschwindet. Durch Diffusion bildet sich dann in einer Ebene ein brennbares Gemisch, in der sich dann die Flamme ausbildet. Bei der Berechnung kann das zweidimensionale Strömungsproblem unter Annahme der linearen Abhängigkeit der radialen Geschwindigkeit von der radialen Position in ein eindimensionales Problem umgewandelt werden. Auch hier wird durch die Einbeziehung des molekularen Transports die Berechnung komplizierter und fehleranfälliger.

Die Überprüfung der detaillierten Reaktionsmechanismen erfolgt in allen Fällen durch Vergleich von gemessenen und berechneten Konzentrationen. Analysewerkzeuge, mit denen zum Beispiel wichtige Reaktionen unter den Versuchsbedingungen identifiziert werden können, werden im nächsten Kapitel vorgestellt.

2.2.3 Analyse von Reaktionsmechanismen

Detaillierte Reaktionsmechanismen für die Kohlenwasserstoffoxidation können sehr komplex und umfangreich sein. Mechanismen für die Methanoxidation inklusive Reaktionen, die die NO_x-Bildung und die Umwandlung der wichtigen N-Spezies NH_3 und HCN beschreiben, enthalten in der Regel einige hundert Reaktionen; Oxidationsmechanismen höherer Kohlenwasserstoffe beinhalten mehrere tausend Reaktionen zwischen einigen hundert Spezies. Wie oben schon beschrieben werden aber nicht immer alle Reaktionen und Spezies benötigt. Je nach Bedingungen (p, T, λ) gibt es wichtige und weniger wichtige Reaktionen und Spezies.

Im folgenden Kapitel werden Analysewerkzeuge vorgestellt, mit denen wichtige Reaktionen, Spezies und chemische Prozesse identifiziert werden können und mit deren Hilfe man Aussagen über Quasistationaritäten, Partielle Gleichgewichte und die Zeitmaße von chemischen Prozessen treffen kann. Diese Analysewerkzeuge können auch zur Vereinfachung von detaillierten Reaktionsmechanismen eingesetzt werden.

2.2.3.1 Reaktionsflussanalysen

Mittels Reaktionsflussanalysen können für definierte Bedingungen (p, T, λ) die wichtigsten Reaktionspfade bei der Simulation einer chemischen Umwandlung bestimmt werden. Man unterscheidet zwischen lokalen und integralen Analysen.

Bei der integralen Reaktionsflussanalyse werden die Nettoreaktionsgeschwindigkeiten der einzelnen Elementarreaktionen q_i über die Reaktionszeit aufintegriert. Man erhält so Reaktionsumsätze der Elementarschritte, die miteinander verglichen werden können. Üblicherweise werden alle Reaktionsumsätze auf das Maximum aller Umsätze bezogen. Die Wichtigkeit einer Reaktion ergibt sich dann aus der Höhe des Betrags des relativen Umsatzes. Reaktionen, deren relativer Umsatz kleiner als eine vorgegebene Grenze ε ist, sind von untergeordneter Bedeutung und können bei einer Vereinfachung vernachlässigt werden.

$$\frac{\left|\int q_i\,dt\right|}{\max\left|\int q_i\,dt\right|} < \varepsilon \qquad (2.2.2)$$

Werden diese Reaktionsumsätze nun noch mit den stöchiometrischen Koeffizienten der jeweiligen Elementarreaktion gewichtet, dann erhält man die Bildung bzw. den Abbau einer Spezies über diese Reaktion. Mit diesen Informationen ist es dann möglich, den Reaktionsfluss über Pfeildiagramme graphisch darzustellen, wobei die Dicke des Pfeils Aufschluss über die Wichtigkeit eines Pfads gibt (siehe *Abb. 2-4*).

Bei der lokalen Reaktionsflussanalyse werden die Reaktionsgeschwindigkeiten bei homogenen zeitabhängigen Prozessen direkt zu einem bestimmten Zeitpunkt oder bei stationären Flammen an einem bestimmten Ort miteinander verglichen. Die Wichtigkeit eines Elementarschritts lässt sich auch hier an der Höhe der relativen Reaktionsgeschwindigkeit, die wiederum auf das Maximum bezogen ist, erkennen. Dazu müssen aber die relativen Geschwindigkeiten zu allen Zeiten bzw. Orten betrachtet werden. Aus diesem Grund ist die lokale Analyse wesentlich schärfer als die integrale.

Die lokale Flussanalyse erlaubt zudem die Identifizierung von Partiellen Gleichgewichten und Quasistationaritäten. Ein Vergleich der Geschwindigkeiten von Hin- und Rückreaktion ($q_{f,i}$, $q_{b,i}$) einer Elementarreaktion i zeigt, ob der Gleichgewichtszustand erreicht ist. Dies kann durch folgende Bedingung erfolgen:

$$\frac{\left|q_{f,i} - q_{b,i}\right|}{\max\left(\left|q_{f,i}\right|, \left|q_{b,i}\right|\right)} < \varepsilon \qquad (2.2.3)$$

Ist diese für eine willkürlich klein gewählte Schranke ε erfüllt, dann sind Vor- und Rückreaktion etwa gleich groß und die Reaktion befindet sich im Gleichgewicht.

Zur Überprüfung der Quasistationarität werden Bildungs- und Abbaugeschwindigkeit einer Spezies k miteinander verglichen. Die molare Bildungsgeschwindigkeit $\dot{\omega}_k^+$ ergibt sich aus der Summe aller Reaktionsgeschwindigkeiten der Elementarschritte, in denen diese Spezies gebildet wird. Die Reaktionsgeschwindigkeiten sind dazu noch mit den stöchiometrischen Koeffizienten zu gewichten. Die Abbaugeschwindigkeit $\dot{\omega}_k^-$ ergibt sich entsprechend aus den Geschwindigkeiten der abbauenden Reaktionen. Ist die Bedingung

$$\frac{\left|\dot{\omega}_k^+ - \dot{\omega}_k^-\right|}{\max\left(\left|\dot{\omega}_k^+\right|, \left|\dot{\omega}_k^-\right|\right)} < \varepsilon \qquad (2.2.4)$$

für eine beliebig klein gewählte Grenze ε erfüllt, dann sind Bildungs- und Abbaugeschwindigkeit der Spezies ungefähr gleich groß, so dass die Nettoumsatzgeschwindigkeit verschwindet. Die Spezies befindet sich dann im quasistationären Zustand.

2.2.3.2 Sensitivitätsanalyse

Bei der dynamischen Modellierung von chemischen Umwandlungen werden die Vorhersagen des Rechenmodells durch Systemparameter wie zum Beispiel die reaktionskinetischen Daten des verwendeten Reaktionsmechanismus beeinflusst. Als Parameter lassen sich aber auch die thermodynamischen Daten, die Anfangsbedingungen, Druck usw. definieren. Eine Sensitivitätsanalyse quantifiziert den Einfluss eines Parameters A_j auf eine bestimmte, den Anwender interessierende Antwort X_i des Rechenmodells. Dies können Konzentrationen von bestimmten Spezies an bestimmten Orten oder Zeitpunkten sein, aber auch Brenngeschwindigkeiten oder charakteristische chemische Zeitmaße. Der in der Regel normierte Sensitivitätskoeffizient $S_{i,j}$ ist folgendermaßen definiert:

$$S_{i,j} = \frac{A_j}{X_i} \frac{dX_i}{dA_j} \qquad (2.2.5)$$

Die partielle Ableitung sollte durch kleine Änderungen von A_j realisiert werden, wobei alle anderen Parameter konstant gehalten werden. Es existieren einige mathematischen Methoden, die die Sensitivitätskoeffizienten direkt bei der Lösung des reaktionskinetischen Problems mitberechnen (Nowak und Warnatz, 1988). Die gebräuchlichste Vorgehensweise ist aber die zweimalige Berechnung mit unterschiedlichen Parametern A_j und A_j'. Der Sensitivitätskoeffizient ergibt sich dann zu:

$$S_{i,j} = \frac{A_j}{X_i} \frac{(X_i' - X_i)}{(A_j' - A_j)} \qquad (2.2.6)$$

Die Sensitivitätskoeffizienten werden oft in Balkendiagrammen graphisch dargestellt (*Abb. 4-21*). Es ist zu beachten, dass die Sensitivitätskoeffizienten nur für den gerade betrachteten Parametersatz gültig sind. Werden nun ein oder mehrere Parameter aufgrund von genaueren Messdaten verändert, dann ist eine erneute Berechnung der Koeffizienten mit dem neuen Parametersatz erforderlich. Aus diesem Grund sollte auch bei der Erstellung eines aussagekräftigen Sensitivitätsdiagramms immer ein Parametersatz verwendet werden, der relativ nah am korrekten liegt.

Die Kenntnis der einflussreichen Parameter spielt insbesondere bei der Überprüfung und Verbesserung von detaillierten Reaktionsmechanismen eine große Rolle. Aufgrund der Vielzahl von thermodynamischen und reaktionskinetischen Daten, die ein Mechanismus enthält, ist es offensichtlich, dass nicht alle Daten durch genaue Messungen abgesichert werden können. Kennt man die wichtigen, meist nicht so zahlreichen Parameter, dann kann man sich bei der Absicherung durch Messungen auf diese konzentrieren. Oft wird bei Sensitivitätsanalysen der Einfluss der Geschwindigkeitskoeffizienten der einzelnen Elementarreaktionen untersucht. Die mittels einer Sensitivitätsanalyse identifizierten einflussreichen Reaktionen sind gleichzeitig die geschwindigkeitsbestimmenden, relativ langsamen Schritte in der Gesamtkinetik.

2.2.3.3 Eigenwertanalyse

Bei chemischen Umwandlungen oder Verbrennungsprozessen laufen die Elementarreaktionen mit teilweise stark unterschiedlichen Geschwindigkeiten bzw. Zeitskalen ab. Zudem sind die Zeitskalen genauso wie die Reaktionen miteinander gekoppelt. Mittels einer Eigenwertanalyse ist es möglich, die Gesamtreaktion in einzelne chemische Prozesse zu unterteilen, die unabhängig voneinander sind und damit auch entkoppelte Zeitskalen besitzen. Die Geschwindigkeiten dieser chemischen Prozesse decken mehrere Größenordnungen ab. Schnelle Zeitskalen finden sich bei Prozessen, die zu Gleichgewichtseinstellungen führen, wie zum Beispiel Partielle Gleichgewichte und Quasistationaritäten. Diese Zeitskalen sind kleiner als 10^{-5} s. Mittlere Zeitskalen liegen im Bereich von 10^{-5} s bis $5 \cdot 10^{-2}$ s, der ebenfalls charakteristisch für physikalische Prozesse wie Strömung, Transport und Turbulenz ist. Hier erfolgt eine Kopplung von chemischen und physikalischen Prozessen, die zum Beispiel bei der numerischen Simulation turbulenter, reaktiver Strömungen zu beachten ist. Langsame Zeitskalen oberhalb $5 \cdot 10^{-2}$ s bis hin zu mehreren Sekunden liegen zum Beispiel bei der thermischen NO-Bildung vor.

Die Eigenwertanalyse wird an der so genannten Jakobi-Matrix J durchgeführt. Das Differentialgleichungssystem, das die Konzentrationsänderung der n_S betrachteten Spezies durch chemische Reaktion in einem abgeschlossenen, homogenen System bei konstanter Enthalpie und konstantem Druck beschreibt, ist in seiner allgemeinen Form gegeben durch

$$\frac{dY_k}{dt} = f_k(Y_1, Y_2, \ldots, Y_{n_S}) \quad ; \quad k = 1, 2, \ldots n_S \tag{2.2.7}$$

oder in Vektorschreibweise:

$$\frac{d\vec{Y}}{dt} = \vec{F}(Y) \tag{2.2.8}$$

Linearisiert man nun die Funktion $\vec{F}$ um einen lokalen Punkt $\vec{Y}_0$ bekannter Zusammensetzung mittels einer Taylorreihenentwicklung, dann erhält man folgendes lineares Differentialgleichungssystem:

$$\frac{d\vec{Y}}{dt} = \vec{F}(\vec{Y}_0) + J(\vec{Y} - \vec{Y}_0) \tag{2.2.9}$$

Die Jakobi-Matrix J setzt sich aus den partiellen Ableitungen Der Funktion $\vec{F}$ nach den Massenbrüchen $\vec{Y}$ zusammen. Sie ist ein Analogon zur ersten Ableitung einer eindimensionalen, skalaren Funktion $f(x)$. Die Lösung der Eigenwertgleichung

$$J\vec{v}_i = \vec{v}_i \lambda_i \quad \text{bzw.} \quad JV = V\Lambda \tag{2.2.10}$$

liefert schließlich die Eigenwerte λ_i und die Eigenvektoren $\vec{v}_i$. Die Kehrwerte der Eigenwerte geben direkt die Zeitskalen der einzelnen chemischen Prozesse wieder. Die zugehörigen linken Eigenvektoren, die Zeilen der Matrix V^{-1}, geben die Richtung des Prozesses im Zustandsraum an, der zum Beispiel durch Druck, spezifische Enthalpie und die Teilchenkonzentrationen aufgespannt wird.

Es sei hier noch einmal darauf hingewiesen, dass die durch die oben vorgestellten Analysen gewonnenen Ergebnisse nur unter den betrachteten Bedingungen (p, T, λ) gültig sind. Weiterhin ist zu beachten, dass man mittels dieser Analysen auch nur das untersuchen kann, was tatsächlich im Mechanismus enthalten ist. Fehlen wichtige Reaktionen oder weichen die kinetischen Daten einzelner Reaktionen sehr stark von den richtigen Werten ab, dann liefern die Analysemethoden falsche Ergebnisse. Die Anpassung eines solchen Mechanismus an bestimmte Validierungsmessdaten kann falsche Datenanpassungen bei anderen Reaktionen zur Folge haben. Dies führt dann dazu, dass das Modell innerhalb eines bestimmten Parameterbereichs eine sehr gute Übereinstimmung von Messung und Rechnung erreicht aber außerhalb davon nur noch schlechte Ergebnisse erzielt.

2.2.4 Vereinfachung von Mechanismen

Wird bei der numerischen Simulation eines fluiddynamischen Problems mit chemischer Reaktion ein detaillierter Mechanismus verwendet, dann ist für jede Spezies eine Transportgleichung zu lösen. Bei komplizierten Strömungsproblemen, hier genügt schon die Turbulenz, ist es daher wünschenswert, die Anzahl der Transportgleichungen auf ein

Minimum zu reduzieren, da allein für die Berechnung des Strömungsfeldes sehr hohe Rechenkapazitäten erforderlich sind. Die Grundlagen für die Reduzierung eines Mechanismus auf wenige zu berücksichtigende Spezies wurden oben schon beschrieben. Die genaue Vorgehensweise wird im folgenden Abschnitt erläutert.

2.2.4.1 Klassische Methode der Vereinfachung

Die Vereinfachung eines detaillierten Mechanismus erfolgt hier in mehreren Teilschritten (Smooke, 1991, Peters und Rogg, 1993, Giral und Alzueta, 2002; Han et al., 2003):

1. Erstellung eines Skelettmechanismus, der alle wichtigen Reaktionen zur Beschreibung der Kinetik im interessierenden Parameterbereich enthält
2. Identifizierung der quasistationären Spezies
3. Aufstellung der Quasistationaritätsbedingungen und Eliminierung von weiteren Reaktionen für jede quasistationäre Spezies
4. Definition von Globalreaktionen, die nur nicht-quasistationäre Spezies enthalten

Für den ersten Schritt werden zunächst Berechnungen mit dem detaillierten Mechanismus durchgeführt, die den interessierenden Parameterbereich (p, T, λ) ausreichend abdecken. Mit Hilfe von Reaktionsflussanalysen werden dann für den gesamten Bereich unwichtige Reaktionen und die darin enthaltenen unwichtigen Spezies identifiziert und aus dem Mechanismus entfernt (siehe Gleichung 2.2.2). Es können sowohl integrale als auch lokale Flussanalysen durchgeführt werden. Man erhält so einen Skelett-Mechanismus, der noch alle wichtigen und charakteristischen Informationen enthält, aber in der Regel schon um ein Vielfaches kleiner ist als das detaillierte Modell. Die Grenze für die relativen Nettoreaktionsgeschwindigkeiten, unterhalb derer eine Reaktion vernachlässigt werden kann, ist willkürlich. Sie ergibt sich aus der gewünschten Genauigkeit des Skelettmechanismus, die über Vergleiche von Berechnungen mit dem detaillierten und teilreduzierten Modell überprüft werden kann. Sensitivitätsanalysen können auch zur Identifizierung wichtiger Reaktionen eingesetzt werden. Da aber durch Sensitivitätsanalysen nur die geschwindigkeits-bestimmenden Reaktionen bestimmt werden, sollten sie immer in Kombination mit Reaktionsflussanalysen eingesetzt werden. Es gibt Reaktionen, die einen sehr großen Reaktionsumsatz zeigen und damit wichtig für den Reaktionsfluss sind, aber nur geringfügig die Gesamtkinetik beeinflussen und daher nicht durch Sensitivitätsanalysen erfasst werden. Solche Reaktionen weisen auf Partielle Gleichgewichte und quasistationäre Zustände hin.

Für den zweiten Schritt werden mit dem Skelettmechanismus Berechnungen über den gesamten Parameterbereich durchgeführt und mittels lokaler Reaktionsflussanalysen und Bedingung (2.2.3) die quasistationären Spezies bestimmt. Ist die Konzentration der quasistationären Spezies sehr klein im Vergleich zu den Hauptspezies, dann kann eine modifizierte Bedingung verwendet werden, die zusätzlich noch die Konzentration der Zwischenspezies in Form des Molenbruchs X_k berücksichtigt (Chen, 1988):

$$X_k \frac{\left|\dot{\omega}_k^+ - \dot{\omega}_k^-\right|}{\max\left(\left|\dot{\omega}_k^+\right|, \left|\dot{\omega}_k^-\right|\right)} < \varepsilon \qquad (2.2.11)$$

Es ist auch möglich, die quasistationären Spezies nur über die Höhe ihrer Konzentrationen zu bestimmen. Peters (1991) schreibt, dass es bei den meisten technischen Anwendungen ausreicht für alle Zwischenspezies, deren Konzentrationen deutlich kleiner als 10 % der anfänglichen Brennstoffkonzentration ist, Quasistationarität anzunehmen. Der Fehler, der sich durch die Quasistationaritätsannahme ergibt, liegt in der Größenordnung des Konzentrationsverhältnisses von den quasistationären Spezies zu den Hauptspezies. In Systemen, in denen der Speziestransport durch Diffusion berücksichtigt werden muss, ist es sinnvoller, die Konzentrationen der Zwischenprodukte zu betrachten. Diese werden hier noch mit den jeweiligen Diffusionskoeffizienten gewichtet (Peters, 1991).

Die Aufstellung einer Quasistationaritätsbedingung (Gl. 2.2.1) für eine Spezies führt zu einer algebraischen Gleichung zwischen den beteiligten Reaktionsgeschwindigkeiten. Es ist nun möglich, eine beteiligte Reaktionsgeschwindigkeit als Funktion der anderen darzustellen und somit pro Quasistationaritätsbedingung jeweils eine Reaktion aus dem Skelettmechanismus zu eliminieren. Die Auswahl dieser Reaktion kann mittels zweier fast gleichwertiger Strategien erfolgen. Bei der einen wird die Reaktion mit der schnellsten Geschwindigkeit eliminiert. Die andere Möglichkeit ist die Eliminierung der am wenigsten sensitiven Reaktion. Dies führt zu kleineren Fehlern und einem weniger steifen Mechanismus (Leung et al, 1993).

Die Quasistationaritätsbedingungen werden nach Umformung auch dazu verwendet, die Konzentrationen der quasistationären Spezies zu bestimmen, die für die Berechnung der restlichen Reaktionsgeschwindigkeiten im Skelettmechanismus erforderlich sind. Diese Bestimmungsgleichungen, die sich durch Auflösen der Quasistationaritätsbedingung (Gl. 2.2.1) nach der gesuchten Spezies ergeben, können neben Hauptspezies natürlich auch andere quasistationäre Spezies enthalten. Um Rechenzeit zu sparen, wird eine explizite Darstellung der Konzentrationen der quasistationären Spezies angestrebt. Das bedeutet, dass die Konzentrationsbestimmung nur aus schon bekannten Werten erfolgt. Dies erreicht man durch eine geschickte Berechnungsreihenfolge in Kombination mit Vernachlässigungen in den Bestimmungsgleichungen. Die Vernachlässigungen, oft auch als „Abschneiden" bezeichnet, betreffen die langsamen Reaktionsgeschwindigkeiten. Sie erfordern sehr viel Erfahrung und müssen durch Vergleich von Berechnungen mit reduziertem und detailliertem Modell überprüft werden.

Die Berechnung von Zwischenspezies über Partielle Gleichgewichte stellt ebenfalls eine wichtige Methode dar, da hier die Konzentration nur als Funktion weniger, anderer Spezies errechnet werden kann. Oft ist die explizite Darstellung der Konzentrationen jedoch nicht möglich, da zum Beispiel auf Grund zu niedriger Temperaturen keine Partiellen Gleichgewichte angenommen werden können. In diesem Fall erfolgt die Konzentrationsbestimmung der quasistationären Spezies iterativ.

Die Eliminierung der quasistationären Spezies und der ausgesuchten Reaktionen sowie die Definition von globalen Reaktionen erfolgt durch Linearkombinationen von Elementarreaktionen des Skelettmechanismus (Göttgens und Terhoeven, 1993). Die Globalreaktionen enthalten schließlich nur noch nicht-quasistationäre Spezies und deren Reaktionsgeschwindigkeiten ergeben sich aus denen der Elementarreaktionen.

2.2.4.2 ILDM

Die zeitliche Entwicklung einer chemischen Reaktion lässt sich durch eine Linie im Zustandsraum, der durch Druck, spezifische Enthalpie und die Spezieskonzentrationen aufgespannt wird, darstellen. Sie endet mit dem chemischen Gleichgewicht, das vom Druck, der spezifischen Enthalpie und den Elementmassenbrüchen abhängt. Lässt man diese Größen konstant und variiert lediglich die Anfangskonzentrationen der Spezies, so stellt man fest, dass sich die Reaktionswege nicht erst im Gleichgewichtspunkt treffen, sondern sich schon weit vorher bündeln, wie es Abb. 2-2 (links) zeigt.

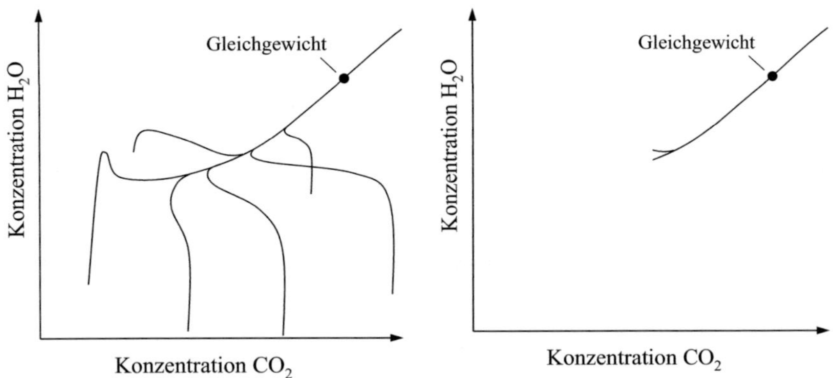

Abb. 2-2: Trajektorien bei der Methanoxidation nach Riedel et al. (1994), links komplett, rechts nur für Zeiten größer 50 µs

Die Reaktionswege nähern sich sehr schnell mehrdimensionalen Flächen, auch Mannigfaltigkeiten genannt, an, auf denen die Reaktion dann relativ langsam bis zum Gleichgewicht voranschreitet. Diese Flächen besitzen eine erheblich niedrigere Dimension als der Zustandsraum, man nennt sie daher intrinsische niedrigdimensionale Mannigfaltigkeiten (engl.: intrinsic low dimensional manifolds, ILDM). Eine ILDM hat die Eigenschaft, dass sich auf ihr die schnellen Prozesse lokal im Gleichgewicht befinden, sodass dann für die weitere Reaktion nur noch die geschwindigkeitsbestimmenden, langsameren Prozesse von Bedeutung sind. Abb. 2-2 (rechts) zeigt eine Kurve, bei der CH$_4$-Oxidation auf der sich alle Prozesse, die schneller als 50 µs sind, lokal im Gleichgewicht befinden. Sie stellt eine eindimensionale ILDM dar. Die Dynamik des Systems ist also nach 50 µs mit nur einer Fortschrittsvariablen beschreibbar. Hier zeigt sich das große Reduktionspotential der ILDM-Methode. Man muss natürlich beachten, dass diese eindimensionale ILDM nur für Anfangszustände mit übereinstimmendem Gleichgewichtszustand existiert. Lässt man zusätzlich die Luftzahl (Elementzusammensetzung) und die Temperatur (spezifische Enthalpie) variabel, was Parameter eines Reaktionsmechanismus sein sollten, so wird aus dem gemeinsamen, nulldimensionalen Gleichgewichtspunkt eine zweidimensionale Gleichgewichtsfläche. Die Dimension der ILDM erhöht sich um zwei, sodass nun mindestens drei Fortschrittsvariablen erforderlich sind. Die Dimension der ILDM hängt von der Anzahl der Zustandsvariablen ab und auch von der Größe der zu berücksichtigenden Zeitmaße sowie von den Genauigkeitsansprüchen an die reduzierte Kinetik. Je kleiner die Zeitmaße sind, die noch in der Kinetik enthalten sein sollen, umso größer ist die Dimension der ILDM.

Für die Ermittlung einer ILDM wird für feste Werte der vorher definierten Fortschrittsvariablen der Zustandsraum systematisch durchschritten und an diskreten Punkten des Weges eine Eigenwertanalyse der lokalen Jakobi-Matrix durchgeführt. Dadurch werden die einzelnen chemischen Prozesse und die Zeitmaße entkoppelt. Richtungen und Zeitmaße der Prozesse sind durch die Eigenwerte und die Eigenvektoren gegeben. Gelangt man im Zustandsraum auf einen Punkt, auf dem die Geschwindigkeiten von Prozessen, die zuvor sehr schnellen Zeitmaßen unterlagen, verschwinden, befindet man sich auf einer ILDM. Hier lassen sich alle Konzentrationen als Funktion der Fortschrittsvariablen bestimmen. Die Durchführung der Eigenwertanalysen und das Auffinden der ILDM sind rechnerisch sehr aufwendig, weshalb die ILDM vorab berechnet und in Form von Tabellen zur Verfügung gestellt wird.

Die Vorteile der ILDM gegenüber der konventionellen Reduktionsmethode liegen gemäß Maas und Pope (1992) zum einen darin, dass die ILDM-Methode automatisch von Rechnern durchgeführt werden kann; der Input besteht lediglich aus dem detaillierten Mechanismus und der Anzahl der Freiheitsgrade (Fortschrittsvariablen) im reduzierten Modell. Dagegen müssen bei der konventionellen Methode viele Schritte von Hand erarbeitet werden, wie zum Beispiel die Bestimmung der quasistationären Spezies und die Aufstellung der Quasistationaritäts-bedingungen. Dies ist inzwischen nicht mehr ganz zutreffend, da es mittlerweile auch Möglichkeiten gibt, einen Mechanismus auf konventionelle Art weitestgehend automatisch zu vereinfachen. Als Beispiel sei hier das Programm CARM (engl.: Computer Assisted Reduction Mechanism Code) genannt, das von Chen (1997) entwickelt wurde. Außerdem liegen die Schwierigkeiten bei der Bestimmung der niedrigdimensionalen Mannigfaltigkeiten in den numerischen Methoden und der Tabellierung der ILDM, was ebenfalls viel Zeit und Erfahrung erfordert.

Zum anderen sind konventionell reduzierte Mechanismen nach Maas und Pope (1992) nicht auf einen so großen Parameterbereich anwendbar wie solche Mechanismen, die mittels ILDM reduziert wurden. Dies trifft zwar zu, da zum Beispiel die Temperatur bzw. die spezifische Enthalpie als Parameter in die ILDM aufgenommen werden kann. Es ist aber dennoch genauso möglich, einen detaillierten Mechanismus für verschiedene Temperaturbereiche konventionell zu reduzieren.

Zum Schluss sei noch angemerkt, dass beide Reduktionsmethoden erst dadurch möglich werden, dass Partielle Gleichgewichte und quasistationäre Zustände existieren, die mit sehr schnellen Zeitmaßen verbunden sind. Beide Methoden liefern daher ähnliche Ergebnisse.

2.2.4.3 Weitere Reduktionsmethoden

Die gröbste Vereinfachung eines detaillierten Mechanismus wird durch die Definition von einer oder wenigen **Globalreaktionen** erreicht, deren Geschwindigkeitsgesetze empirisch ermittelt werden. Sie sollen die Berechnungen von wesentlichen Eigenschaften des chemischen Systems wie Wärmefreisetzung, Flammengeschwindigkeit oder Zündverzugszeit ermöglichen (z.B. Westbrook and Dryer, 1981). Komplexere Prozesse wie die Schadstoffbildung oder Flammenverlöschen, bei denen Reaktionen von Zwischenspezies Bedeutung gewinnen, werden durch sie nicht erfasst. Globalkinetiken finden dann Anwendung, wenn detaillierte Modelle entweder nicht existieren oder auf Grund des zu großen Rechenaufwands nicht eingesetzt werden können.

Lumping Verfahren werden zur Vereinfachung von großen Reaktionsmechanismen eingesetzt, bei denen viele Isomere zu berücksichtigen sind. Typische Anwendungsgebiete sind die Russmodellierung (z.B. Frenklach und Wang, 1990) und Polymerisationsreaktionen. Bei diesem Verfahren werden Eigenschaften und Reaktionsmöglichkeiten einer Gruppe von ähnlichen Stoffen in einer repräsentativen Variablen zusammengefasst und somit die Anzahl der zu berücksichtigenden Komponenten verringert.

Bei **Repro-Modellen** wird zunächst durch sehr viele kinetische Rechnungen mit detaillierter Chemie eine Datenbasis erzeugt, die Informationen über die Kinetik in Abhängigkeit von der Zusammensetzung sowie Druck und Temperatur enthält. In einem zweiten Schritt werden dann einfache algebraische Gleichungen (Polynome) angepasst, mit denen der Reaktionsfortschritt beschrieben werden kann (Turányi, 1994).

Beim **CSP-Verfahren** (engl.: computational singular perturbations) werden für jeden Zeitschritt über eine Eigenwertanalyse die einzelnen voneinander unabhängigen, chemischen Prozesse und deren zugehörige Zeitmaße identifiziert. Anschließend werden die Prozesse in Reaktionsgruppen mit jeweils einem charakteristischen Zeitmaß zusammengefasst. Reaktionsgruppen mit sehr schnellen Zeitmaßen werden eliminiert und ausreichend langsame Gruppen werden vernachlässigt, was schließlich zur Vereinfachung der Kinetik führt (Lam und Goussis, 1988).

2.3 Zerfall und Oxidation von Kohlenwasserstoffen

Die Stickstoffoxidbildung wird sehr stark von der Kohlenwasserstoffoxidation beeinflusst, die den Radikalhaushalt vorgibt. Im folgenden Abschnitt werden daher detaillierte Reaktionsmechanismen behandelt, die das Oxidationsverhalten bei der Zündung wichtiger Brennstoffe wie H_2, CH_4 und höherer Kohlenwasserstoffe beschreiben. Es werden die Reaktionsflüsse sowie Bildung und Abbau von Zwischenprodukten diskutiert. Das Oxidationsverhalten bei der Zündung lässt sich prinzipiell auch auf selbst ausbreitende Flammenfronten übertragen. Unterschiede werden kurz angesprochen. Am Schluss wird die Beeinflussung der Kohlenwasserstoffoxidation durch NO und NO_2 sowie durch Halogene diskutiert.

2.3.1 H_2-O_2-Mechanismus

Die Oxidation von Wasserstoff bei hohen Temperaturen (oberhalb von 1000 K) ist ein klassisches Beispiel für eine Kettenreaktion und auch ein besonders einfaches, da das einzige Produkt Wasser ist. Sie schließt im Allgemeinen aber dennoch etwa 20 Elementarschritte der 5 aktiven Spezies H, OH, O, HO_2 und bei tieferen Temperaturen auch H_2O_2 ein. Umfassende Reaktionsmechanismen für Kohlenwasserstoffe beinhalten immer einen H_2-Oxidationsmechanismus, da hier zu Beginn der Oxidation schnell Wasserstoff gebildet wird. Das O/H-Teilsystem steuert den Radikalenpool. Reaktionen mit H, O und OH sind die wichtigsten Schritte bei allen Kohlenwasserstoffoxidationen. Daran erkennt man die große Bedeutung, die diesem Teilmechanismus zukommt.

Die wichtigsten Kettenreaktionsschritte bei der H_2-Oxidation unter Normaldruck werden nun kurz erläutert. Für die Initiierung der Kettenreaktion werden folgende zwei Reaktionen genannt:

$$H_2 + O_2 => 2\,OH \qquad \text{oder} \quad H_2 + O_2 => H + HO_2 \tag{R1}$$

Durch diesen Initiierungsschritt entstehen jedoch nur wenige aktive Spezies. Diese werden hauptsächlich durch die Kettenverzweigungsreaktionen gebildet:

$$H + O_2 => OH + O \tag{R2}$$

$$O + H_2 => OH + H \tag{R3}$$

Zusammen mit der Fortpflanzungsreaktion

$$OH + H_2 => H + H_2O \tag{R4}$$

sind R2 und R3 die wichtigsten Schritte der H_2-Oxidation, wobei R2 die bedeutendste Reaktion überhaupt ist. Dies trifft für die Oxidation aller Kohlenwasserstoffe zu. Es gilt die Regel, dass je höher die Temperatur ist umso bedeutender wird die Rolle von R2 innerhalb der Kettenreaktion. Die Konzentration der aktiven Spezies steigt ebenfalls mit wachsender Temperatur an. Deren Anteil ist für Temperaturen unter 1000 K verschwindend gering, wohingegen ihre Konzentration oberhalb von 2500 K die von Wasser übersteigt. Oberhalb von 1700 K befinden sich die Reaktionen R2 – R4 im partiellen Gleichgewicht. Das bedeutet, dass die jeweiligen Hin- und Rückreaktionen sehr schnell und gleich groß sind.

Die wichtigsten Kettenabbruchreaktionen sind die Rekombinationen von H- und O-Atomen sowie OH-Radikalen, die Bildung von HO_2, das weniger reaktiv ist als die anderen Radikale, und die Bildung von H_2O_2 bei niedrigeren Temperaturen:

$$H + H + M => H_2 + M \qquad (R5)$$
$$H + OH + M => H_2O + M \qquad (R6)$$
$$H + O_2 + M => HO_2 + M \qquad (R7)$$
$$OH + OH + M => H_2O_2 + M \qquad (R8)$$

Diese druckabhängigen Reaktionen sind alle auf einen energetisch notwendigen Stoßpartner M angewiesen. Für Temperaturen um 1200 K ist R7 die wichtigste Abbruchreaktion, während R5 und R6 bei noch höheren Temperaturen Geltung erlangen. Bei Temperaturen kleiner 900 K steht die Abbruchreaktion R7 in direkter Konkurrenz zur Verzweigungsreaktion R2 (Michael et al., 2002). Die relative Bedeutung der vier Pfade ist ebenso von der Stöchiometrie abhängig.

2.3.2 CH_4-Mechanismus

Die Oxidation von Methan für Temperaturen oberhalb von 1000 K ist wesentlich komplexer als die H_2-Oxidation. Der Hauptreaktionsfluss für die Oxidation von CH_4 unter brennstoffarmen Bedingungen ist:

$$CH_4 => CH_3 => CH_2O => CO => CO_2$$

Es sind damit vier miteinander verbundene Teilmechanismen zu berücksichtigen: Die Oxidation von CH_4, H_2, CH_2O und CO. Die Interaktion der Mechanismen untereinander besteht darin, dass zum Beispiel Radikale, die bei der Oxidation von Formaldehyd gebildet werden, die Methanoxidation beschleunigen. Die Verbindung der einzelnen Mechanismen ist hierarchisch (Abb. 2-3).

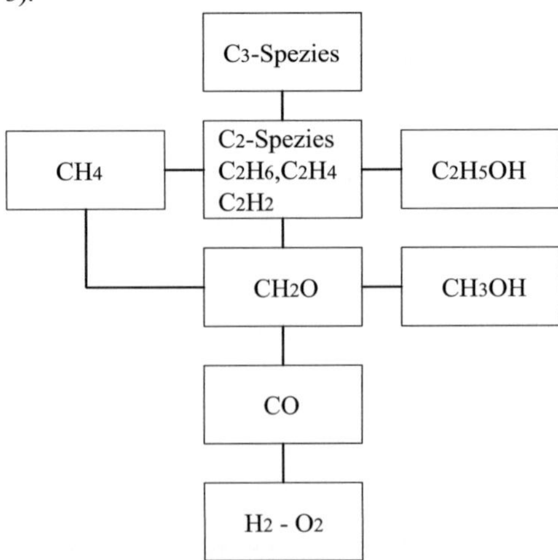

Abb. 2-3: Hierarchie der Reaktionsmechanismen einfacher Kohlenwasserstoffe nach Westbrook und Dryer (1984)

Das Reaktionsgeschehen eines höheren Brennstoffs schließt das des niedrigeren Brennstoffs ein, das heißt, dass der H_2-O_2-CO-Mechanismus einen Teil des Formaldehyd-Oxidationsmodells darstellt, welches wiederum Teilmodell der CH_4-Oxidation ist. Auch die C_2-Chemie ist im Methanmechanismus enthalten. Je nach Stöchiometrie und Temperatur können erhebliche Mengen an C_2-Kohlenwasserstoffen gebildet werden.

Es folgt nun eine detaillierte Beschreibung der Methanoxidation. Bei hohen Temperaturen erfolgt die Initiierung der Oxidation durch die thermische Zersetzungsreaktion:

$$CH_4 + M => CH_3 + H + M \qquad (R9)$$

Bei niedrigen Temperaturen erfolgt der Start der Kettenreaktion durch direkten Angriff von Sauerstoff:

$$CH_4 + O_2 => CH_3 + HO_2 \qquad (R10)$$

Sind durch diese langsamen, stark endothermen Startreaktionen ausreichend Radikale gebildet worden, erfolgt der Brennstoffabbau hauptsächlich über folgende Reaktionen:

$$CH_4 + H => CH_3 + H_2 \qquad (R11)$$
$$CH_4 + O => CH_3 + OH \qquad (R12)$$
$$CH_4 + OH => CH_3 + H_2O \qquad (R13)$$
$$CH_4 + HO_2 => CH_3 + H_2O_2 \qquad (R14)$$

Im Gegensatz zum Brennstoff Wasserstoff wird hier kein H-Atom freigesetzt. Der Kettenträger H wird erst später gebildet, wodurch sich die wesentlich kleinere Brenngeschwindigkeit des Methans gegenüber Wasserstoff erklären lässt. Durch die Reaktionen R11 – R14 zusammen mit

$$CH_3 + O_2 => CH_2O + OH \qquad (R15)$$
$$CH_3 + O_2 => CH_3O + O \qquad (R16)$$
$$CH_3O + M => CH_2O + H + M \qquad (R17)$$
$$CH_3 + O => CH_2O + H \qquad (R18)$$

wird ein Radikalenpool erzeugt, der den Brennstoffabbau sowie die Bildung von Formaldehyd steuert. Die Gewichtung der Radikalreaktionen ist von der Stöchiometrie abhängig. Während unter brennstoffreichen Bedingungen Reaktionen mit H-Atomen überwiegen, spielen bei Brennstoffmangel vor allem Reaktionen mit O-Atomen eine große Rolle. Im nahestöchiometrischen Bereich sind die OH-Radikale die wichtigsten Reaktionspartner.

Auch Rekombinationsreaktionen sind sehr wichtig bei der Hochtemperaturoxidation von Methan. Bei Temperaturen kleiner 1400 K sowie unter brennstoffreichen Bedingungen ist die Methylradikalrekombination von großer Bedeutung:

$$CH_3 + CH_3 + M => C_2H_6 + M \qquad (R19)$$

Durch sie werden große Mengen an Ethan gebildet. Unter Luftmangel ist dies sogar der Hauptabbaupfad für Methylradikale. Der Abbau von C_2H_6 erfolgt unter diesen Bedingungen durch H-Abstraktionsreaktionen zu Ethylen und schließlich zu Acetylen.

Diese Reaktionen zusammen mit R11 – R18 führen in der Anfangsphase der Oxidation zum langsamen Aufbau der Zwischenprodukte CH_2O, H_2, C_2H_6, C_2H_4 und C_2H_2. In dieser so genannten Induktionszeit oder Zündverzugszeit treten sehr hohe CH_3-Konzentrationen auf.

Da sich die Konzentrationen der Radikale bzw. instabilen Zwischenspezies nur langsam ändern und näherungsweise als konstant angesehen werden können, wird diese Zeit oft auch als der quasistationäre Bereich bezeichnet.

Ist Formaldehyd in signifikanten Mengen gebildet worden, wird der weitere Verlauf der Oxidation durch den Abbau von CH_2O bestimmt. Der relativ langsame Abbau von Formaldehyd selbst führt zu keiner Kettenverzweigung. Aber durch die Abbaureaktionen werden H-Atome gebildet, die wiederum über die wichtige Reaktion

$$H + O_2 => OH + O \tag{R2}$$

eine Verzweigung bewirken. Dadurch kommt es zu einer starken Beschleunigung der Radikalbildung, die wiederum zu raschem Brennstoffabbau und intensiver Bildung von Produkten sowie Wärmefreisetzung führt. Formaldehyd wird über HCO zu CO abgebaut. Auch Acetylen wird zunächst zu CO oxidiert. Dies erfolgt hauptsächlich über die Zwischenspezies CH_2 und CH sowie über das Ketylradikal HCCO. Zusammen mit CH_3 sind dies wichtige Spezies im Zusammenhang mit Reburning von NO (siehe Kapitel 2.4.8).

Den hier beschriebenen Prozessen folgt die relativ langsame Oxidation von CO über

$$OH + CO => CO_2 + H \tag{R20}$$

Sie stellt den zweiten Schritt der Freisetzung von Reaktionswärme bei der Oxidation von CH_4 dar. R20 ist sehr langsam im Vergleich zu anderen Radikalreaktionen, weshalb auch die CO-Emission bei vielen Verbrennungssystemen ein großes Problem darstellt. Wegen ihrer Langsamkeit besitzt R20 auch keinen großen Einfluss auf die Zündverzugszeit. Sie ist aufgrund ihrer großen Wärmefreisetzung jedoch sehr wichtig bei der Bestimmung von Brenngeschwindigkeiten.

Wichtige Abbruchreaktionen sind die Rückreaktion von R10 sowie Reaktion R7:

$$CH_4 + M => CH_3 + H + M \tag{R9}$$

$$H + O_2 + M => HO_2 + M \tag{R7}$$

In Abb. 2-4 sind die wesentlichen Reaktionspfade für eine luftreiche Oxidation von CH_4 noch einmal zusammengefasst. Für luftarme Bedingungen müssen lediglich die Pfeilstärken des C_1- mit denen des C_2-Teilmechanismus vertauscht werden. Die Oxidation verläuft dann hauptsächlich über C_2-Spezies.

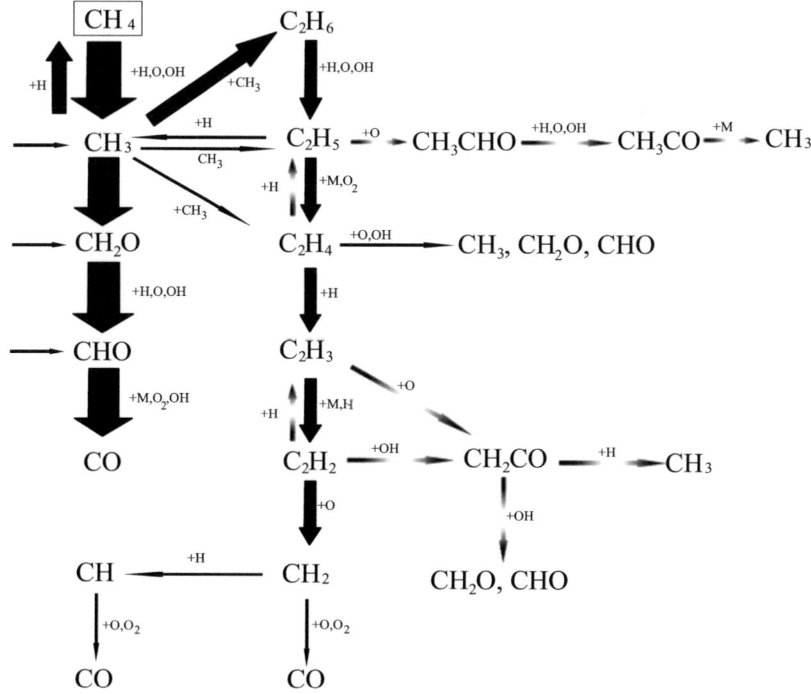

Abb. 2-4: Reaktionsflussdiagramm für die Oxidation von Methan in einer luftreichen, laminaren, vorgemischten Flamme bei einem bar und 298 K Vorwärmtemperatur (Warnatz, 1984)

2.3.3 Höhere Kohlenwasserstoffe

Der Oxidationsmechanismus von Propan zeigt schon alle wichtigen Charakteristika der Verbrennung höherer Kohlenwasserstoffe. Der Brennstoff reagiert zunächst durch thermische Zersetzung und H-Abstraktionen zu einem Gemisch von C_2H_6, C_2H_4, CH_4, CH_3, CH_2O, H_2 und CO, welches schließlich den tatsächlichen Brennstoff darstellt. Aufgrund der schwächeren C-C-Bindung gegenüber der C-H-Bindung ist die thermische Zersetzung in Kohlenwasserstoffreste stärker ausgeprägt als die H-Abstraktion.

Die Reaktionen dieser einzelnen Spezies sind schon aus der Methanoxidation bekannt. Der Hauptunterschied zum CH_4-Mechanismus besteht darin, dass höhere Kohlenwasserstoffe thermisch viel instabiler sind als CH_4, die C-H-Bindung im Methan ist um einiges stärker als die C-H- und C-C-Bindungen höherer Kohlenwasserstoffe. Aus diesem Grund ist es wesentlich schwieriger CH_4 zu zünden als andere Kohlenwasserstoffe. Dadurch kommt es bei höheren Kohlenwasserstoffen schon während der Induktionszeit zum fast vollständigen Brennstoffabbau, wohingegen bei Methan der Hauptbrennstoffabbau erst nach der Induktionszeit erfolgt.

Es gibt aber dennoch einige Unterschiede in der Verbrennungschemie bei höheren Kohlenwasserstoffen. Diese zeigen sich vor allem bei den Zündeigenschaften sowie bei deren Neigung zur Bildung von Ruß, aromatischen Kohlenwasserstoffen und partiell oxidierten Produkten.

Um diese Eigenschaften genau abbilden zu können, sind sehr umfangreiche Mechanismen notwendig. Kommt man bei Propan noch mit zusätzlich ca. 12 Spezies und 100 Reaktionen aus, so gehen zum Beispiel bei Heptan die erforderlichen Spezies und Reaktionen in die Hunderte bzw. Tausende. Sowohl die Bestimmung der einzelnen reaktionskinetischen und thermodynamischen Daten für die Reaktionen und die Spezies, als auch der rechnerische Umgang mit einer solchen Vielzahl der daraus resultierenden Differentialgleichungen gestaltet sich als sehr schwierig und teilweise auch als unmöglich. Ein detailliertes Modell muss daher beides sein, wissenschaftlich produktiv und auch rechnerisch handhabbar. Ein detaillierter Mechanismus muss nicht vollständig sein, er sollte aber die repräsentativen Spezies und Reaktionspfade enthalten. Ein Beispiel dafür ist der Selbstzündungsmechnismus für N-Heptan und Iso-Oktan (Curran et al., 1996, 1998) mit 3445 Reaktionen und 805 Spezies.

2.3.4 Oxidation bei niedrigen Temperaturen

Bei Temperaturen um 700 K wird die Oxidation von Kohlenwasserstoffen durch Reaktionen von Alkyl-Radikalen mit molekularem Sauerstoff initiiert:

$$R + O_2 => ROO \qquad\qquad (R21)$$

Bei großen Kohlenwasserstoffen kann eine Isomerisierung zum Hydroperoxy-Radikal ablaufen:

$$ROO => R'OOH \qquad\qquad (R22)$$

R'OOH zerfällt schließlich unter Aufbruch der O-O-Bindung:

$$R'OOH => R'O + OH \qquad\qquad (R23)$$

Durch diese Verzweigungsreaktion werden zwei aktive Teilchen gebildet, so dass bei einer ausreichend hohen Akkumulation von ROO eine Selbstbeschleunigung der Kettenreaktion zu beobachten ist. Bei höheren Temperaturen wird ROO zunehmend über die Rückreaktion von R21 abgebaut, so dass dadurch eine obere Temperaturgrenze der „kalten" Kohlenwasserstoffoxidation gegeben ist.

Wasserstoffperoxid H_2O_2 gewinnt bei höheren Temperaturen an Bedeutung (700 K < T < 1000 K). Die wichtigen Kettenträger sind dann OH und HO_2. R'OOH und ROO werden in diesem Fall durch H_2O_2 und HO_2 ersetzt.

2.3.5 Besonderheiten bei selbstausbreitenden Flammenfronten

Die im obigen Kapitel beschriebenen Oxidationseigenschaften der verschiedenen Brennstoffe bei der Zündung lassen sich grundsätzlich auch auf selbstausbreitende Flammenfronten übertragen. Einer der wichtigsten Unterschiede betrifft die Initiierungsreaktionen der ersten Radikalenbildung. Während die Zündung auf solche Startreaktionen angewiesen ist, sind diese bei den Flammenfronten nicht erforderlich, da hier durch den diffusiven Transport

Radikale vor die Flammenfront gelangen. Weiterhin ist anzumerken, dass in der Flammenfront aufgrund der höheren Temperaturen die Reaktionen schneller ablaufen, die Radikalenkonzentrationen höher sind und auch vermehrt Radikal-Radikal-Reaktionen ablaufen. Außerdem besteht bei der Flammenfront im Gegensatz zur Zündung eine Vorwärmzone. Für stabile Brennstoffe wie Methan erfolgt in dieser Vorwärmzone so gut wie keine Pyrolyse, während bei anderen Kohlenwasserstoffen eine starke thermische Zersetzung schon in dieser Zone stattfindet. Die Vorgänge in der Vorwärmzone der Flammenfront kann man prinzipiell mit denen in der Induktionszeit bei der Zündung vergleichen. Eine wichtige Folge dieser thermischen Zersetzung ist, dass die chemische Zusammensetzung in der Reaktionszone für unterschiedliche höhere Kohlenwasserstoffe leicht variiert und es dadurch auch zu leicht unterschiedlichen Flammentemperaturen und Brenngeschwindigkeiten kommt.

2.3.6 Verbrennungsinhibitoren und -beschleuniger

Es existiert eine Vielzahl von Stoffen, die die Verbrennung von Kohlenwasserstoffen verzögern oder beschleunigen können. Die meisten dieser Stoffe greifen dabei in den Radikalhaushalt der Verbrennung ein und bewirken entweder eine Erhöhung oder eine Abnahme der wichtigen Kettenträger H, O und OH. Je nach Bedingungen kann dabei die Wirkung dieser Stoffe unterschiedlich sein. Es ist zum Beispiel bekannt, dass Halogene in Flammenfronten die Rekombination der Kettenträger katalysieren und somit die Verbrennung durch Erniedrigung des Radikalniveaus verlangsamen. Bei der Zündung von Methan um 1000 K hingegen ist eine Beschleunigung durch Zugabe von Halogenen möglich. Eine ausführliche Diskussion und Literaturübersicht über dieses Thema ist bei Lissianski et al. (2000) zu finden. Unter Bedingungen der Abfallverbrennung sind insbesondere die Einflüsse von Chlor und NO bzw. NO_2 auf die Oxidation der Kohlenwasserstoffe von Interesse, da diese Spezies hier vermehrt auftreten.

2.3.6.1 Einfluss von NO und NO_2

Insbesondere bei niedrigen Temperaturen (T < 1300 K) besitzen Stickstoffoxide eine beschleunigende Wirkung auf die Brennstoffumsetzung (Löffler et al, 2002; Bendtsen et al., 2000; Bromly et al, 1996; Bromly et al, 1995; Roesler et al., 1995). Dies ist vor allem auf den folgenden katalytischen Reaktionszyklus zurückzuführen:

$$Zyklus\ a:$$
$$NO + HO_2 => NO_2 + OH \qquad (R24)$$
$$NO_2 + H/O => NO + OH/O_2 \qquad (R25)$$

$$HO_2 + H/O => OH + OH/O_2$$

Unabhängig vom NO-Gehalt wird bei diesen niedrigen Temperaturen vermehrt HO_2 über die Kettenabbruchreaktion $H+O_2+M=>HO_2+M$ (R7) gebildet. Insbesondere bei hohen Wassergehalten führt dies auf Grund der hohen Stoßeffektivitäten für $M = H_2O$ zu einer

Verzögerung des Reaktionsgeschehens (Glarborg et al., 1995). Bei Anwesenheit von NO kann aber HO_2 wieder in aktive Teilchen überführt werden. Die Bildung von OH-Radikalen führt somit zu einer Beschleunigung der Gesamtreaktion. Der NO_2-Abbau durch Angriff von O ist im Vergleich zur Reaktion mit H untergeordnet. Eine weitere wichtige NO_2-Abbaureaktion bei der Methanverbrennung ist

$$CH_3 + NO_2 => CH_3O + NO. \tag{R26}$$

Mit R26 findet ein direkter Eingriff in den Oxidationsmechanismus statt. Bei noch niedrigeren Temperaturen (T < 1100 K) gewinnen bei der Methanverbrennung zudem noch folgende Reaktionen an Bedeutung:

$$CH_3 + O_2 + M => CH_3O_2 + M \tag{R27}$$
$$CH_3O_2 + NO => CH_3O + NO_2 \tag{R28}$$

Auch durch diese Reaktionen findet eine Beschleunigung der Methanverbrennung statt.

Es existieren jedoch auch noch eine Reihe von Reaktionszyklen, die eine Radikalrekombination bewirken und somit der Reaktionsbeschleunigung durch Zyklus a entgegenwirken (Roesler et al., 1995).

$$Zyklus\ b:$$
$$NO + O + M => NO_2 + M$$
$$NO_2 + H/O => NO + OH/O_2$$

$$O + H/O => OH/O_2$$

$$Zyklus\ c:$$
$$NO + OH + M => HONO + M$$
$$HONO + H/OH => NO_2 + H_2/H_2O$$
$$NO_2 + H/O => NO + OH/O_2$$

$$H + H/OH => H_2/H_2O$$
$$OH + O + H/OH => O_2 + H_2/H_2O$$

$$Zyklus\ d:$$
$$NO + H + M => HNO + M$$
$$HNO + H/O/OH/O_2 => NO + H_2/OH/H_2O/HO_2$$

$$H + H/O/OH/O_2 => H_2/OH/H_2O/HO_2$$

Der geschwindigkeitsbestimmende Schritt ist in allen Zyklen jeweils die erste Reaktion. Je nach Stöchiometrie besitzen die Reaktionen mit H, O und OH unterschiedliche Bedeutung, so dass auch die Wichtigkeit der einzelnen Zyklen von der Luftzahl abhängt. Während Zyklus b hauptsächlich unter luftreichen Bedingungen wirksam ist, spielt Zyklus d eher unter Luftmangel eine Rolle.

2.3.6.2 Einfluss von Halogenen

Die inhibierende Wirkung von Halogenen bei der Verbrennung von Kohlenwasserstoffen ist vor allem auf die Katalysierung der Rekombination von Wasserstoffatomen über die Zyklen e und f zurückzuführen, die die Reaktionen am Beispiel von Chlor verdeutlichen.

$$\text{Zyklus e:}$$

$$Cl + H + M => HCl + M \tag{R29}$$
$$HCl + H => Cl + H_2 \tag{R30}$$

$$H + H => H_2$$

$$\text{Zyklus f:}$$

$$Cl + Cl + M => Cl_2 + M \tag{R31}$$
$$Cl_2 + H => HCl + Cl \tag{R32}$$
$$HCl + H => Cl + H_2 \tag{R30}$$

$$H + H => H_2$$

Bei niedrigeren Temperaturen, die die Bildung von HO_2 begünstigen, und bei Anwesenheit von Wasser treten die folgenden Reaktionen in den Vordergrund (Müller et al.,1998; Roesler et al. ,1992a, 1992b, 1995):

$$Cl + HO_2 => HCl + O_2 \tag{R33}$$
$$HCl + OH => Cl + H_2O \tag{R34}$$
$$HCl + O => Cl + OH \tag{R35}$$

Die Entfernung von HO_2 über R33 hat eine zusätzliche Inhibierung zur Folge, während R34 je nach Bedingungen vorwärts oder rückwärts abläuft und damit verzögernd oder beschleunigend wirkt.

Grundsätzlich ging aus den Untersuchungen hervor, dass der Einfluss von Chlor umso geringer ausfällt, je höher der Wassergehalt ist. Bei etwa 7 Vol% Wasser konnten Mueller et al. (1998) keinen Chloreinfluss mehr feststellen, wenn kein NO anwesend war. Geringe Mengen an NO erhöhten jedoch den inhibierenden Einfluss von Chlor wieder merklich.

Wargadalam et al. (2000), die die HCN-Oxidation bei Zugabe von CO und Jod zwischen 600 und 1000 °C experimentell und rechnerisch untersuchten, konnten eine ausgeprägte Verzögerung des Reaktionsgeschehens durch Jod beobachten. Sie führten die Inhibierung auf die Rekombination von Sauerstoffatomen über folgenden Zyklus zurück:

$$\text{Zyklus g:}$$

$$I + I + M => I_2 + M$$
$$I_2 + O => IO + I$$
$$IO + O => I + O_2$$

$$O + O => O_2$$

Es ist jedoch anzumerken, dass diese Versuche ohne Anwesenheit von Wasser durchgeführt wurden.

Hinsichtlich der Interaktion von Cl und NO sind folgende Reaktionszyklen zu nennen (Roesler et al., 1995):

$$\text{Zyklus h:}$$
$$NO + Cl + M \Rightarrow NOCl + M$$
$$NOCl + H/Cl \Rightarrow NO + HCl/Cl_2$$
$$Cl + H/Cl \Rightarrow HCl/Cl_2$$

$$\text{Zyklus i:}$$
$$NO + H + M \Rightarrow HNO + M$$
$$HNO + Cl \Rightarrow NO + HCl$$
$$H + Cl \Rightarrow HCl$$

$$\text{Zyklus j:}$$
$$NO + OH + M \Rightarrow HONO + M$$
$$HONO + Cl \Rightarrow NO_2 + HCl$$
$$NO_2 + H \Rightarrow NO + OH$$
$$H + Cl \Rightarrow HCl$$

Diese Zyklen verstärken den inhibierenden Effekt von Chlor. Zyklus h kommt dabei die größte Bedeutung zu. Die reaktionskinetischen Daten der Reaktionen in diesem Zyklus sind jedoch mit großen Unsicherheitsfaktoren behaftet.

2.4 Umwandlung N-haltiger Spezies in Verbrennungsprozessen

Die wichtigsten stabilen N-Spezies im C/H/O/N-System bei Verbrennungsprozessen sind die Stickstoffoxide NO und NO_2 sowie Ammoniak (NH_3) und Blausäure (HCN). Unter bestimmten Bedingungen kann auch Lachgas (N_2O) eine Rolle spielen. Als Schadstoffkomponenten im Abgas treten in der Regel nur die Stickstoffoxide und N_2O in Erscheinung. NH_3 und HCN sind wichtige Zwischenprodukte, die insbesondere unter brennstoffreichen Bedingungen und bei der Verbrennung von stickstoffhaltigen Brennstoffen in hohen Konzentrationen auftreten. Abb. 2-5 gibt einen Überblick über die einzelnen NO-Bildungsmechanismen und die Hauptreaktionspfade zwischen den wichtigen Spezies.

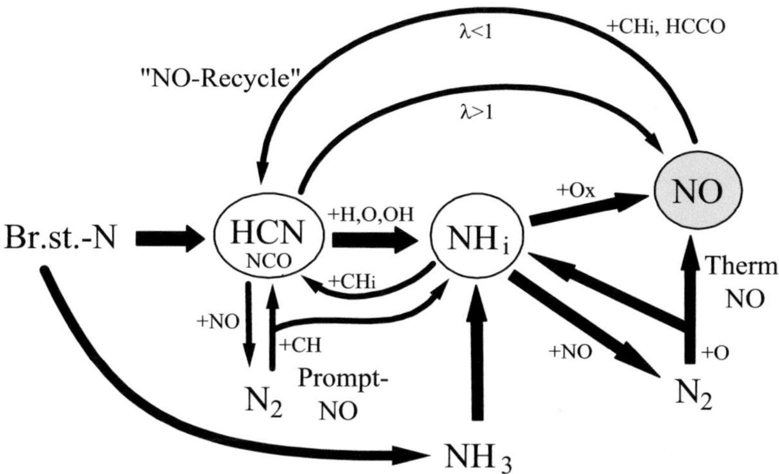

Abb. 2-5: Hauptreaktionspfade bei der Umwandlung von N-Spezies

Abb. 2-5 macht deutlich, dass alle Reaktionspfade miteinander gekoppelt sind. Die Bildung von Stickoxiden und N_2O kann einerseits aus molekularem Stickstoff der Verbrennungsluft erfolgen (Thermisches NO, Prompt-NO, NNH-Mechanismus, N_2O-Mechanismus) oder andererseits durch im Brennstoff selbst gebundenen Stickstoff (Brennstoff-N-Mechanismus). Gebildetes NO kann auch wieder über die so genannten Recycle-Reaktionen in HCN umgewandelt werden, aus dem dann je nach Bedingungen wieder NO oder aber auch N_2 entstehen kann. Im folgenden Abschnitt wird auf die einzelnen NO-Bildungsmechanismen und Reaktionspfade eingegangen, die abhängig von den Reaktionsbedingungen (Druck, Temperatur, Luftzahl, Brennstoff-N-Gehalt) in unterschiedlichem Maße an Bedeutung gewinnen. Auch der Entstehungsort wird dabei diskutiert.

2.4.1 Thermisches NO

Thermisches NO wird aus molekularem Stickstoff gebildet. Der erste Schritt bei diesem Bildungsweg ist der Angriff von Sauerstoffatomen an der N-N-Bindung gemäß folgender Reaktion:

$$O + N_2 => NO + N \tag{RN1}$$

Aufgrund der sehr stabilen Dreifachbindung im N_2 ist eine sehr hohe Aktivierungsenergie für diese Reaktion notwendig. Die thermische NO-Bildung gewinnt daher erst bei Temperaturen oberhalb von etwa 1500 °C an Bedeutung. Die im geschwindigkeitsbestimmenden Schritt RN1 gebildeten Stickstoffatome reagieren in einer schnellen Folgereaktion ebenfalls zu NO:

$$N + O_2 => NO + O \tag{RN2}$$

Die Reaktionen RN1 und RN2 wurden schon 1946 von Zeldovich untersucht, weshalb sie auch unter dem Namen Zeldovich-Mechanismus bekannt sind. Neben RN2 können die N-Atome auch durch

$$N + OH => NO + H \tag{RN3}$$

zu NO umgesetzt werden. Reaktion RN3 wurde 1971 von Fenimore vorgeschlagen und ist insbesondere unter Luftmangel von Bedeutung. Aus den dabei gebildeten Wasserstoffatomen werden sofort wieder über

$$H + O_2 => OH + O \tag{R2}$$

OH-Radikale erzeugt.

Thermisches NO wird vor allem im Ausbrandbereich von Flammen erzeugt, da hier ausreichend hohe Temperaturen und hohe Verweilzeiten erreicht werden. Aber auch in der Flammenfront bei nicht ganz so hohen Temperaturen kann durch die Übergleichgewichtskonzentration an O-Atomen Thermisches NO gebildet werden. Aufgrund der niedrigen Verweilzeiten in der Flammenfront ist die Thermische NO-Bildung dort jedoch nur sehr schwach ausgeprägt.

Obige Reaktionen verdeutlichen die große Abhängigkeit der NO-Bildungsgeschwindigkeit von der Temperatur und den Radikalkonzentrationen. Thermisches NO wird in Bereichen hoher Temperatur und hoher O-Atom-Konzentration gebildet. Dies trifft vor allem für Flammen mit leichtem Luftüberschuss zu. Wird die Luftmenge erhöht, dann verkleinert sich die Flammentemperatur, wird unter Luftmangel verbrannt, so erniedrigt sich die O-Konzentration. Beides bewirkt eine Reduzierung der thermischen NO-Bildung. Damit lassen sich auch die Hauptstrategien zur Reduzierung thermischer NO-Bildung ableiten. Zu beachten ist zum einen die Vermeidung hoher Temperaturspitzen, verursacht durch nahestöchiometrische Bedingungen, und zum anderen die Reduzierung der Verweilzeit und der Sauerstoffkonzentration bei hohen Temperaturen. Abgaskonzentrationen an NO bedingt durch den thermischen Bildungsweg können einige 100 ppm betragen. Dieser Mechanismus ist bei der Verbrennung von nicht stickstoffhaltigen Brennstoffen der bedeutendste Bildungsweg für NO.

2.4.2 Prompt-NO

Ein zweiter wichtiger Bildungsweg von NO aus molekularem Stickstoff ist der Prompt-NO-Mechanismus (Fenimore, 1971). Die NO-Bildung wird hier durch eine sehr schnelle Reaktion von N_2 mit kleinen Kohlenwasserstoffradikalen eingeleitet, wodurch Amin- und Cyanverbindungen entstehen. Als mögliche Reaktionspartner kommen CH, CH_2, C_2, C_2H und C in Frage. Die energetisch günstigste und damit wichtigste Reaktion ist aber der Angriff von CH (Glarborg und Hadvig, 1991). Es ergibt sich damit folgende Initiierungsreaktion:

$$N_2 + CH => HCN + N \qquad\qquad (RN4)$$

Reaktion RN4 läuft in der Hauptreaktionszone ab, da nur hier ausreichend hohe Konzentrationen an kleinen Kohlenwasserstoffradikalen, insbesondere CH, vorherrschen. CH entsteht dabei hauptsächlich durch H-Abstraktionsreaktionen aus CH_2, welches vor allem bei der Oxidation von C_2-Kohlenwasserstoffen anfällt. Auch bei der Oxidation von Methan werden C_2-Kohlenwasserstoffe gebildet. Da dies besonders unter Luftmangel geschieht, ist auch gerade unter diesen Bedingungen die Prompt-NO-Bildung am stärksten ausgeprägt. Die Aktivierungsenergie von RN4 ist im Vergleich zur ersten Zeldovich-Reaktion (RN1) geringer, weshalb die Prompt-NO-Bildung schon bei niedrigeren Temperaturen erfolgt als die thermische NO-Bildung. Die Initiierungsreaktion RN4 ist sehr schnell, daher resultiert auch der Name „Prompt-NO". Sie besitzt ein charakteristisches Reaktionszeitmaß von etwa 0,1 s. Aber auch die Folgereaktionen bei der Umwandlung von HCN und N sind sehr schnell (1 - 2 ms).

Ist ausreichend O_2 vorhanden, kann das in RN4 gebildete N direkt durch Reaktion RN2 in NO überführt werden. Es ist aber auch eine Bildung von N_2, insbesondere unter Luftmangel und bei Anwesenheit von NO, über die Rückreaktion von RN1 möglich. Der Cyanwasserstoff wird gemäß des Brennstoff-N-Mechanismus (Kap. 2.4.5) abgebaut. Auch dieser Stickstoff gelangt über Zwischenschritte in den NHi-Pool und kann wie das in der Einleitungsreaktion RN4 gebildete N-Atom weiterreagieren. Typische Konzentrationen, die durch den Prompt-NO-Bildungsweg erreicht werden, liegen bei mehreren 10 ppm, also eine Größenordnung niedriger als durch Thermische NO-Bildung.

Vor kurzem haben Moskaleva et al. (2000) theoretische Untersuchungen zur Prompt-NO-Bildung durchgeführt und kamen zu dem Ergebnis, dass bei höheren Temperaturen die Initiierungsreaktion RN4 nicht zu den hohen NO-Konzentrationen führen kann, wie sie bei Messungen auftreten. Auch Manna und Yarkony haben schon 1992 durch Berechnungen festgestellt, dass Reaktion RN4 bei Betrachtung des Spins sehr unwahrscheinlich ist und einen Sprung auf der Potentialfläche erfordert. Beide schlugen statt dessen eine Reaktion gemäß

$$N_2 + CH => NCN + H \qquad\qquad (RN5)$$

vor, wobei NCN in schnellen Reaktionen mit O, O_2, OH und H entweder zu HCN und N oder direkt zu NO umgewandelt wird. Eine experimentelle Bestätigung dieser neuen Initiierungsreaktion wurde 2003 von Smith erbracht, der NCN mittels LIF nachweisen konnte. Es zeigte sich auch, dass NCN sehr schnell zu den bekannten Produkten weiterreagiert und dass bezüglich der Prompt-NO-Konzentration kein nennenswerter Unterschied zwischen den Bildungswegen, ob alt oder neu, auftritt.

2.4.3 NNH-Mechanismus

Weitere Bildung von NO in den radikalenreichen Flammenfronten erfolgt über den so genannten NNH-Mechanismus (Bozzelli und Dean, 1995). Durch die hohen Konzentrationen an H-Atomen wird zunächst aus molekularem Stickstoff NNH gebildet (RN6), das dann durch Angriff von O zu NO und NH abgebaut wird (RN7). NH reagiert dann gemäß des Brennstoffstickstoffmechanismus (Kap. 2.4.5) weiter.

$$N_2 + H => NNH \tag{RN6}$$
$$NNH + O => NO + NH \tag{RN7}$$

Die NO-Konzentrationen, die über diesen Mechanismus erzeugt werden, liegen im ppm-Bereich. Harrington et al. konnten 1996 diesen Mechanismus experimentell nachweisen. Sie führten Messungen an H_2-O_2-Flammen bei Temperaturen unterhalb 1200 K durch und konnten NO-Konzentrationen in der Größenordnung von einem ppm feststellen. Thermische NO-Bildung und Prompt-NO konnten sie aufgrund der niedrigen Temperaturen und fehlender Kohlenwasserstoffradikale ausschließen.

2.4.4 N_2O-Mechanismus

Sauerstoffatome können mit molekularem Stickstoff neben Reaktion RN1 auch eine Rekombinationsreaktion gemäß

$$O + N_2 + M => N_2O + M \tag{RN8}$$

eingehen (z.B. Dean und Bozzelli, 2000). Das gebildete N_2O (Lachgas) ist bei Temperaturen oberhalb von 600 °C thermodynamisch instabil und zerfällt hauptsächlich wieder zu N_2.

$$O + N_2O => N_2 + O_2 \tag{RN9}$$
$$H + N_2O => N_2 + OH \tag{RN10}$$

RN13 ist dabei die Hauptzerfallsreaktion. N_2O kann aber in Anteilen über folgende konkurrierenden Pfade in NO überführt werden:

$$O + N_2O => 2 NO \tag{RN11}$$
$$H + N_2O => NO + NH \tag{RN12}$$

Dieser Bildungsweg von NO, auch N_2O-Mechanismus genannt, ist durch den trimolekularen Charakter von RN11 stark druckabhängig. Während er unter Normaldruck keine Bedeutung besitzt, kann er unter den Bedingungen der Gasturbinenverbrennung quantitativ zur NO-Bildung beitragen (Drake und Blint, 1991; Michaud et al., 1992).

2.4.5 Der Brennstoff-N-Mechanismus

Ist der Stickstoff chemisch im Brennstoff gebunden, so wird er nach dem Brennstoff-N-Mechanismus umgesetzt. Die chemische Bindung kann zum Beispiel bei anorganischen Verbindungen in Form von Ammoniak, Ammoniumsalzen, Cyaniden oder Nitraten vorliegen. Beispiele für organische Stickstoffverbindungen sind Amine, Amide, Nitrile,

Nitroverbindungen oder aromatische Verbindungen (Pyridin, Pyrrol). Trotz dieser vielen unterschiedlichen N-Verbindungen erfolgt die Umsetzung des gebundenen Stickstoffs zu NO oder zu molekularem Stickstoff bei allen gemäß folgender vereinfachter Reaktionsfolge (Fenimore, 1972; Leuckel und Römer, 1979; Jansohn, 1991; Lissianski et al., 2000):

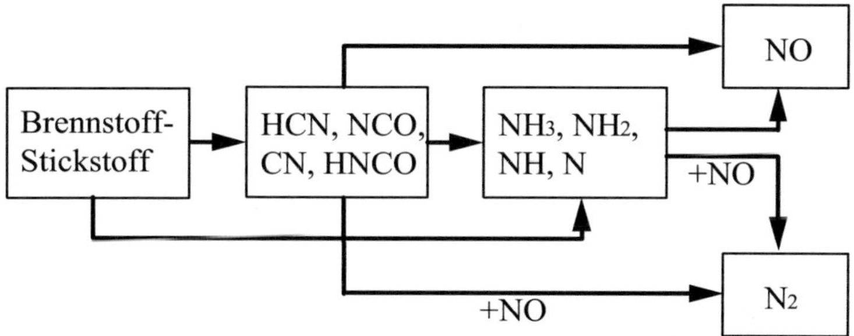

Abb. 2-6: Hauptreaktionspfad bei der Bildung von NO und N$_2$ aus Brennstoff-N

Durch thermische Zerfallsreaktionen und bei gasförmigen stickstoffhaltigen Brennstoffen auch durch Angriffe von H, O und OH wird der Brennstoff-N in sehr schnellen Reaktionen (1 ms) zu HCN, NH_3 und Isocyansäure (HNCO) sowie deren Fragmenten umgesetzt. Geschwindigkeitsbestimmend für die NO-Bildung aus Brennstoff-N ist dann die Oxidation dieser Zwischenprodukte.

Im Folgenden werden die wichtigsten Reaktionen bei der Oxidation von Cyanwasserstoff genauer diskutiert. Grundlage dafür sind die Arbeiten von Miller und Bowman (1989), Glarborg und Miller (1994) und Dagaut et al. (2000b). Alle anderen Zwischenprodukte werden im Verlauf der Oxidation aus HCN oder dessen Abbauprodukten gebildet und sind damit in diesem Mechanismus enthalten. Wichtige Reaktionspartner sind hier natürlich die Radikale H, O, OH und HO_2. Je nach Temperatur, Luftzahl und anderen Randbedingungen treten unterschiedliche Reaktionen in den Vordergrund. Unter nahestöchiometrischen Bedingungen sind zum Beispiel Reaktionen mit OH-Radikalen am wichtigsten, während unter Luftmangel das H-Atom und unter Luftüberschuss das O-Atom als Reaktionspartner an Bedeutung gewinnen. Reaktionen mit HO_2 spielen nur bei niedrigen Temperaturen (T < 1400 K) eine Rolle. Entscheidend für die Reaktionspfade wirkt sich auch das Radikalenniveau aus. In Flammenfronten sind andere Reaktionen von Bedeutung als in ausgebrannten Rauchgasen oder bei niedrigen Temperaturen.

2.4.5.1 Oxidation von HCN

Der erste, wichtige Reaktionsschritt bei der Oxidation von HCN ist die Bildung von NCO, die hauptsächlich über Angriff von O-Atomen erfolgt:

$$HCN + O => NCO + H \qquad\qquad (RN13)$$

HCN befindet sich mit CN innerhalb sehr kurzer Zeit über Reaktionen mit H, O und OH im Gleichgewicht. Auch aus CN wird vor allem NCO gebildet:

$$CN + O_2 => NCO + O \qquad\qquad (RN14)$$

Weitere Abbaureaktionen von HCN sind:

$$HCN + O => CO + NH \qquad\qquad (RN15)$$
$$HCN + NCO => CN + HNCO \qquad\qquad (RN16)$$
$$HCN + OH => HNCO + H \qquad\qquad (RN17)$$
$$HCN + OH => HOCN + H \qquad\qquad (RN18)$$

Reaktion RN16 gewinnt hauptsächlich dann an Bedeutung, wenn die Radikale des H/O-Systems nur sehr geringe Konzentrationen aufweisen und damit die Konkurrenzreaktionen an Gewicht verlieren (Dagaut et al., 2000b). Die im NCO vorhandene C-O-Bindung ist sehr stabil und wird in den Folgereaktionen nicht mehr gelöst:

$$NCO + H => CO + NH \qquad\qquad (RN19)$$
$$NCO + O => CO + NO \qquad\qquad (RN20)$$
$$NCO + H_2O => HNCO + OH \qquad\qquad (RN21)$$

Neben der direkten Oxidation mit O-Radikalen zu NO (RN20) findet über RN19 der gebundene Stickstoff Eingang in den Oxidationsmechanismus der NH_i-Spezies. RN21 läuft je nach Höhe der HNCO-Konzentration vor- oder rückwärts ab. Weitere Bildung von HNCO erfolgt über Reaktion von NCO mit molekularem Wasserstoff sowie Kohlenwasserstoffen wie zum Beispiel Methan oder Ethan:

$$NCO + RH => HNCO + R \qquad\qquad (RN22)$$

Neben der Rückreaktion von RN21 wird HNCO vor allem zu NH_2 abgebaut:

$$HNCO + H => CO + NH_2 \qquad\qquad (RN23)$$

Ebenfalls möglich ist die Reaktion:

$$HNCO + O => CO_2 + NH \qquad\qquad (RN24)$$

Eine sehr wichtige Rolle in Bezug auf die Reduktion von NO spielen die folgenden Reaktionen:

$$NCO + NO => N_2 + CO_2 \qquad\qquad (RN25)$$
$$NCO + NO => N_2O + CO \qquad\qquad (RN26)$$

Das in RN26 gebildete Lachgas zerfällt bei ausreichenden Verweilzeiten ebenfalls zu molekularem Stickstoff. Die Geschwindigkeitskoeffizienten der Reaktionen RN25 und RN26 besitzen jedoch negative Temperaturexponenten. Aus diesem Grund besitzen diese Reaktionen nur bei niedrigen Temperaturen ($T < 1400$ K) Bedeutung. Bei höheren Temperaturen sind die Konkurrenzreaktionen, in denen NCO verbraucht wird, bedeutend schneller.

2.4.5.2 Oxidation von NH_i-Spezies

Ein großer Teil des ursprünglich im HCN gebundenen Stickstoffs wird über die Reaktionen RN15, RN19, RN23 und RN24 in NH und NH_2 überführt. Auch der Abbau von Ammoniak führt über thermische Zersetzung sowie durch Angriff von H, O und OH zunächst zur Bildung von NH_2. Die Oxidation von NH_i-Spezies wird ausführlich in den Arbeiten von Lindstedt et al. (1994, 1995) diskutiert. Ausgehend vom NH_2 sind unterschiedliche Reaktionspfade möglich. NH_2 kann über H-Abstraktionsreaktionen mit H, O und OH in NH umgewandelt werden.

40

$$NH_2 + H => NH + H_2 \tag{RN27}$$

$$NH_2 + O => NH + OH \tag{RN28}$$

$$NH_2 + OH => NH + H_2O \tag{RN29}$$

Weiterhin besteht die Möglichkeit einer Oxidation von NH_2 mit O und HO_2 zu HNO und H_2NO, das in Folgereaktionen mit H, O und OH in HNO überführt wird.

$$NH_2 + O => HNO + O \tag{RN30}$$

$$NH_2 + HO_2 => H_2NO + OH \tag{RN31}$$

Die Bildung von H_2NO ist auf niedrige Temperaturen beschränkt. Die direkte Oxidation von NH_2 zu NO ist von untergeordneter Bedeutung.

Als dritter Reaktionsweg ist die NO-Reduktion zu nennen:

$$NH_2 + NO => N_2 + H_2O \tag{RN32}$$

$$NH_2 + NO => NNH + OH \tag{RN33}$$

$$NNH + M => N_2 + H + M \tag{RN34}$$

RN32 ist bekannt aus der „Selektiven Nichtkatalytischen Reduktion" (SNCR) von NO. Dieser, früher als Exxon-Verfahren patentierter Prozess, ist zur Reduktion der NO-Konzentration in sauerstoffbeladenen Rauchgasströmen durch Einbringung eines NH_2-Donators (z.B. Ammoniak, Harnstoff, Cyanursäure) weit verbreitet (Lyon, 1975; Caton und Siebers, 1990; Jodal et al., 1990; Koebel und Elsner, 1992). Aufgrund der negativen Temperaturexponenten der Geschwindigkeitskoeffizienten von RN32 und RN33 ist auch die Effektivität dieser Reaktionen auf niedrige Temperaturen (T < 1400 K) beschränkt. Bei höheren Temperaturen sind die Konkurrenzreaktionen erheblich schneller. Nach unten ist die Temperatur durch die Bildungsgeschwindigkeit von NH_2 begrenzt, die unterhalb von 1100 K zu klein für technische Anwendungen ist.

NH kann auch über mehrere unterschiedliche Reaktionspfade umgesetzt werden. Als erstes ist die Bildung von N über Abstraktionsreaktionen zu nennen:

$$NH + H => N + H_2 \tag{RN35}$$

$$NH + OH => N + H_2O \tag{RN36}$$

Eine weitere Möglichkeit des NH-Abbaus ist die Oxidation zu NO und HNO:

$$NH + O => NO + H \tag{RN37}$$

$$NH + O_2 => NO + OH \tag{RN38}$$

$$NH + OH => HNO + H \tag{RN39}$$

$$NH + O_2 => HNO + O \tag{RN40}$$

Das aus der Oxidation von NH_2 und NH hervorgegangene HNO wird im Wesentlichen über Reaktionen mit H, O, OH und O_2 in NO überführt.

Auch mit NH besteht die Möglichkeit der Reduktion von NO:

$$NH + NO => N_2O + H \tag{RN41}$$

$$NH + NO => N_2 + OH \tag{RN42}$$

$$NH + NO => NNH + O \tag{RN43}$$

Sowohl N_2O als auch NNH werden schließlich ebenfalls in molekularen Stickstoff überführt. Auch diese Reaktionen sind aufgrund der negativen Temperaturexponenten ihrer Geschwindigkeitskoeffizienten nur für Temperaturen unterhalb 1400 K von Bedeutung.

Für das N-Atom bleiben schließlich nur noch zwei bedeutende Reaktionspfade. Entweder es wird über die schon bekannten Reaktionen RN2 und RN3 des Zeldovich-Mechanismus mit O_2

oder OH zu NO oxidiert, oder es wird zusammen mit NO molekularer Stickstoff gebildet, was der Rückreaktion der ersten Zeldovich-Reaktion entspricht:

$$N + NO => N_2 + O \qquad\qquad (RN44)$$

Dies ist die einzige Reaktion von NO mit NH_i-Spezies, die auch bei hohen Temperaturen abläuft, und somit zur NO-Reduktion unter diesen Bedingungen führen kann.

Reaktionen von NH_i-Spezies untereinander sind nur zu berücksichtigen, wenn die Konkurrenzreaktionen im N/H/O-System durch niedrige Konzentrationen von O, H, OH und NO zurückgedrängt werden und die NH_i-Teilchen selbst in hohen Konzentrationen auftreten, was durch hohe Brennstoff-N-Gehalte erreicht wird. Wichtige Reaktionsprodukte sind dabei die Spezies N_2H_2, NNH, und N_2, wobei N_2H_2 und NNH wiederum vorwiegend zu N_2 abgebaut werden.

Auch Reaktionen von CH_i- mit NH_i-Spezies stehen in Konkurrenz zu Reaktionen des N/H/O- sowie des C/H/O-Systems. Da unter üblichen Verbrennungsbedingungen (1500 K < T < 2000 K; $0{,}8 < \lambda < 1{,}2$) die Radikale des O/H-Systems (H,O,OH) um Größenordnungen höher sind als die des N/H- und C/H-Systems, spielen diese Reaktionen im C/H/N-System hier keine Rolle. Unter stark brennstoffreichen Bedingungen können jedoch folgende Reaktionen Einfluss gewinnen:

$$CH_2 + N => HCN + H \qquad\qquad (RN45)$$
$$CH_3 + N => H_2CN + H \qquad\qquad (RN46)$$
$$H_2CN + M => HCN + H + M \qquad\qquad (RN47)$$

Bei niedrigen Temperaturen (T < 1400 K) und hohen Brennstoff-N-Gehalten ist zudem sowohl unter brennstoff- als auch luftreichen Bedingungen die Rekombinationsreaktion von Methyl und NH_2 zu Methylamin möglich (Dean und Bozzelli, 2000):

$$CH_3 + NH_2 => CH_3NH_2 \qquad\qquad (RN48)$$

Bei allen CH_i-NH_i-Reaktionen wird schließlich HCN gebildet. Auch Methylamin wird über H-Abstraktionsreaktionen in HCN überführt.

2.4.6 Untersuchungen zur Brennstoff-N-Umsetzung in Flammen

2.4.6.1 Einfluss von Brennstoff-N-Gehalt und Art der N-Bindung

Zur Umsetzung von brennstoffgebundenem Stickstoff in vorgemischten Flammen existieren zahlreiche Untersuchungen (Fenimore, 1972; Sarofim, 1975; Eberius, 1975, 1981, 1983; de Soete, 1975; Song, 1981; Crowhurst, 1983). Die Flammen wurden dabei mit einer ganzen Reihe zum Teil sehr unterschiedlicher Stickstoffverbindungen dotiert: NH_3, HCN, NO, N_2O sowie Methylamin (CH_3NH_2), Dicyan (C_2N_2), Acetonitril (CH_3CN), Pyridin (C_5H_5N). Die Untersuchungen zeigten übereinstimmend, dass die Art der chemischen Bindung des Stickstoffs nur einen sehr geringen Einfluss auf den Umsetzungsgrad zu NO besitzt. Weiterhin konnte festgestellt werden, dass bei kleinen Brennstoff-N-Gehalten nahezu der gesamte Stickstoff in NO überführt wird. Mit steigendem N-Gehalt wird der Umsetzungsgrad jedoch immer kleiner, so dass für sehr große Stickstoffgehalte asymptotisch eine maximale NO-Emission erreicht wird. Diese maximale NO-Konzentration $[NO]_{max}$ ist stark von der Luftzahl und leicht von der Temperatur abhängig ($[NO]_{max}\uparrow$ mit $\lambda\uparrow$ und $T\uparrow$). In *Abb. 2-7* ist die NO-Konzentration im Rauchgas über dem N-Gehalt [N] für verschiedene Flammen aufgetragen, wobei beide Größen mit $[NO]_{max}$ normiert sind. [N] ist eine fiktive Stickstoffkonzentration im Rauchgas, die der NO-Konzentration bei vollständiger Umsetzung des gebundenen Stickstoffs in NO entspricht.

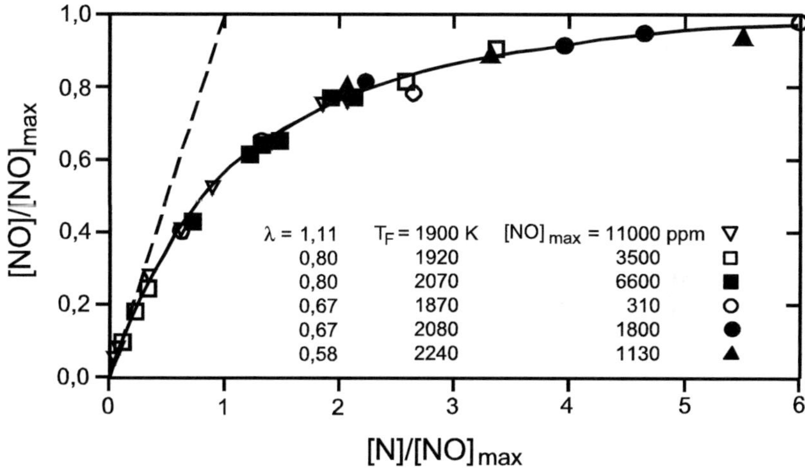

Abb. 2-7: Abhängigkeit der NO-Emission vom Brennstoff-N-Gehalt (Leuckel und Römer, 1979)

Die Messwerte können gut durch die durchgezogene Linie wiedergegeben werden, die durch folgende mathematische Beziehung beschrieben wird:

$$\frac{[NO]}{[NO]_{max}} = 1 - \exp\left(-\frac{[N]+[NO]}{2[NO]_{max}}\right) \tag{2.4.1}$$

Diese Gleichung geht aus der Modellvorstellung hervor, dass zunächst der Brennstoffstickstoff unabhängig von der Bindungsart in eine N-haltige Zwischenverbindung umgesetzt wird, die den konkurrierenden Reaktionen mit oxidierenden Teilchen zu NO sowie mit NO zu molekularem Stickstoff unterliegt. Je größer die NO-Konzentration ist, umso stärker wird auch die Reaktion dieser Zwischenkomponente zu N_2 sein.

2.4.6.2 Einfluss der Luftzahl

Für die technische Anwendung ist besonders die Abhängigkeit der NO-Emission von der Stöchiometrie interessant. In Abb. 2-8 ist der Verlauf der N-haltigen Komponenten NH_3 und HCN sowie NO über der Luftzahl λ aufgetragen. Mit abnehmender Luftzahl sinkt die NO-Emission erheblich ab, da die Konzentration der für die NO-Bildung erforderlichen oxidierenden Teilchen stark abnimmt. Bei Luftzahlen oberhalb von 0,7 stellt NO jedoch die Hauptemissionskomponente dar. Für noch kleinere Luftzahlen beobachtet man eine zunehmende Emission der N-haltigen Zwischenspezies NH_3 und HCN, da auf Grund der niedrigeren Temperatur und dem Mangel an wichtigen Reaktionspartnern die Umsetzungsgeschwindigkeit dieser Komponenten sehr klein wird. HCN ist die wesentlich stabilere Komponente und wird sowohl in viel höheren Konzentrationen als auch bis zu viel größeren Luftzahlen emittiert als Ammoniak. Auch NH_3 und HCN sind schädliche Emissionskomponenten, die aus diesem Grund zusammen mit NO im Summenwert des gebundenen Stickstoffs TFN (engl.: total fixed nitrogen) zusammengefasst werden. Die TFN-Konzentration besitzt ein eng begrenztes Minimum bei $\lambda \approx 0{,}7$, das sich mit steigender Temperatur leicht zu kleineren Luftzahlen verschiebt. Die Höhe des Minimums ist aber nahezu unabhängig von der Temperatur.

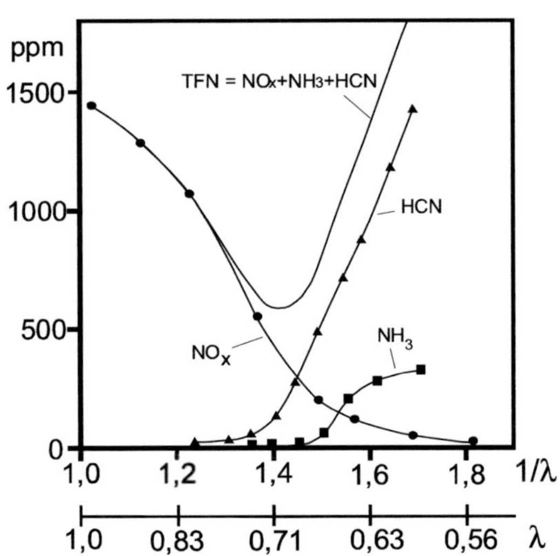

Abb. 2-8: Emission stickstoffhaltiger Spezies einer mit 2400 ppm Methylamin dotierten laminaren Propan/Luft-Vormischflamme als Funktion der Luftzahl (Eberius et al.,1983)

Untersuchungen von Jansohn (1991) belegen, dass die in diesem Kapitel beschriebenen Untersuchungsergebnisse qualitativ auch für turbulente Diffusionsflammen gelten. Diese Ergebnisse dürfen jedoch nicht ohne weiteres auf andere Reaktionsbedingungen übertragen werden. Ihre Gültigkeit ist nur für die untersuchten Bedingungen (hohe Temperaturen, radikalenreiche Flammenfronten) bestätigt.

2.4.7 Weitere Einflussparameter auf die Brennstoff-NO-Bildung

In den Arbeiten von Wargadalam et al. (2000), Alzueta et al. (1997) und Kristensen et al. (1996) wurde im Temperaturbereich von $800 - 1400$ K die Oxidation von NH_3 und HCN experimentell und rechnerisch untersucht. Augenmerk galt dabei vor allem dem **Einfluss der**

Temperatur und der Zusatzbrennstoffe CH$_4$, CO und H$_2$ auf die N-Spezies-Umsetzung und die Stickstoffoxidbildung. Die Experimente wurden in beiden Arbeiten an einem PFR im Labormaßstab durchgeführt. Die wesentlichen Messungen waren jedoch nicht verweilzeitaufgelöst, so dass Rückschlüsse auf die Reaktionsgeschwindigkeit nur bedingt möglich sind. Es wurde für die unterschiedlichen Frischgemische bei konstantem Massenstrom lediglich am Ende des Reaktors die Abgaszusammensetzung unter Variation der Reaktortemperatur gemessen. Damit ist nur bei hohen Temperaturen, bei denen vollständiger Umsatz des Reaktionsgemisches am Reaktorende erreicht wird, der Einfluss der Parameter eindeutig zu erkennen. Bei niedrigeren Temperaturen wird die Zusammensetzung des Messgases ebenso durch die unvollständige Umsetzung am Ende des PFR beeinflusst.

Dennoch lassen die Experimente gewisse Tendenzen erkennen. Eine Erhöhung der Reaktortemperatur hat demnach einen erhöhten Umsetzungsgrad der eingesetzten N-Spezies zu NO zur Folge. Dies ist gemäß Kristensen et al. (1996) auf die Begünstigung der oxidierenden Pfade zurückzuführen.

Auch die Zugabe von H$_2$, CH$_4$ und CO hat eine Erhöhung der NO-Bildung zur Folge. Wargadalam et al. (2000) haben bei 950 °C die Umsetzungsgrade von HCN und NH$_3$ zu NO mit und ohne diese Spezies gemessen. Ohne Zusatzbrennstoff ergab sich ein Umsetzungsgrad von HCN zu NO von 13 %. Dieser erhöhte sich bei Zugabe von H$_2$ auf 16 %, bei CH$_4$ auf 30 % und bei CO auf 35 %. Auch bei NH$_3$ wurde eine ähnliche Zunahme des Umsetzungsgrades zu NO beobachtet. Ohne Zusatz betrug dieser ca. 10 %, mit H$_2$ 20 % und mit CO und CH$_4$ jeweils 50 %. Neben der Erhöhung der NO-Bildung hatte die Zugabe der Zusatzbrennstoffe auch eine Beschleunigung der N-Speziesumsetzung zur Folge. Ähnliche Ergebnisse zum Einfluss von Zusatzbrennstoffen zeigen zum Beispiel auch die Arbeiten von Glarborg und Miller (1994), Hemberger et al. (1994), Hasegawa und Sato (1998) sowie Skreiberg et al. (2004).

Der Einfluss der Zusatzbrennstoffe wird mit der Erhöhung des Radikalniveaus durch die Verbrennung dieser Spezies begründet. Damit stehen vermehrt die Kettenträger H, O und OH zur Verfügung, die die Oxidation der N-Spezies begünstigen und eine beschleunigte Umsetzung bewirken. Beim Wasserstoff ist dieser Effekt etwas schwächer, da dieser sehr schnell umgesetzt wird, schon bevor der N-Speziesabbau erst richtig in Gang kommt.

Hulgaard und Dam-Johansen (1993) haben ebenfalls die Oxidation von NH$_3$ und HCN bei Zusatz von CO und CH$_4$ in PFR-Experimenten analysiert. Zusätzlich haben sie noch den **Einfluss von Wasser** untersucht. Bei einem Zusatz von 2,7 % Wasser konnten sie eine Beschleunigung der Reaktionsgeschwindigkeiten beobachten, wenn nur geringe Konzentrationen an CO und CH$_4$ vorgegeben wurden. Bei Erhöhung des Gehalts der Zusatzbrennstoffe hat dieser Effekt wieder an Bedeutung verloren. Untersuchungen mit hohen Wassergehalten (> 10 %), wie sie bei der Abfallverbrennung auftreten, wurden jedoch nicht durchgeführt.

2.4.8 NO-Recycle-Reaktionen

Über die NO-Recycle Reaktionen wird insbesondere unter brennstoffreichen Bedingungen schon gebildetes NO über Angriff von Kohlenwasserstoffradikalen abgebaut (auch Reburning genannt). Dabei wird hauptsächlich HCN gebildet, so dass der Stickstoff wieder zum Anfang des Brennstoff-N-Mechanismus zurückgeführt wird. Folgende Reaktionen sind von Bedeutung (Stapf, 1998; Glarborg et al., 1998):

$$C + NO => CN + O \qquad\qquad (RN50)$$
$$CH + NO => CN + OH \qquad\qquad (RN51)$$
$$CH + NO => HCN + O \qquad\qquad (RN52)$$
$$CH_2 + NO => HCNO + H \qquad\qquad (RN53)$$
$$CH_3 + NO => HCN + H_2O \qquad\qquad (RN54)$$
$$CH_3 + NO => H_2CN + OH \qquad\qquad (RN55)$$
$$HCCO + NO => HCNO + CO \qquad\qquad (RN56)$$
$$HCCO + NO => HCN + CO_2 \qquad\qquad (RN57)$$

Das Produkt Fulminsäure HCNO wird schnell zu HCN umgesetzt, kann aber auch wieder direkt in NO umgewandelt werden:

$$HCNO + H => HCN + OH \qquad\qquad (RN58)$$
$$HCNO + OH => NO + CH_2O \qquad\qquad (RN59)$$

H_2CN zerfällt schnell in HCN und H.

Ausgehend vom HCN stehen nun wieder sämtliche Reaktionen des Brennstoff-N-Mechanismus offen. Je nach Temperatur und Luftzahl besteht dann die Möglichkeit der vermehrten Bildung von molekularem Stickstoff, so dass eine endgültige NO-Reduktion resultiert. Der NO-Recycle-Mechanismus findet in 3-stufigen Verbrennungsverfahren (Brennstoffstufung) Anwendung (Mechenbier, 1989; Kolb, 1990; Sybon, 1994).

2.4.9 Bildung von N_2O

Neben dem oben angesprochenen N_2O-Mechanismus kann Lachgas auch aus stickstoffhaltigen Abbauprodukten von HCN und NH_3 gemäß folgender Reaktionen entstehen:

$$NO + NH => N_2O + H \qquad\qquad (RN41)$$
$$NO + NCO => N_2O + CO \qquad\qquad (RN26)$$

Bei niedrigen Temperaturen von $750 - 950\ °C$, wie sie zum Beispiel bei der Wirbelschichtverbrennung oder Abfallverbrennung vorherrschen, kann direkt auch N_2O als Schadstoffkomponente im Abgas auftreten, da bei diesen Temperaturen die Zerfallsreaktionen von N_2O relativ langsam sind. Bei entsprechend langen Verweilzeiten wird auch unter diesen Bedingungen das N_2O vollständig zerstört (RN10, Rückreaktion von RN8). Dabei kann es natürlich auch wieder anteilig über RN11 und RN12 in NO umgewandelt werden.

Experimentelle Untersuchungen zeigen, dass die Bildung von N_2O aus HCN weitaus bedeutender ist als aus NH_3 (z.B. Wargadalam et al., 2000; Hulgaard und Dam-Johansen, 1993). Dies wird darauf zurückgeführt, dass der N_2O-Aufbau vor allem über Reaktion RN27 erfolgt, in der das HCN-Abbauprodukt NCO umgesetzt wird.

2.4.10 Bildung von NO_2

Die Konzentration an NO_2 im Abgas von technischen Verbrennungsprozessen ist typischerweise kleiner als 5 % der gesamten NO_x-Konzentration und ist daher von untergeordneter Bedeutung. NO_2 wird ausschließlich aus NO gebildet. Beide Spezies sind durch schnelle Radikalreaktionen miteinander gekoppelt.

$$NO + HO_2 => NO_2 + OH \qquad \text{(RN60)}$$
$$NO_2 + H => NO + OH \qquad \text{(RN61)}$$
$$NO_2 + O => NO + O_2 \qquad \text{(RN62)}$$

Die Bildung von NO_2 durch Reaktion von NO mit HO_2 ist besonders im Temperaturbereich von 600 -1200 K von Bedeutung, da hier HO_2 über Reaktion

$$H + O_2 + M => HO_2 + M \qquad \text{(R7)}$$

in relativ hohen Konzentrationen aufgebaut wird. Der schnelle Abbau von NO_2 erfolgt hauptsächlich über RN61. Da NO_2 oberhalb von ca. 650 °C thermodynamisch instabil ist, tritt es hier nur in sehr geringen Konzentrationen auf; es befindet sich in einem quasistationären Zustand. Ein Konzentrationsaufbau findet erst bei tieferen Temperaturen statt. Da die Abkühlzeiten des Rauchgases in technischen Verbrennungssystemen aber zu kurz für einen nennenswerten Aufbau von NO_2 sind, kommt es als Emissionskomponente nicht in Betracht. Erst in der Atmosphäre bei Umgebungstemperatur wird es aus NO durch photochemische Umwandlungsreaktionen unter Beteiligung von Ozon gebildet.

Kapitel 3: Durchführung

3.1 Experimente

Für die Überprüfung und Bewertung der detaillierten Reaktionsmechanismen aus der Literatur unter Bedingungen der Abfallverbrennung wurden Experimente in einem Strömungsreaktor durchgeführt. Es wurde die Umsetzung wichtiger stickstoffhaltiger Spezies, wie Ammoniak und Cyanwasserstoff, untersucht. Dabei wurden die Konzentrationsprofile der wichtigsten stabilen Spezies längs des Reaktors gemessen. Es folgt nun eine Beschreibung der Versuchsanlage sowie der eingesetzten Messtechnik.

3.1.1 Strömungsreaktor

3.1.1.1 Grundüberlegungen

Zielsetzung war, eine Versuchsanlage aufzubauen, die die Durchführung der Experimente unter möglichst praxisnahen Bedingungen erlaubt. Es wurde ein Kolbenströmungsreaktor (PFR) ausgewählt, da hier auf Grund der hohen räumlichen Auflösbarkeit die Möglichkeit besteht, Konzentrationsprofile sehr genau und mit einfacher Sondenmesstechnik aufzunehmen. Der PFR wurde in halbtechnischem Maßstab mit einem Innendurchmesser von 0,1 m umgesetzt, um eine turbulente Betriebsweise zu realisieren und um den Einfluss von Wandeffekten vernachlässigen zu können.

Die charakteristischen Reaktionszeitmaße, die mit dieser Anlage aufgelöst werden sollten, wurden mit Hilfe von reaktionskinetischen Berechnungen abgeschätzt. Es ergab sich bei einer Temperatur von 1000 K, was der unteren Temperaturgrenze der Experimente entspricht, ein Zeitmaß von etwa 0,5 s. Damit folgte bei einer Mindestgeschwindigkeit von ca. 4 m/s, die Voraussetzung für turbulente Strömung unter diesen Bedingungen ist, eine Reaktorlänge von 2 m.

Die turbulente Strömung ist notwendig, da nur dadurch ein näherungsweise kolbenförmiges Geschwindigkeitsprofil erreicht werden kann, welches für die einfache, rechnerische Interpretierbarkeit der Messungen erforderlich ist. Auch dadurch, dass über die ganze Länge des Reaktors (l = 20 d) eine turbulente Einlaufströmung vorherrscht, wird ein kolbenförmiges Geschwindigkeitsprofil begünstigt. Bei einer laminaren Strömung würde sich ein typisches parabolisches Geschwindigkeitsprofil ausbilden, was an jeder axialen Position zu einer Verweilzeitverteilung der Strömungsteilchen führt, die die rechnerische Simulation sehr erschweren würde (siehe Kapitel 3.2.2).

Abhängig von der Temperatur im Reaktor und der sich daraus ergebenden Reaktionsgeschwindigkeit lagen die Strömungsgeschwindigkeiten zwischen 5 und 15 m/s. Dies bedeutet Re-Zahlen zwischen 4000 und 8000. Der Reaktor sollte zudem isotherm betrieben werden, um den Einfluss der Temperatur auf die Kinetik genau untersuchen zu können.

3.1.1.2 Konzept des PFR

In Abb. 3-1 ist das Konzept des PFR-Systems skizziert, das aus vier Hauptkomponenten besteht: Der Heißgaserzeugung, dem Einmischsystem, dem Strömungsreaktor und der Nachverbrennung.

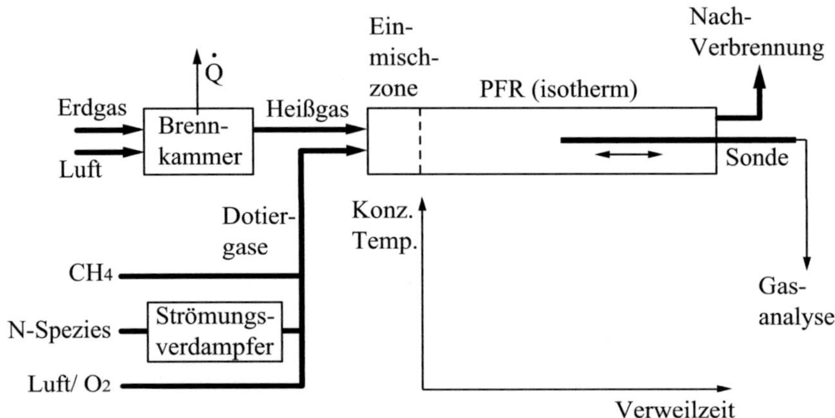

Abb. 3-1: Prinzipskizze der Versuchsanlage

Die Heißgaserzeugung erfolgt über die Verbrennung von Erdgas mit Luft. Damit wird zusätzlich schon den hohen Wassergehalten Rechnung getragen, wie sie bei der Abfallverbrennung auftreten. Je nach Luftzahl herrscht dann in der heißen Grundströmung eine Wasserkonzentration von bis zu 20 Vol%. Durch Wärmeentzug in der Brennkammer lässt sich am Eintritt des PFR die gewünschte Versuchstemperatur einstellen. In der Einmischzone werden die zu untersuchenden N-Spezies sowie andere Dotiergase schnell mit der heißen Grundströmung vermischt. Flüssige N-Spezies, wie zum Beispiel Pyrrol, werden zuvor in einem Strömungsverdampfer in die Gasphase überführt. Die Luftzahl im PFR ergibt sich aus der Stöchiometrie der Primärverbrennung sowie durch die eingedüste Menge von Luft und Brennstoff. Nach der Einmischung beginnt die Messung von Konzentrations- und Temperaturprofilen mittels einer axial verschiebbaren Sonde. In der anschließenden Nachverbrennung werden giftige N-haltige Stoffe sowie unverbrannter Brennstoff nachverbrannt. Ein Schema zur technischen Umsetzung des PFR-Systems, die im Folgenden beschrieben wird, zeigt *Abb. 3-2*.

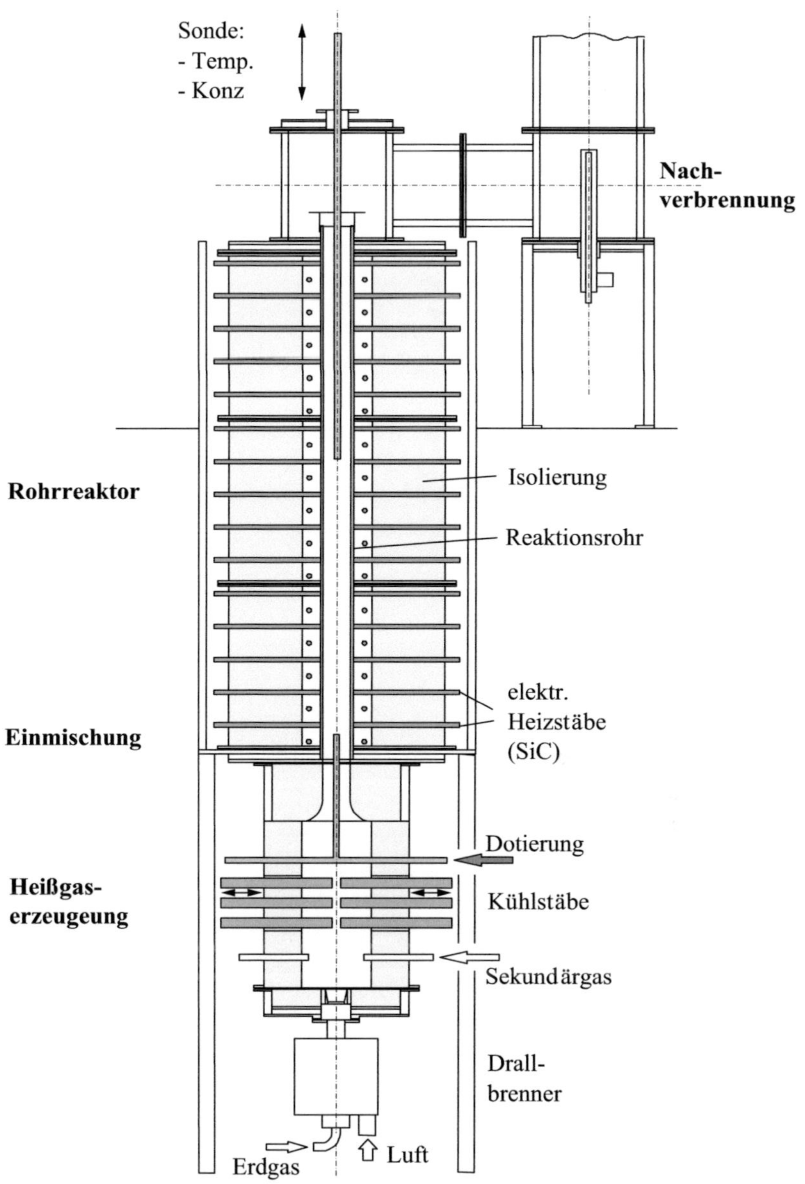

Abb. 3-2: Schema des Strömungsreaktors

3.1.1.3 Heißgaserzeugung

Um bei der Heißgaserzeugung eine stabile Verbrennung mit vollständigem Ausbrand in der Primärbrennkammer zu erreichen, wird ein Drallbrenner verwendet, der eine kurze buschige Flamme (Typ-II) erzeugt. Die Drallstärke des Drallbrenners entspricht dem Minimum von ca. $S_{0,th} = 0{,}4$, so dass gerade noch die Existenz einer stabilisierenden inneren Rückströmzone gewährleistet ist und gleichzeitig so wenig wie möglich Drehimpuls in das Reaktionsrohr eingetragen wird.

Die Temperatur des ausgebrannten Gases in der Primärbrennkammer ist über Kühlstäbe, die seitlich in die Brennkammer eingeführt werden, regelbar. Die insgesamt 10 wassergekühlten Doppelrohrapparate (Vorlauftemperatur ca. 80 °C) befinden sich oberhalb der Flamme und können je nach Einschubtiefe dem Abgas unterschiedlich viel Wärme entziehen. Auch über die mit Fasermatten isolierten Wände der wassergekühlten Brennkammer wird Verbrennungswärme abgeführt.

Da der Drallbrenner bei brennstoffreicher Fahrweise sehr instabil brennt, besitzt die Brennkammer für den Betrieb des PFR unter Luftmangel eine sekundäre Brennstoffzufuhr, die über zwei seitlich in die Brennkammer eingeführte, gegenüberliegende Lanzen erfolgt. Damit kann der Brenner immer im stabilen, luftreichen Bereich gefahren werden.

Eine keramische Viertelkreisdüse beschleunigt die Heißgasströmung schließlich in das Reaktionsrohr. Dadurch wird am Eintritt des Reaktors ein kolbenförmiges Geschwindigkeitsprofil erzeugt.

3.1.1.4 Rohrreaktor

Der Rohrreaktor aus dichter Sinterkeramik (Al_2O_3 65 %, SiO_2 35 %) wird elektrisch beheizt, um Wärmeverluste zu verhindern und damit die isotherme Betriebsweise zu ermöglichen. Dazu steht das Keramikrohr in einem quadratischen Ofen von 250 mm innerer Kantenlänge. Der Ofen besteht aus drei gleichgroßen Segmenten mit jeweils 20 SiC-Heizstäben, die senkrecht zum Reaktionsrohr angeordnet sind. Jedes Segment ist unabhängig von den anderen über einen PID-Regler und eine Thyristorsteuerung regelbar. Die drei Führungsthermoelemente befinden sich direkt an der Außenfläche des Keramikrohres. Die Ofenwände bestehen aus einer 250 mm dicken Ausmauerung aus hochtemperaturfesten Feuerleichtsteinen, die von einer 20 mm dicken Schicht aus hochisolierenden Fasermatten umgeben ist. Ausmauerung und Fasermatten werden von einem quadratischen Stahlmantel umschlossen. Die Heizstäbe sind in Durchführungen in der Ausmauerung gelagert. Ihre elektrischen Anschlüsse befinden sich außerhalb des Stahlmantels. Mittels der elektrischen Heizung bleibt die Temperatur der Strömung näherungsweise konstant, sie erhöht sich nur geringfügig durch die frei werdende Reaktionswärme.

Das Reaktionsrohr ist senkrecht auf einer wassergekühlten Stahlplatte gelagert, auf der auch die Ofensegmente aufgeschichtet sind. Wegen der thermischen Längenänderung des Rohres im Betrieb ist der Reaktor am oberen Ende durch eine Loslagerung fixiert, die ebenfalls als wassergekühlte Stahlplatte ausgeführt ist und mit einer Durchführung für das Rohr versehen ist. Die obere Platte bildet gleichzeitig den Deckel des Ofens. Um Strahlungsverluste aus dem

Reaktor zu minimieren, ist am Austritt ein Strahlungsschirm aus hochtemperaturfestem Stahl angebracht.

3.1.1.5 Einmischsystem

Die Einmischung der Dotiergase in die heiße Grundströmung erfolgt am Reaktoreintritt mittels einer zentral im Reaktionsrohr angeordneten Düse, über welche die entsprechenden Gase radial von innen nach außen in die Rohrströmung eingedüst werden (*Abb. 3-3*). Die Radialdüse ist an der Spitze einer gekühlten Lanze angebracht, die von der Primärbrennkammer ausgehend in das Reaktionsrohr eingeführt wird und über drei Abstandshalter aus hochtemperaturfestem Stahl im Rohrreaktor zentriert ist. Die Versorgungsleitungen der Lanze (Kühlmedium, Dotiergase) werden seitlich aus der Primärbrennkammer herausgeführt. Je nach Taupunkt der einzumischenden Gase dient entweder Wasser oder Öl als Kühlmedium.

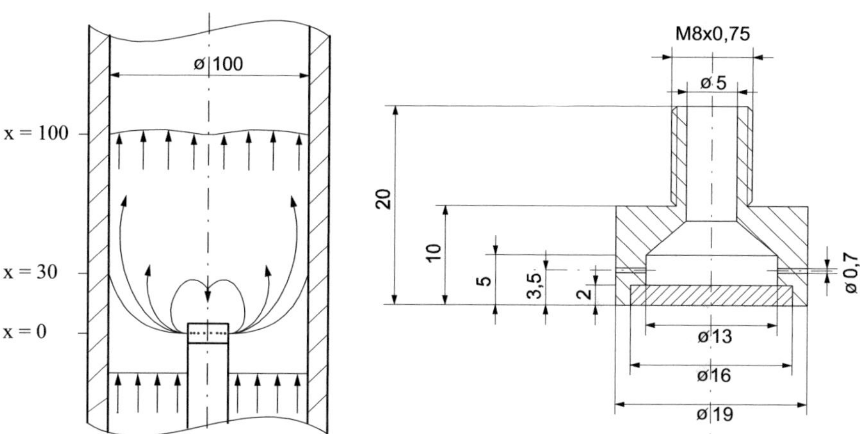

Abb. 3-3: Einmischsystem und Radialdüse

Die Radialdüse besitzt 15 Bohrungen mit einem Durchmesser von 0,7 mm. Anzahl und Impuls der Strahlen sind hinsichtlich einer schnellen Vermischung optimiert worden (Kolb, 1988; Riegel, 1992; Kopp,1994; Stapf, 1998; Bartenbach,1998). Für die hier gewählte Geometrie resultiert aus den Optimierungsuntersuchungen das verwendete Impulsstromdichteverhältnis von $q = (\rho u^2)_{Anströmung}/(\rho u^2)_{Eindüsung} = 500$. Um ein gleich bleibendes Impulsstromdichteverhältnis und damit eine konstante Einmischcharakteristik zu gewährleisten, wird zusätzlich Luft oder N_2 mit eingedüst.

Isotherme Untersuchungen des Einmischsystems zeigten ausgeglichene, radiale Konzentrations- und Geschwindigkeitsprofile ab einer Entfernung von einem Rohrdurchmesser zur Eindüsungsebene (Riegel,1992; Kopp, 1994), weshalb die erste Messposition ca. 0,1 bis 0,15 m stromab der Eindüsung gewählt wurde. Aufschluss über die Mikrogemischtheit gaben zeitaufgelöste Temperaturmessungen (Stapf, 1998). Die gemessenen Temperaturverteilungen waren sehr schmal mit sehr hohen Wahrscheinlichkeitsdichten im Bereich der Mitteltemperaturen. Die turbulenten Fluktuationen waren sehr gering, was auf eine ausgeprägte Mikromischung hinweist.

Für die Versuche mit HCN wurde durch Zugabe von Acetonitril über die sekundäre Brennstoffeindüsung in die Primärbrennkammer und luftarme Umsetzung HCN erzeugt. Durch Zugabe von O_2 und Luft über die Radialdüse wurden Luftzahlen größer eins eingestellt.

3.1.1.6 Nachverbrennung

Im Anschluss an das Reaktionsrohr befinden sich zwei wassergekühlte Umlenkungen, die das Abgas in die Nachbrennkammer umleiten. Um eine möglichst hohe Temperatur für schnellen Umsatz in der Nachbrennkammer zu erreichen, sind die Umlenkungen mit Fasermatten isoliert. In die Brennkammer ist von unten ein Drallbrenner eingeführt, der für die nötige Zufuhr von Verbrennungsluft sowie Wärme für die Umsetzung von unverbrannten Stoffen sorgt.

3.1.1.7 Durchflussmessungen

Für die Messung der Volumenströme von Luft und Erdgas der Primär- und der Nachverbrennung sowie für das Dotiergas Ammoniak werden Schwebekörperdurchflussmesser verwendet. Bei gleichzeitiger Druck- und Temperaturmessung können Abweichungen von den Kalibrierbedingungen berücksichtigt und Normvolumenströme berechnet werden. Für die Einstellung der übrigen Dotiergasmassenströme stehen Mass-Flow-Controler der Firma Brooks zur Verfügung. Die Massenströme zunächst flüssiger Dotierspezies (Acetonitril, Pyrrol, Caprolactam) werden mit einer Dosierpumpe eingestellt, die diese Stoffe dann in einen Strömungsverdampfer fördert. Verdampfte Spezies und die übrigen Dotiergase werden dann zusammengeführt und in eine Mischkammer eingeleitet, um eventuell auftretende Instationaritäten bei der Verdampfung auszugleichen. Die Gasleitungen und der Mischbehälter sind elektrisch beheizt, um eine Abkühlung des Dotiergasgemisches unter Taupunkttemperatur zu verhindern.

3.1.1.8 Anlagenbetrieb

Der erste Schritt bei der Durchführung von Experimenten ist die Abschätzung der unter den zu untersuchenden Bedingungen (T, λ, Zusammensetzung) auftretenden Reaktionszeit mittels reaktionskinetischer Berechnungen und Vorversuchen. Dies ermöglicht es, die Strömungsgeschwindigkeit im Rohrreaktor so auszuwählen, dass die gesamte Rohrlänge zur Auflösung der Reaktion zur Verfügung steht.

Aus der mittleren Strömungsgeschwindigkeit (Annahme eines blockförmigen Profils) im Reaktor und der gewählten Zusammensetzung und Temperatur ergibt sich dann der einzustellende Gesamtmassenstrom bzw. Gesamtnormvolumenstrom, der sich aus den Strömen der Primärverbrennung sowie der Dotierung zusammensetzt. Dabei muss natürlich das optimale Impulsstromdichteverhältnis von Anströmung zu Dotierung (q = 500) eingehalten werden. Die Berechnung der Normvolumenströme für Luft und Erdgas der Heißgaserzeugung sowie der Ströme der Dotiergase erfolgt somit iterativ. Bei mittleren Strömungsgeschwindigkeiten im Reaktor von 5 – 15 m/s ergeben sich thermische Leistungen der Primärverbrennung zwischen 40 und 60 KW.

Vor der Zündung der Primärverbrennung wird das Reaktionsrohr mit der elektrischen Heizung auf Betriebstemperatur aufgeheizt, um ungünstige thermische Spannungen im Rohr, die durch eine einseitige Aufheizung von innen entstehen, zu vermeiden. Zur Überprüfung von Luftzahl und Temperatur der Heißgaserzeugung wird die Messsonde am Reaktoreintritt positioniert. Die Luft- und Gasvolumenströme können somit über die Bestimmung des O_2- sowie des CO_2-Gehalts im Abgas kontrolliert werden. Die Einstellung der Heißgastemperatur am Reaktoreintritt erfolgt durch symmetrisches Verschieben der Kühlstäbe. Die Gastemperatur liegt dabei oberhalb der Betriebstemperatur des Reaktors, so dass nach Einmischung der kalten Dotiergase die Betriebstemperatur vorliegt. Erst im stationären Betrieb werden schließlich die Dotiergase eingedüst und mit der Messung der Konzentrations- und Temperaturprofile begonnen.

Die örtliche Auflösung der Messgrößen wird über die eingestellte mittlere Strömungsgeschwindigkeit in einen zeitlichen Verlauf umgerechnet, um den Vergleich mit den Rechnungen zu ermöglichen. Aufgrund von freiwerdender Reaktionswärme kann die gewählte Betriebstemperatur des PFR nicht exakt konstant gehalten werden. Aus der Temperaturzunahme resultiert eine Geschwindigkeitszunahme, die bei der Umrechnung in die zeitlichen Profile berücksichtigt wurde.

3.1.2 Messsystem

Die Messung der axialen Temperatur- und Konzentrationsprofile erfolgt über eine wassergekühlte Sonde aus Edelstahl, die von oben in das Reaktionsrohr eingeführt wird (siehe *Abb. 3-2*). Sie besitzt einen äußeren Durchmesser von 20 mm. Ihre Oberfläche ist blank poliert, um die Wärmeaufnahme durch Strahlung von der Reaktorwand zu minimieren. Die Sonde ist über ein außen stehendes, schrittmotorgesteuertes Traversiersystem stufenlos axial verschiebbar und erlaubt dadurch eine beliebig kleine, räumliche Auflösung der Profile. Die Sonde ermöglicht die gleichzeitige Messung von Konzentrationen und Temperatur. Den Aufbau der Sondenspitze zeigt *Abb. 3-4*.

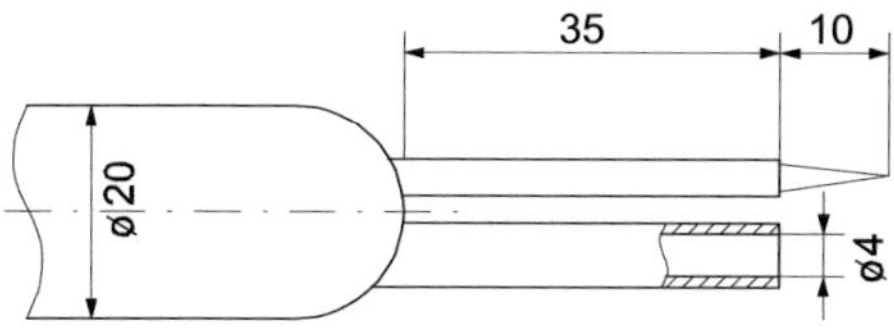

Abb. 3-4: Aufbau der Sondenspitze

Um den Einfluss der wassergekühlten Sondenspitze auf die Messungen auszuschalten, befindet sich die Messposition einige Zentimeter davor. Sowohl das keramische Absaugeröhrchen (d_i = 4 mm, s = 1 mm) als auch der Keramikstift (d = 3,5 mm) zur Führung der Thermoelementdrähte ragen 35 mm aus der wassergekühlten Sondenspitze heraus. Die Kontaktstelle des Thermoelements befindet sich nochmals 10 mm vor der keramischen Führung.

3.1.2.1 Temperaturmessung

Zur Messung der Temperatur dient ein Pt/PtRh-Thermoelement, das sich 45 mm stromauf der wassergekühlten Sondenspitze befindet. Die Beeinflussung der Temperaturmessung durch die Sonde ist vernachlässigbar. Die Variation des Abstandes vom Thermoelement zur Sondenspitze zeigte unter typischen Messbedingungen erst für Abstände kleiner 20 mm einen Einfluss der Sonde auf die Temperaturmessung.

Eine Strahlungskorrektur der Temperaturmessung war nicht notwendig, da die Rohrwandtemperatur mit Hilfe von drei Temperaturreglern auf die Gastemperatur geregelt wird. Die Freisetzung von Reaktionswärme führte dazu, dass die Gastemperatur um bis zu 40 K höher liegt als die Rohrwandtemperatur. Für diesen extremen Fall liegt der Messfehler unter typischen Messbedingungen unterhalb 4 K.

3.1.2.2 Gasanalyse

Zur Konzentrationsmessung wird das Abgas näherungsweise isokinetisch abgesaugt und im Absaugekanal der auf 80 °C thermostatisierten Sonde innerhalb von wenigen Millisekunden unter Reaktionstemperatur gequenscht. Katalytische Effekte im Absaugekanal sind auf Grund der niedrigen Wandtemperaturen nicht zu erwarten (Kull, 1986). Das feuchte Probengas wird anschließend über eine elektrisch beheizte Teflonleitung einer ebenfalls beheizten Filterbox zugeführt, in der das Messgas von Partikeln gereinigt wird (*Abb. 3-5*).

Nach der heißen Filterung wird der Messgasstrom aufgeteilt. Ein Teilstrom wird wiederum über eine thermostatisierte Teflonleitung der Messküvette eines Fourier-Transform-Infrarot-Spektrometers (FTIR) zugeführt, mit dem die Konzentrationen der interessierenden infrarot aktiven Gasspezies bestimmt werden können. Die Konzentrationsbestimmung muss unter feuchten Bedingungen erfolgen, da bei der Trocknung des Messgases wichtige Spezies mit abgeschieden werden könnten.

Der andere Teilstrom wird einem auf 2 °C thermostatisierten Messgaskühler mit geringen Gasverweilzeiten zugeleitet, um das Messgas zu trocknen. Danach erfolgt die Bestimmung der NO-Konzentration mittels eines Chemolumineszenz-Analysators sowie die Gasanalyse über Standardmessgeräte: CO, CO_2, und CH_4 mit einfachen, nicht-dispersiven Infrarotmessgeräten, Wasserstoff mit einem Wärmeleitfähigkeits-Messgerät, O_2 über Paramagnetismus. Querempfindlichkeiten der Standardmessgeräte untereinander (z. B. Querempfindlichkeit des H_2-Analysators gegenüber CH_4, CO und CO_2) wurden nach vorangegangener Kalibrierung rechnerisch korrigiert.

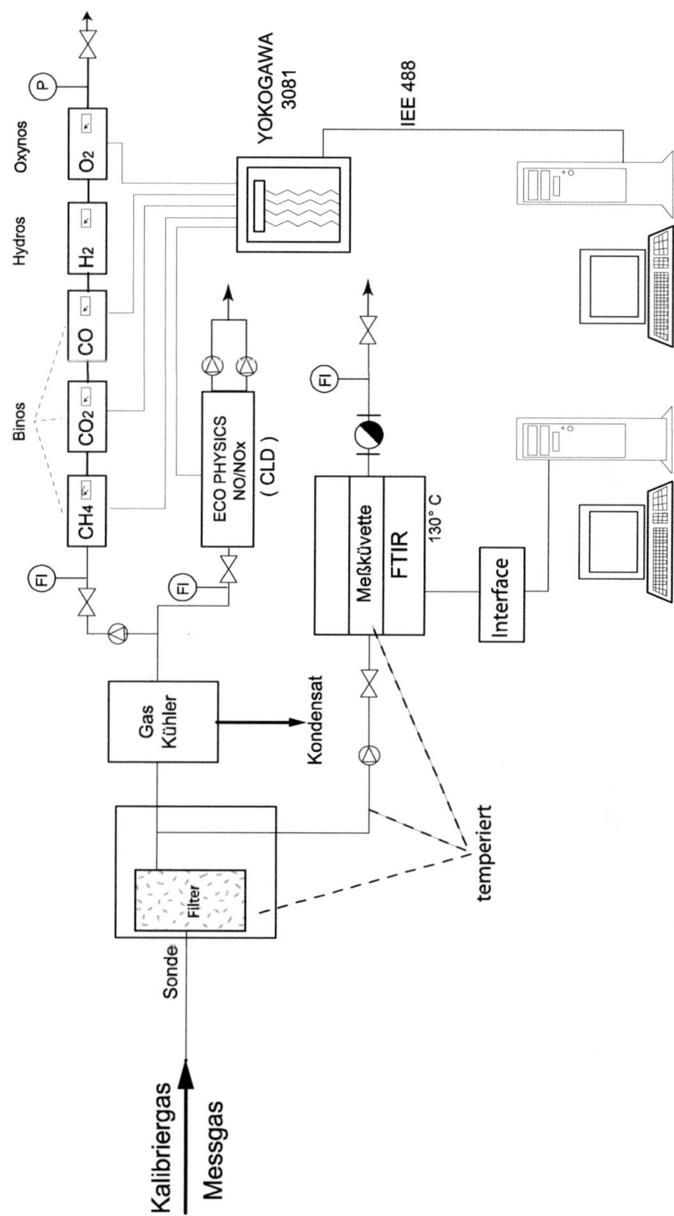

Abb. 3-5: Fliessschema der eingesetzten Gasanalytik

3.1.2.3 FTIR

Durch die Erfassung des gesamten Infrarotspektrums erlaubt das FTIR die gleichzeitige Konzentrationsbestimmung der zuvor kalibrierten, infrarotaktiven Spezies mit nur einem Messgerät. Dadurch lassen sich auch Querempfindlichkeiten leicht korrigieren. Die Kalibrierung muss nur einmal durchgeführt werden und bleibt dann für immer erhalten. Vor den Messungen muss lediglich unter Verwendung eines infrarot inaktiven Gases ein Hintergrundspektrum (Intensität I_0) aufgenommen werden, um bei den Messungen schließlich ein Extinktionsspektrum $(E = \lg[I_0/I])$ zu erhalten. Bei geeigneter Auswahl der Wellenzahlbereiche zur Konzentrationsbestimmung können mit dem FTIR auch kleinste Konzentrationen im ppm Bereich gemessen werden. Detaillierte Informationen zum Aufbau und zur Funktionsweise eines FTIR sind bei Griffiths und de Haseth (1986) zu finden. Dort wird auch auf Probleme eingegangen, die mit der Fouriertransformation verbunden sind. Im unten abgebildeten Extinktionsspektrum (*Abb. 3-6*) sind die Absorptionsbereiche einiger Spezies dargestellt.

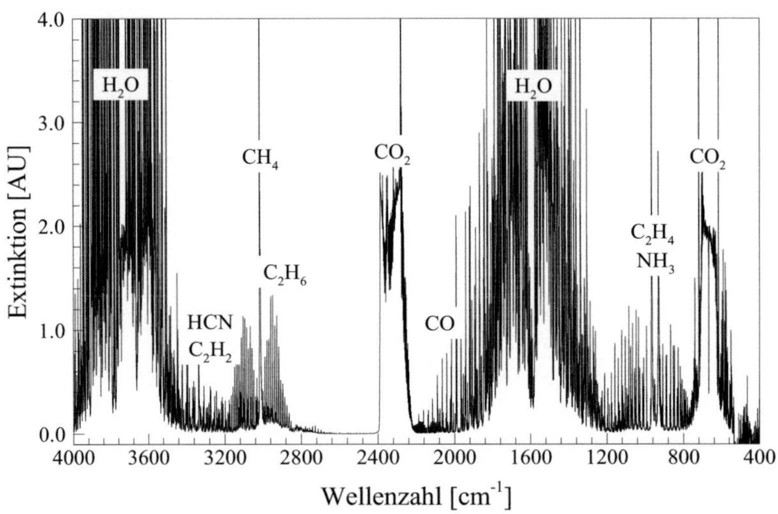

Abb. 3-6: Infrarot-Absorptionsspektrum unter typischen Versuchsbedingungen

Das hier verwendete Gerät, Equinox 55, stammt von der Firma Bruker Optics. Die Strahlungsquelle emittiert im mittleren IR-Bereich, so dass das FTIR ein Wellenzahlbereich von $400 - 4000\ \mathrm{cm}^{-1}$ abdeckt. Die Auflösung betrug $0{,}5\ \mathrm{cm}^{-1}$. Die Messgaszelle war elektrisch auf 130 °C temperiert und wurde unter einem Gesamtdruck von 1050 mbar betrieben. Die optische Weglänge betrug 2,4 m. Die Strahlungsintensität wurde mit einem MCT-Detektor (engl.: Mercury Cadmium Telluride, HgTe-CdTe) gemessen, der wegen seiner hohen Empfindlichkeit mit flüssigem Stickstoff gekühlt wird.

Das FTIR wurde zur Bestimmung der Konzentrationen folgender Spezies kalibriert: H_2O, CO, CO_2, CH_4, C_2H_6, C_2H_4, C_2H_2 sowie NH_3, HCN, HNCO, CH_3CN, Pyrrol, Caprolactam und NO, N_2O, NO_2. Bei der Kalibrierung wurde so vorgegangen, dass für die einzelnen Spezies im interessierenden Konzentrationsbereich Extinktionsspektren aufgenommen wurden. Über eine Analyse dieser Spektren wurden dann für jede Spezies charakteristische Wellenzahlbereiche bzw. Fenster im Spektrum ausgewählt, in denen die Konzentrationsbestimmung erfolgen sollte. Dabei wurde auf die folgenden Anforderungen geachtet:

- Pro Spezies sollten mindestens $2-3$ Fenster verwendet werden, um Fehler zu vermindern
- Die Fenster sollten viel größer sein als die Auflösung des FTIR von 0,5 cm^{-1}
- Es sollten möglichst wenig querempfindliche Spezies in diesen Wellenzahlbereichen absorbieren
- Die Absorption der querempfindlichen Spezies sollte im Vergleich zur Hauptspezies möglichst klein sein
- In den ausgewählten Fenstern sollte die maximale Extinktion der Hauptspezies zwei Absorptionseinheiten (AU) nicht überschreiten, da eine Extinktion größer als zwei AU eine Absorption der IR-Strahlung größer als 99 % bedeutet. Durch die geringe Strahlungsintensität wird das Signal-zu-Rausch-Verhältnis zu schlecht und die Messgenauigkeit nimmt ab.

Die ausgesuchten Fenster mit Angabe von querempfindlichen Spezies sind in einer Tabelle im Anhang A1 aufgelistet.

Nach der Festlegung der Fenster wurden mit einem Auswerteprogramm die Peakflächen in den Fenstern berechnet. Aufgrund von leichten Intensitätsschwankungen der IR-Strahlung kommt es zu schwachen Verschiebungen der Grundlinie. Der Verlauf der Grundlinie wurde über zwei Punkte im niedrigen und hohen Wellenzahlbereich ermittelt. Die Peakflächen wurden immer relativ zur Grundlinie berechnet. Über Anpassung einer Kurve an die Kalibrierpunkte erhält man schließlich eine Kalibrierfunktion, die die Abhängigkeit der Konzentration von der Peakfläche wiedergibt. Querempfindlichkeiten wurden dadurch berücksichtigt, dass vor der Konzentrationsbestimmung die Fläche, die aus der Absorption von querempfindlichen Spezies resultiert, von der gemessenen Fläche abgezogen wurde. Auch für die Berechnung der Peakflächen aus den Konzentrationen der querempfindlichen Spezies wurden Kalibrierfunktionen ermittelt. Die Berechnung der Konzentrationen erfolgte iterativ, da die einzelnen Spezies teilweise gegenseitige Querempfindlichkeiten aufwiesen. Erläuterungen zur Vorgehensweise bei der Kalibrierung sowie zum Auswerteprogramm sind in den Arbeiten von Cárdenas (2002) und Ottl (1999) zu finden.

3.1.2.4 Messgenauigkeit und Fehlerquellen

Die Bestimmung der Konzentrationen von CH_4, CO, CO_2 und NO erfolgte sowohl mit konventioneller Messtechnik als auch mit dem FTIR. Die über die beiden Messmethoden gewonnenen Konzentrationswerte zeigten für CH_4, CO und CO_2 eine relative Abweichung von maximal 3 %. Hier ist der Fehler höchstwahrscheinlich auf den Einfluss von querempfindlichen Spezies zurückzuführen. Da beim FTIR die Querempfindlichkeiten durch das Auswerteprogramm besser berücksichtigt werden können, wurden für diese Spezies die Werte des FTIR verwendet.

Die Abweichung bei der NO-Konzentration kann aus Fehlern in beiden verwendeten Messmethoden resultieren. Bei der Messung mit dem Chemolumineszenzmessgerät kann durch die vorgeschaltete Trocknung des Messgases im Probengaskühler eine gewisse Menge an NO im auskondensierten Wasser gelöst werden. Dies wurde durch möglichst niedrige Verweilzeiten im Kühler weitestgehend vermieden. Eine Messung am feuchten Probengas erschien nicht sinnvoll, da das Messprinzip der Chemolumineszenz einer schwer zu quantifizierenden Querempfindlichkeit gegenüber Wasser unterliegt. Oberhalb von 100 ppm lag die relative Abweichung der NO-Werte der beiden Messmethoden ebenfalls unter 3 %. Die Messgenauigkeit beim FTIR ist jedoch insbesondere bei Werten unter 100 ppm durch die hohe Querempfindlichkeit von Wasser und CO_2 herabgesetzt. Für NO wurden daher die Werte des Chemolumineszenzmessgerätes verwendet.

Die Bestimmung der Wasserkonzentration erfolgte ebenfalls auf zwei verschiedene Arten. Zum einen wurde sie direkt mit dem FTIR bestimmt. Hierbei ist der mögliche Messfehler vor allem auf die Kalibrierung zurückzuführen. Diese erfolgte über einen Gassättiger, wobei die entsprechenden Wassergehalte über die Temperatur im Sättiger eingestellt wurden. Der größte Fehler lag dabei in der Ermittlung der exakten Temperatur am Sättigerausgang, aus der schließlich der Wassergehalt resultiert. Bei den gemessenen Wasserkonzentrationen im Abgas von 10 – 20 Vol% ist somit ein relativer Fehler von 5 % möglich.

Die zweite Methode zur Bestimmung der Wasserkonzentration war die Berechnung über das H/C-Verhältnis. Unter der Annahme, dass sich das H/C-Verhältnis über die gesamte Reaktorlänge nicht verändert, lässt sich mit Hilfe der Konzentrationen der C- und H-haltigen Spezies der Wassergehalt über folgende Formel bestimmen:

$$[H_2O] = \frac{\dfrac{H}{C} \cdot \left([CO_2] + [CO] + [CH_4] + 2[C_2H_6] + ...\right) - 4[CH_4] - 2[H_2] - 3[NH_3] - ...}{2} \qquad (3.1.1)$$

Eine Veränderung des H/C-Verhältnisses ist nur auf die unterschiedlichen molekularen Diffusionsgeschwindigkeiten der einzelnen Spezies zurückzuführen, vor allem durch die schnelle Diffusion von H-Atomen. Dieser Effekt ist jedoch unter diesen Strömungsreaktorbedingungen vernachlässigbar. Das H/C-Verhältnis wurde über eine Analyse der Erdgaszusammensetzung mittels Gaschromatographie sowie unter Berücksichtigung der Luftfeuchtigkeit und der zudotierten Stoffe bestimmt.

Ein Vergleich der auf diese zwei Arten bestimmten Wasserkonzentration zeigt eine maximale Abweichung von etwa 7 %. In der Größenordnung von 10 – 20 Vol% Wassergehalt ist der Einfluss dieses Fehlers auf die Reaktionskinetik vernachlässigbar.

Zur Überprüfung des Auswerteprogramms für die FTIR-Spektren hinsichtlich der Erkennung und Berücksichtigung von Querempfindlichkeiten wurden Testgemische mit bekannter Zusammensetzung analysiert (Cárdenas, 2002). Die Abweichung von eingestellter und gemessener Konzentration lag dabei unter 4 %. Bei kritischen Gemischen, in denen zum Beispiel die Querempfindlichkeit von HCN und C_2H_2 untersucht wurden, belief sich die Abweichung auf maximal 10 %.

3.2 Rechnungen

Die Überprüfung und Bewertung der detaillierten Reaktionsmechanismen aus der Literatur erfolgte durch Simulation der durchgeführten Experimente. Die Berechnungen wurden zunächst unter der Annahme perfekter Kolbenströmung durchgeführt. Da bei der realen Strömung im Reaktor axiale Rückvermischung bzw. Dispersion auftritt, wurde dies bei nachfolgenden Berechnungen auch berücksichtigt.

Es werden nun die verwendeten Berechnungsprogramme vorgestellt und insbesondere die Vorgehensweise zur Berücksichtigung der axialen Dispersion erläutert. Weiterhin werden die Eingangsgrößen bei den Simulationen aufgezeigt und die verwendeten Reaktionsmechanismen beschrieben.

3.2.1 Perfekte Kolbenströmung

3.2.1.1 Software und Input

Die gemessenen Profile wurden zunächst mit dem Programm SENKIN (Lutz et al.,1988) in Verbindung mit dem Programmpaket CHEMKIN II (Kee et al.,1989) nachgerechnet. SENKIN berechnet zeitliche Konzentrationsverläufe in einem homogenen Reaktor. Das für die Berechnung der zeitlichen Konzentrationsprofile zugrunde liegende Differentialgleichungssystem lautet:

$$\frac{dC_k}{dt} = \dot{\omega}_k \qquad (3.2.1)$$

Die zeitliche Änderung der Konzentration der Spezies k ist mit dessen Umsatzgeschwindigkeit gleichzusetzen.

Konvertiert man die Zeitachse in eine Ortskoordinate, so kann man den homogenen Reaktor bei konstantem Druck auch als Kolbenströmungsreaktor betrachten. Eingangsgrößen für die Berechnungen waren die gemessenen Konzentrationen der stabilen Spezies am ersten Messpunkt nach der radialen Eindüsung. Hier wurde die Zeit t = 0 gesetzt. Außerdem wurde das gemessene Temperaturprofil längs des Reaktors vorgegeben, da auf Grund von Reaktionswärme die Temperatur leicht anstieg. Die für die Berechnung erforderlichen reaktionskinetischen Daten wurden dem Berechnungsprogramm in Form von detaillierten Mechanismen zur Verfügung gestellt.

3.2.1.2 Radikalenvorgabe

Bei der Simulation der Experimente mit SENKIN ist für den CH_4- bzw. N-Spezies-Abbau eine Induktionszeit zu verzeichnen (*Abb. 3-7*). Nach Ablauf dieser Periode erfolgt dann ein sehr rascher Abbau von Methan und Ammoniak. Bei den Messungen hingegen ist während der betrachteten Verweilzeit ein gleichmäßiger Abbau zu beobachten. Es wurde zunächst vermutet, dass die Induktionszeiten durch Radikalenbildung verursacht werden. Um sie zu verkürzen, wurden Anfangskonzentrationen der Radikale vorgegeben.

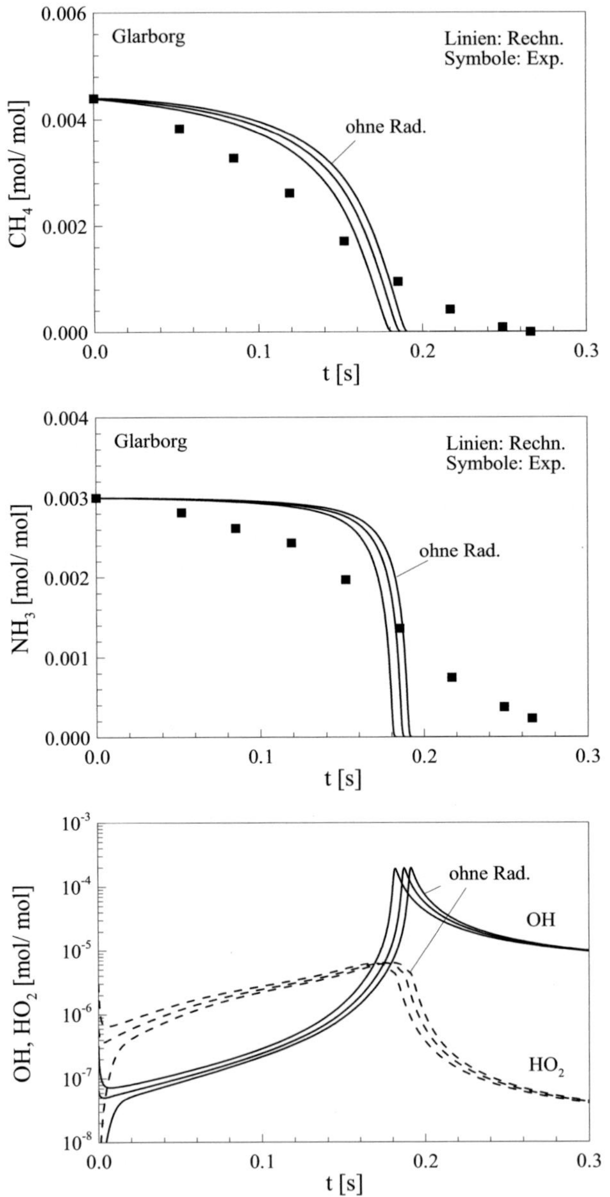

Abb. 3-7: Einfluss der Radikalenvorgabe auf die Induktionszeit bei Berechnungen mit dem Mechanismus von Glarborg

62

Im realen Messsystem beginnt die Reaktion, sobald die zu untersuchenden Spezies eingedüst werden. Das bedeutet, dass am ersten Messpunkt schon Radikale vorhanden sind. In *Abb. 3-7* ist der Verlauf der Methan- und Ammoniakkonzentration sowie der wichtigen Radikale OH und HO_2 für drei verschiedene Anfangskonzentrationen der Radikale dargestellt. Die Berechnungen wurden mit dem Mechanismus von Glarborg et al. (1998) durchgeführt. Im ersten Fall wurden alle Anfangskonzentrationen der Radikale zu Null gesetzt, im zweiten Fall wurden die Konzentrationen nach einem Methanumsatz von 5 % verwendet und im dritten Fall die doppelten Werte davon. Es ist lediglich eine sehr schwache Verkürzung der Zeitmaße mit steigender Radikalkonzentration zu verzeichnen. Die Radikalkonzentrationen haben sich in allen drei Fällen schon nach wenigen Millisekunden auf das quasistationäre Niveau eingependelt. Eine Verbesserung ist durch Radikalenvorgabe nicht zu erreichen.

3.2.2 Berechnungen mit axialer Dispersion

3.2.2.1 Ursachen der axialen Dispersion

Unter axialer Dispersion wird die Rückvermischung im Rohrreaktor längs zur Strömungsrichtung verstanden. Dies führt dazu, dass die Fluidelemente, die in das Rohr eintreten, nicht alle die gleiche Zeit für die Durchströmung des Reaktors benötigen. Es tritt eine Verweilzeitverteilung auf. Eine Ursache dafür ist die turbulente Strömungsform. Durch die turbulente Diffusion findet ein Stofftransport gegen die Strömungsrichtung statt. Die ebenfalls auftretende molekulare Diffusion ist bezüglich dieses Effekts vernachlässigbar. Wesentlich wichtiger als die turbulente Diffusion ist die axiale Dispersion, die aus dem nicht idealen Kolbenströmungsprofil resultiert. Aufgrund der Wandreibung ist die Strömungsgeschwindigkeit in der Nähe der Reaktorwand kleiner als in der Rohrmitte, was zu einer erhöhten Verweilzeit des Fluids in Wandnähe führt. Durch radiale Diffusion gelangen Fluidelemente mit größerer Verweilzeit von der Reaktorwand in die Rohrmitte und umgekehrt. Bei der hier vorliegenden turbulenten Strömungsform erfolgt der radiale Stoffaustausch vor allem durch turbulente Diffusion. Es werden dadurch Fluidelemente mit unterschiedlicher Verweilzeit vermischt, was gleichbedeutend ist mit einer axialen Rückvermischung.

Hiermit wird nochmals verdeutlicht, weshalb die turbulente Strömungsform der laminaren vorzuziehen ist. Bei der laminaren Strömung ist der radiale Austausch nur durch die relativ langsamen, molekularen Diffusionsvorgänge möglich. Es bildet sich ein parabolisches Geschwindigkeitsprofil aus und der radiale Konzentrationsausgleich ist nur schwach ausgeprägt. Im turbulenten Fall hingegen bewirkt die turbulente Diffusion in radialer Richtung ausgeglichene Geschwindigkeits- und Konzentrationsprofile mit schon angenäherter Kolbenform. Die gegenüber der laminaren, axialen Diffusion stark erhöhte turbulente, axiale Diffusion kann in Kauf genommen werden, da sie im Hinblick auf die Rückvermischung nur von untergeordneter Bedeutung ist (Tichaceck et al. (1957), siehe auch Kapitel 3.2.2.3).

3.2.2.2 Dispersed Plug-Flow-Modell

Die rechnerische Berücksichtigung der Rückvermischung kann mit dem Dispersed Plug-Flow-Modell erfolgen. Bei diesem Ansatz wird analog zur Diffusion ein Dispersionskoeffizient D_{Disp} eingeführt und die Rückvermischung über das Fick'sche Gesetz berechnet. Damit ergibt sich zur Berechnung der örtlichen Konzentrationsprofile folgendes Differentialgleichungssystem:

$$- u\frac{dC_k}{dz} + \dot{\omega}_k + D_{Disp}\frac{d^2C_k}{dz^2} = 0 \qquad (3.2.2)$$

Für einen direkten Vergleich mit Gleichung 3.2.1, die die Grundlage für die Berechnung der zeitlichen Verläufe des idealen PFR darstellt, kann mit $dz = u \cdot dt$ die örtliche Abhängigkeit in eine zeitliche umgewandelt werden:

$$-\frac{dC_k}{dt} + \dot{\omega}_k + \frac{D_{Disp}}{u^2}\frac{d^2C_k}{dt^2} = 0 \qquad (3.2.3)$$

Der Dispersionsterm ist hier proportional zu D_{Disp}/u^2. Bei hohen Strömungsgeschwindigkeiten verliert er an Bedeutung und es findet eine Annäherung an den idealen PFR statt.

Eine alternative Methode zur Berücksichtigung der axialen Dispersion liefert das Modell der Rührkesselkaskade. Hier wird der Reaktor gedanklich in N hintereinander geschaltete, perfekte Rührkessel aufgeteilt. Für sehr große N wird der PFR angenähert. Je kleiner N, umso breiter ist die Verweilzeitverteilung am Kaskadenende. Das Dispersed Plug-Flow-Modell ist jedoch der Rührkesselkaskade vorzuziehen. Insbesondere bei nur geringer Abweichung von der idealen Kolbenströmung ist es weitaus realistischer als das Kaskadenmodell. Eine ausführliche Beschreibung dieses nicht idealen Strömungsverhaltens liefern zum Beispiel Levenspiel (1972) und Westerterp et al. (1984).

Für die Berechnungen der Konzentrationsverläufe mit dem Dispersed Plug-Flow-Modell wurde das Programm PREMIX (Kee et al, 1992) verwendet. PREMIX berechnet eindimensionale, laminare Strömungen mit überlagerter Reaktion und berücksichtigt dabei auch die speziesabhängige molekulare Diffusion. Für die hiesige Anwendung wurden die einzelnen molekularen Diffusionskoeffizienten durch den speziesunabhängigen Dispersionskoeffizienten ersetzt. Die Energiegleichung wurde nicht gelöst; es wurde wiederum das gemessene Temperaturprofil vorgegeben.

Am Reaktoreingang (x = 0) wurde die so genannte offene Randbedingung gewählt. Die Dispersion ist also schon vor dem Eintritt vorhanden und beginnt nicht erst bei x = 0 (geschlossene Randbedingung). Die vorgegebenen Konzentrationen am Eintritt erniedrigen sich somit nicht durch Dispersion. Am Ende wurden sämtliche Konzentrationsgradienten zu Null gesetzt.

3.2.2.3 Abschätzung der Dispersionskoeffizienten

Für die Berechnungen mit dem Dispersed Plug-Flow-Modell werden noch die Dispersionskoeffizienten benötigt. Für turbulente Rohrströmungen existieren in der Literatur

Berechnungs- und Abschätzugsmethoden (z.B. Taylor, 1954; Wen und Fan, 1975), mit denen sich in Abhängigkeit von der Reynoldszahl (Re) die Bodensteinzahl (Bo) bestimmen lässt. Die Bodensteinzahl kann als Kehrwert eines mit einer charakteristischen Länge und der mittleren Strömungsgeschwindigkeit $\overline{u}$ entdimensionierten Dispersionskoeffizienten aufgefasst werden. Bei Westerterp et al. (1984) wird als charakteristische Länge der Rohrdurchmesser d verwendet:

$$Bo = \frac{\overline{u} \cdot d}{D_{Disp}} \qquad (3.2.4)$$

Diese Methoden sind jedoch nur bei ausgebildeten turbulenten Strömungen anwendbar. Da der vorliegende Reaktor jedoch nur eine Länge von 20 Durchmessern besitzt, sollte über die gesamte Rohrlänge eine Einlaufströmung vorhanden sein (siehe Lehrbücher der Strömungslehre; z.B. Zierep, 1993). Aus diesem Grund wurde das radiale Geschwindigkeitsprofil im Rohrreaktor gemessen und über einen Vergleich mit Profilen, für die die Dispersion bekannt ist, D_{Disp} abgeschätzt.

Die Messung des Geschwindigkeitsprofils erfolgte unter Messbedingungen mittels Laser-Doppler-Anemometrie (LDA). Da der Reaktor optisch nicht zugänglich war, konnte dies nur am Reaktoraustritt erfolgen. Die Messebene befand sich ca. 3 mm oberhalb der Rohrkante; eine Beeinflussung des Strömungsprofils ist also nur am äußersten Randbereich zu erwarten.

In der Arbeit von Tichacek et al. (1957) sind für unterschiedliche Re-Zahlen die Geschwindigkeitsprofile sowie die dazugehörigen entdimensionierten Dispersions-Koeffizienten $D_{Disp}/(\overline{u} \cdot d)$ aufgelistet. In *Abb. 3-8* sind diese Profile im Vergleich zu den gemessenen dargestellt. Zur verbesserten Auflösung der interessierenden Bereiche ist die normierte Geschwindigkeit über dem normierten Radius zum Quadrat dargestellt.

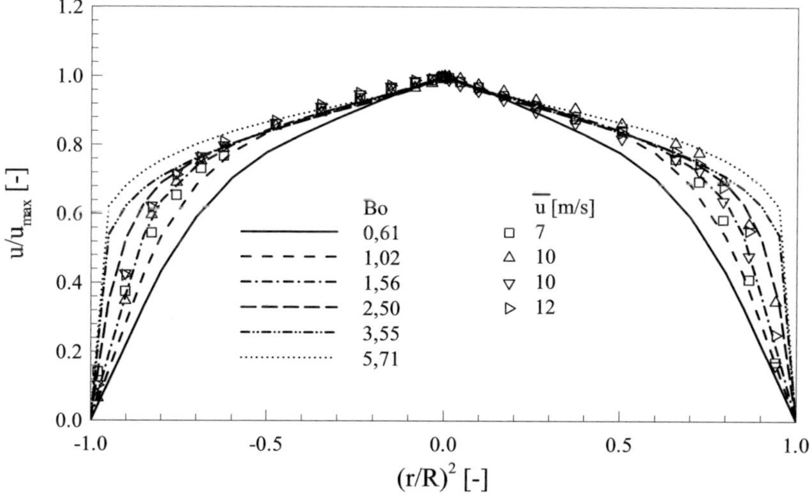

Abb. 3-8: Vergleich von gemessenen Geschwindigkeitsprofilen mit Literaturdaten

Anhand der Geschwindigkeitsmessungen kann man erkennen, dass die normierten radialen Profile nur sehr schwach von der Höhe der mittleren Geschwindigkeit $\bar{u}$ abhängen. Ein Vergleich mit den Profilen von Tichacek et al. (1957) zeigt, dass die gemessenen Profile von den Kurven mit den Bodensteinzahlen 1,02 und 2,5 eingeschlossen werden. Dies entspricht Reynoldszahlen der ausgebildeten Strömung von ca. 3000 bzw. 10000. Da die Re-Zahlen bei den in dieser Arbeit durchgeführten Geschwindigkeitsmessungen im Bereich von 4300 bis 6500 lagen (siehe Anhang Tabelle A-2), ist davon auszugehen, dass am Reaktorende die Strömung ebenfalls schon ausgebildet war. Die Messungen zeigen, dass die Bodensteinzahl unabhängig von den Strömungsgeschwindigkeiten und ohne großen Fehler mit dem Wert 1,7 abgeschätzt werden kann. Da innerhalb des Rohres keine Geschwindigkeitsmessungen durchgeführt wurden, diente die mit dem Endprofil ermittelte Bodensteinzahl als Schätzwert für die gesamte Rohrlänge. Bei einer durchschnittlichen Geschwindigkeit von etwa 9 m/s bei den Messungen resultiert ein Dispersionskoeffizient von $D_{Disp} = 0,56\ \text{m}^2/\text{s}$.

Eine Abschätzung der turbulenten Diffusion liefert folgendes Ergebnis:

$$D_{turb} = u' \cdot L_t \approx 0,5\ \text{m/s} \cdot 0,006\ \text{m} = 0,003\ \text{m}^2/\text{s} \qquad (3.2.5)$$

Die turbulente Schwankungsgeschwindigkeit u' stammt von den LDA-Messungen am Reaktionsrohr. Das Makrolängenmaß L_t kann gemäß Damköhler (1940) für turbulente Rohrströmungen mit etwa 6 % des Rohrdurchmessers abgeschätzt werden. Der turbulente Diffusionskoeffizient D_{turb} ist damit ca. zwei Größenordnungen kleiner als der oben abgeschätzte Dispersionskoeffizient D_{Disp}. Die turbulente Diffusion kann also vernachlässigt werden.

3.2.2.4 Berechnungen mit Variation der Bodensteinzahl

In *Abb. 3-9* sind mit dem Dispersed Plug-Flow-Modell berechnete Speziesprofile unter Variation der Bodensteinzahl dargestellt. Zum Vergleich sind ebenfalls experimentelle Profile eingezeichnet. Man erkennt, dass für große Bodensteinzahlen der perfekte Kolbenströmungsreaktor angenähert wird. Die mit unendlich großer Bodensteinzahl berechneten Kurven (durchgezogene Linien) entsprechen denen des homogenen Reaktormodells (SENKIN). Eine Erniedrigung der Bodensteinzahl hat eine Verkürzung der Induktionszeit sowie eine Abflachung der berechneten Profile zur Folge. Durch die axiale Dispersion werden Radikale aus der Hauptreaktionszone stromauf transportiert und bewirken damit eine Verkürzung der Induktionszeit und einen gleichmäßigeren Abbau von Methan und Ammoniak. Außerdem werden durch die Dispersion direkt hohe Konzentrationsgradienten verwischt, was ebenfalls zu einer Abflachung führt. Insbesondere beim Ammoniak- und NO-Profil gewinnt dadurch die axiale Dispersion sehr stark an Einfluss. Beim NO ist neben einer Abflachung der Kurve zudem noch eine erhebliche Erniedrigung der NO Konzentration am Ende zu verzeichnen.

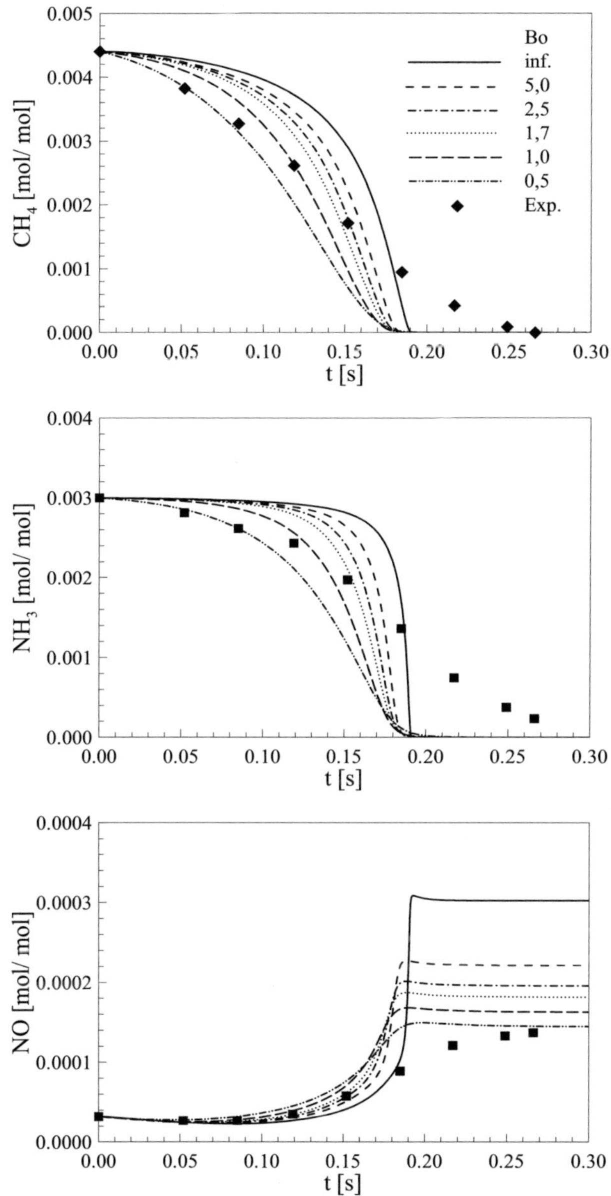

Abb. 3-9: Gemessene und mit unterschiedlichen Bodensteinzahlen berechnete Speziesprofile (Berechnungen mit dem Mechanismus von Glarborg)

Mit der abgeschätzten Bodensteinzahl von 1,7 wird eine wesentlich bessere Übereinstimmung von Messung und Rechnung erreicht als ohne Berücksichtigung von axialer Dispersion (Bo = ∞). Dies gilt sowohl für die Konzentrationsgradienten als auch für den Endwert an NO. Eine Variation der Bodensteinzahl zwischen 1,0 und 2,5, welches die Schranken bei obiger Abschätzung darstellten, übt nur einen geringen Einfluss auf die Profile aus, so dass die Verwendung des Mittelwertes (Bo = 1,7) gerechtfertigt ist.

Die Berücksichtigung der axialen Dispersion bei der Simulation der Experimente erscheint damit sinnvoll. Insbesondere bei Mechanismen, mit denen bei perfekter Kolbenströmung sehr steile Konzentrationsprofile berechnet werden, sollte mit Rückvermischung gerechnet werden.

3.2.2.5 Messungen mit Variation der Strömungsgeschwindigkeit

Der Dispersionsterm in Gleichung 3.2.3 besitzt eine Proportionalität zu D_{Disp}/u^2 bzw. $d/(Bo{\cdot}u)$. Durch die Variation der Strömungsgeschwindigkeit im Reaktor sollte daher die axiale Dispersion unterschiedlich gewichtet werden und damit deren Einfluss auf die Kinetik messbar sein. Aus diesem Grund wurden bei mittleren Strömungsgeschwindigkeiten von 4,5, 5,5 und 10 m/s sowie gleicher Anfangszusammensetzung und gleichem Temperaturprofil die Konzentrationsprofile bei der Ammoniakoxidation gemessen (*Abb. 3-10*).

Es zeigt sich jedoch, dass für alle Strömungsgeschwindigkeiten in etwa die gleichen Verläufe der Methan- und Ammoniakkonzentration resultieren. Der Einfluss der Dispersion scheint also unter diesen Bedingungen nur sehr gering zu sein, so dass die Variation der Strömungsgeschwindigkeit keine wesentliche Wirkung zeigt. Es liegt die Vermutung nahe, dass die relativ niedrigen Konzentrationsgradienten bei den Messungen weniger ein Ergebnis der axialen Dispersion sind, als das Resultat einer langsameren Reaktionskinetik. Flache Konzentrationsprofile werden durch axiale Dispersion nur wenig beeinflusst. Die im Folgenden dargestellten Simulationen der Experimente wurden alle mit dem Dispersed Plug-Flow-Modell mit einer Bodensteinzahl von 1,7 durchgeführt.

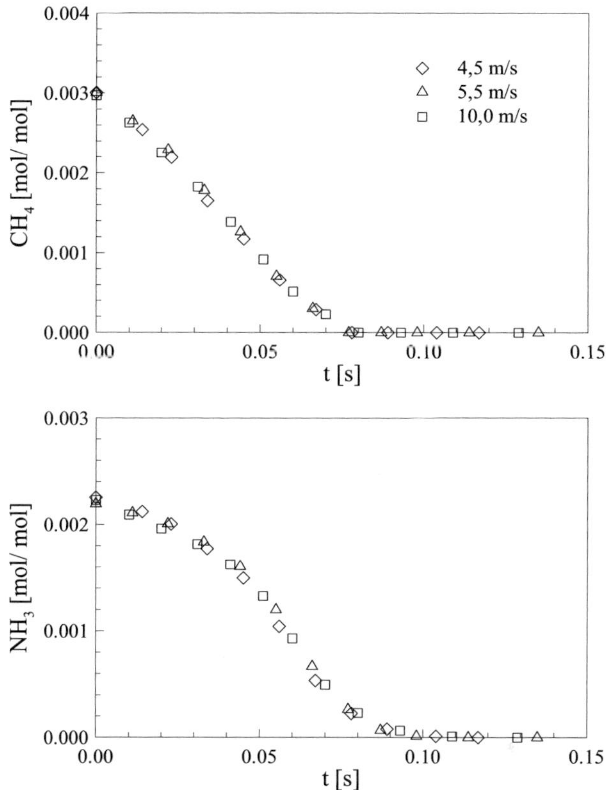

Abb. 3-10: Methan- und Ammoniakprofile bei 1220 K und verschiedenen mittleren Strömungsgeschwindigkeiten

3.2.3 Verwendete Mechanismen

Die hier aufgeführten Mechanismen wurden alle zur Beschreibung der Verbrennung von Methan einschließlich der NO_x-Bildung und der Umwandlung der wichtigen N-Spezies NH_3 und HCN entwickelt. Ein Teil der Mechanismen umfasst zudem noch weitere Submechanismen, wie zum Beispiel zur Verbrennung höherer Kohlenwasserstoffe. Auf die Charakteristika der einzelnen Mechanismen wie Schwerpunktsetzung, Gültigkeitsbereiche und Validierung wird im folgenden Abschnitt eingegangen.

GRI 3.0

Der GRI 3.0-Mechanismus (Smith et al., 2000) ist ein Gemeinschaftswerk der Universität von Berkeley in Kalifornien, der Stanford Universität, der Universität von Austin in Texas und des Stanford Research Institute (SRI International). Die Arbeit wurde vom Gas Research

Institute (GRI) finanziell unterstützt. Der Mechanismus wurde aber seit Februar 2000 aufgrund fehlender Finanzierung nicht mehr weiterentwickelt. Wichtige Vorgänger des Mechanismus sind die Versionen1.2 und 2.11.

GRI 3.0 ist ein optimierter Mechanismus, bei dem aber den meisten rektionskinetischen Daten direkte oder indirekte Messungen zu Grunde liegen. Die Schwerpunkte bei der Optimierung des Mechanismus lagen in der bestmöglichen Beschreibung von Methanflammen sowie der Zündung von Methan. Weitere Ziele, insbesondere bei der Version GRI 3.0, waren die Bildung sowie die Reburn-Chemie von Stickstoffoxiden. Zur Überprüfung dieser Schwerpunkte dienten insgesamt 77 experimentelle Untersuchungen aus der Literatur. Diese umfassen Messungen zu Zündverzugszeiten, laminaren Brenngeschwindigkeiten sowie Konzentrationsprofilen unterschiedlichster Spezies in laminaren Vormischflammen, Stosswellenreaktoren, Strömungsreaktoren und Rührkesselreaktoren. Zur Validierung der Reaktionen N-haltiger Spezies dienten Experimente zur Bildung von Prompt NO, zur HCN-Oxidation und zur Reburn-Chemie.

Ausgehend von den unveränderten reaktionskinetischen Daten wurden die sensitiven Reaktionen bezüglich der definierten Schwerpunkte identifiziert. Mit Hilfe von Optimierungsprogrammen wurden dann die kinetischen Daten dieser Reaktionen innerhalb vorgegebener Toleranzen so weit angepasst, dass der Unterschied von Messung und Simulation minimiert wurde. Die Toleranzen ergaben sich aus den jeweiligen Unsicherheitsfaktoren der experimentellen oder theoretischen Bestimmung der kinetischen Daten. Zusätzlich zu den reaktionskinetischen Daten wurden die thermodynamischen Daten der freien Radikale überprüft und teilweise verändert. Aus diesem Grund sollte der Mechanismus mit dem beigefügten thermodynamischen Datensatz verwendet werden.

GRI 3.0 beinhaltet 325 reversible Reaktionen und 53 Spezies. Der Gültigkeitsbereich des Mechanismus ist gegeben durch die Abdeckung der Validierungsexperimente bei der Optimierung und liegt grob zwischen 1000 und 2500 K, 10 Torr und 10 atm sowie einer Luftzahl von 0,2 und 10. Nicht im Mechanismus enthalten ist die Chemie der Selektiven Nichtkatalytischen Reduktion von NO (SNCR).

LLNL

Der Mechanismus des **Lawrence Livermore National Laboratory** (Hori et al., 1998) enthält die Reaktionen zur Beschreibung der Oxidation von Methan bis zu Propan. Die Teilmechanismen der einzelnen Kohlenwasserstoffe wurden vom LLNL selbst entwickelt. Dies sind unter anderem die Mechanismen für die Verbrennung von Methan und Ethan (Marinov et al., 1996), Ethylen (Castaldi et al., 1996) sowie Ethanol (Marinov, 1999). Der Teilmechanismus zur Beschreibung der Umwandlung stickstoffhaltiger Spezies stammt hauptsächlich vom Mechanismus GRI 2.11 (Vorläufer von GRI 3.0), von Dean und Bozzelli (2000) und von Atkinson (1992). Der Mechanismus besitzt 126 Spezies in 638 Reaktionen.

Leeds

Der Leeds-Mechanismus ist die Kombination aus einem Methanmechanismus (Hughes et al., 2001a) mit einem NO_x-Mechanismus (Hughes et al., 2001b). Die Basis für den Methanmechanismus bildeten die Mechanismen von Miller und Bowmann (1989) sowie von

Glarborg et al. (1986). Jede Elementarreaktion im kombinierten Mechanismus wurde überprüft und falls erforderlich wurden die kinetischen Daten durch neuere aus der Literatur ersetzt. Als Quelle diente dabei vor allem die detaillierte Reaktionsdatenbewertung der EU-Gruppe (Baulch et al., 1992, 1994). Weitere Quellen waren unter anderem die NIST Chemical Kinetic Database sowie die Bewertungen von Tsang und Hampson (1986) und Warnatz (1984). Außerdem wurde fortlaufend in der Literatur nach neuen Daten von einzelnen interessierenden Reaktionen gesucht.

Die so überprüften reaktionskinetischen Daten wurden schließlich ohne Anpassung an experimentelle Untersuchungen im Leeds-Mechanismus zusammengefasst. Das gleiche gilt für die thermodynamischen Daten der Spezies. Die reaktionskinetischen Daten aller Reaktionen sind hinsichtlich Herkunft und Unsicherheitsfaktoren bei der Bestimmung ausführlich dokumentiert. Der Mechanismus enthält 56 Spezies in 354 zum Teil irreversiblen Reaktionen. Für Reaktionen, bei denen auch experimentelle Untersuchungen zur Rückreaktion existieren, wurden die Vor- und Rückreaktion als irreversibel mit eigenen reaktionskinetischen Daten definiert, sodass auf die Berechnung der Rückreaktion über die thermodynamischen Daten (Gleichgewichtskonstante) verzichtet werden kann.

Konnov

Dieser Mechanismus, in seiner mittlerweile fünften Version, schließt außer der Methanoxidation auch die Verbrennung von C_2- und C_3-Kohlenwasserstoffen und deren Derivate ein. Er beinhaltet zudem Reaktionen N-haltiger Spezies insbesondere im Hinblick auf die NO_x-Bildung in Flammen sowie Reburning. Ausgangsmechanismus war das Methanverbrennungsmodell von Borisov et al. (1982). Dieses Modell wurde dann mit Teilmechanismen für die Oxidation von Methanol (Borisov et al., 1992a), Acetaldehyd (Borisov et al., 1990a), Ethanol (Borisov et al., 1992b) und Ethylenoxid (Borisov et al., 1990b) erweitert. Der so erhaltene Mechanismus wurde dann unter Berücksichtigung der Untersuchungen von Tan et al. (1994), Ranzi et al. (1994) und Warnatz (1984) sowie der Reaktionsdatenbewertung der EU-Gruppe (Baulch et al., 1994) überarbeitet. Die Arbeit von Tan et al. beschäftigt sich mit der Oxidation von Acetylen, die von Ranzi et al. mit der Methanoxidation.

Konnovs fünfte Version enthält 1200 Reaktionen zwischen 127 Spezies. Sie wurde mit Hilfe von zahlreichen experimentellen Untersuchungen in Bezug auf die Zündung, Oxidation und Flammenstruktur von Wasserstoff, Kohlenmonoxid, Formaldehyd, Methanol und Methan validiert. Besonderes Augenmerk galt auch den Spezies N_2O, NO, NO_2, NH_3 und N_2H_4.

Glarborg

Der Mechanismus von Glarborg et al. (1998) basiert hauptsächlich auf folgenden Arbeiten: Miller et al. (1982), Glarborg et al. (1986), Miller und Bowman (1989), Miller und Melius (1992) und Pauwels et al. (1995). Ein großer Teil der reaktionskinetischen Daten wurde den Datenbewertungen des NBS (heute NIST) und der CEC-Gruppe entnommen (Tsang und Hampson, 1986, Tsang, 1987, Baulch et al., 1992 und 1994).

Der Mechanismus wurde weiterhin mit einer Vielzahl von Messungen validiert, die an der Technischen Universität von Dänemark durchgeführt wurden. Das Versuchssystem bestand aus einem isotherm betriebenen Strömungsreaktor aus Quarz mit unterschiedlichen Längen und damit auch verschiedenen Verweilzeiten (Kristensen et al., 1995). In diesen Strömungsreaktoren wurden im Temperaturbereich von ca. 800 – 1500 K unter anderem Experimente zur Oxidation von HCN (Glarborg und Miller, 1994) und HNCO (Glarborg et al., 1994), zum Abbau von NH_3 und HCN (Kristensen et al., 1996) sowie zum Reburning (Glarborg et al., 1998) durchgeführt, die alle in diesem kinetischen Modell berücksichtigt wurden. Der Mechanismus ist also hinsichtlich der Reaktionen der wichtigsten stickstoffhaltigen Spezies zwischen 800 – 1500 K sehr gut validiert. Das Modell enthält 438 Reaktionen zwischen 65 Spezies.

Dagaut

Das kinetische Modell von Dagaut et al. (2000a) hat seinen Ursprung in den Arbeiten von Westbrook und Pitz (1984) sowie von Warnatz (1984). Der Mechanismus besitzt 113 Spezies in 892 Reaktionen und beinhaltet Teilmechanismen für stickstoffhaltige Spezies sowie die Oxidation von C_4-Kohlenwasserstoffen.

Mit einem am CNRS (Centre national de la recherche scientifique) entwickelten strahlgemischten Reaktor (Dagaut et al., 1985) wurden im mittleren Temperaturbereich von 800 – 1500 K zahlreiche Validierungsexperimente für das kinetische Modell durchgeführt. Der Reaktor wurde dazu als idealer Rührkesselreaktor modelliert. Unter anderem existieren Validierungsexperimente zur Oxidation von Methan (z.B. Dagaut et al., 1991), Ethylen (z.B. Dagaut et al., 1990), Propan (z.B. Dagaut et al., 1992) und HCN (Dagaut et al., 2000b) sowie zur Reburn-Chemie (z.B. Dagaut et al., 1998, 2000a).

Dean/Bozzelli

Die Arbeit von Dean und Bozzelli (2000) stellt eine ausführliche Bewertung reaktionskinetischer Daten von Reaktionen stickstoffhaltiger Spezies dar. Ausgehend von der Datenbewertung von Hanson und Salimian (1984) wurden zunächst die kinetischen Daten derjenigen Reaktionen überprüft und angepasst, für die neuere und genauere Daten aus der Literatur verfügbar waren und keine detaillierten theoretischen Analysen notwendig waren. Weiterhin wurden Reaktionen mit chemisch aktivierten Komplexen und unterschiedlichen Reaktionspfaden untersucht. Dazu wurden zahlreiche QRRK-Berechnungen durchgeführt und die Ergebnisse mit vorhandenen experimentellen oder theoretischen Untersuchungen verglichen. Alle übrigen wichtigen Reaktionen N-haltiger Spezies mit teilweise sehr wenigen Literaturdaten wurden ebenfalls kurz diskutiert und bewertet.

Das Teilmodell für die Beschreibung der Kohlenwasserstoffoxidation wurde von Miller und Bowman (1989) übernommen. Der Mechanismus wurde ausschließlich durch Analyse der einzelnen Elementarreaktionen entwickelt. Auf die Anpassung des Modells an experimentelle Datensätze wurde verzichtet. Es schließt 86 Spezies in 523 Reaktionen ein.

Kilpinen

Grundlage für den Mechanismus von Kilpinen (Kilpinen, 1997; Coda Zabetta, 2000) waren Mechanismen von Glarborg et al. (1993, 1995) sowie Miller und Glarborg (1996), die auch Vorläufer des oben genannten Mechanismus von Glarborg et al. (1998) sind. Er enthält die

Chemie zur Oxidation von C_1- und C_2-Kohlenwasserstoffen sowie von NH_3 und HCN. Die Chemie zur Interaktion von Kohlenwasserstoffen und N-Spezies, wie zum Beispiel Reburning, ist ebenso enthalten. Er wurde ursprünglich zur Beschreibung der NO_x-Bildung über Thermisches NO, Prompt-NO, den N_2O-Weg und über den Brennstoffstickstoffmechanismus entwickelt. Schließlich wurden einige Änderungen vorgenommen, um den Mechanismus auch für höhere Drücke anwenden zu können (Kilpinen et al., 1997).

Der Mechanismus wurde erfolgreich anhand von Experimenten getestet, die Temperaturen bis 1300 °C und Drücke bis 20 bar abdecken. Er enthält 57 Spezies in 353 Reaktionen.

3.3 Versuchsprogramm

Die in Kapitel 4.1.1 durchgeführten reaktionskinetischen Berechnungen verdeutlichen die Wichtigkeit der einzelnen Parameter hinsichtlich der Stickstoffoxidbildung und Umwandlungsreaktionen wichtiger N-haltiger Spezies. Während CO_2 so gut wie keinen Einfluss auf die Kinetik besitzt, haben Temperatur, Luftzahl, Art der Brennstoff-N-Bindung sowie der Anfangsgehalt an CH_4, CO, H_2O und der N-Spezies charakteristische Auswirkungen auf die Stickstoffoxidbildung und die Zeitmaße. Aus diesem Grund wurden bei den PFR-Experimenten diese Parameter möglichst genau an die Bedingungen der realen Abfallverbrennung angepasst.

Als Grundlage für die Bestimmung der Versuchsbedingungen und -parameter dienten daher Messungen an einer Versuchsanlage zur Abfallverbrennung (Hunsinger et al., 1999; Kolb et al., 2003) sowie Ergebnisse aus Pyrolyse- und Vergasungsuntersuchungen an N-haltigen Modellbrennstoffen (Seifert und Merz, 2003; Bockhorn et al., 1999).

Bei der Abfallverbrennungsanlage handelte es sich um eine halbtechnische, kontinuierlich betriebene Anlage mit Rückschubrost und einem Durchsatz von 150 – 300 kg/h. Es wurden längs des Rostes an 16 Messpunkten die Konzentrationen der wichtigen stabilen Spezies sowie die Temperaturen gemessen (Hunsinger et al., 1999; Tabelle 3-1).

Pos.	T/K	λ	O_2	CH_4	CO	CO_2	H_2	H_2O
1	765	2,08	13,51	0,00	0,00	7,22	0,00	10,66
2	921	1,61	11,09	0,00	0,00	9,87	0,00	16,40
3	1041	1,35	8,52	0,16	0,11	11,83	0,00	22,38
4	1119	1,15	5,38	0,22	0,93	12,97	0,00	29,58
5	1170	1,03	2,72	0,42	1,77	13,67	0,00	35,19
6	1209	0,94	0,47	0,63	2,67	14,04	0,31	39,27
7	1229	0,91	0,00	0,71	3,23	14,43	0,78	38,90
8	1231	0,91	0,25	0,75	3,49	14,14	1,13	36,32
9	1211	1,06	4,46	0,55	2,56	12,49	0,82	26,91
10	1176	1,38	9,36	0,31	1,41	10,34	0,38	16,33
11	1127	2,53	15,06	0,03	0,01	7,62	0,00	4,25
12	1067	3,74	16,81	0,00	0,00	5,41	0,00	1,47
13	1002	5,17	17,66	0,00	0,00	3,51	0,00	1,46
14	933	7,57	17,69	0,00	0,00	1,97	0,00	1,44
15	868	12,23	17,58	0,00	0,00	0,85	0,00	1,43
16	803	18,97	17,52	0,00	0,00	0,26	0,00	1,43

Tabelle 3-1: Messungen an einer Versuchsanlage zur Abfallverbrennung 10 cm über dem Gutbett (Hunsinger et al., 1999), Konzentrationen in Vol%

Die Bedingungen und Anfangskonzentrationen in den Experimenten wurden so gewählt, dass sie in etwa die Wertebereiche in Tabelle 3-1 abdecken. Bei den durchgeführten

Versuchsreihen lagen damit die Luftzahlen im Bereich von 0,93 bis 1,49. Die Temperaturen variierten zwischen 1100 K und 1350 K. Temperatureinstellungen unter 1100 K waren nicht möglich, da hier auf Grund der sehr langsamen Reaktionskinetik kein ausreichender Umsatz im Rohrreaktor mehr erreicht werden konnte. Die hohen Wassergehalte von bis zu 39 Vol% (Tabelle 3-1) wurden nicht in dem Maße realisiert. Die Einstellung von ca. 15 – 20 Vol% Wasser durch die primäre Erdgasverbrennung war ausreichend hoch, um dem Einfluss von Wasser auf die Kinetik Rechnung zu tragen. Dies zeigten reaktionskinetische Berechnungen (Kapitel 4.1.1.6). Die Anfangskonzentrationen von Methan wurden entsprechend Tabelle 3-1 unter Beachtung der Luftzahl zwischen 0 und 0,8 % variiert. Der Anfangsgehalt an CO wurde jedoch nicht an die Messungen an der Abfallverbrennungsanlage angepasst. Die dort auftretenden Konzentrationen von bis zu 3,5 Vol% hätten durch die freiwerdende Reaktionswärme eine zu starke Temperaturzunahme im Reaktor bewirkt, so dass die angestrebte isotherme Betriebsweise auch nicht annähernd möglich gewesen wäre. Zudem hätte ein zu großer Temperaturunterschied von Gasströmung und Reaktorwand Fehler bei der Temperaturmessung zur Folge. Die CO-Gehalte betrugen daher maximal 1 Vol%.

Zur Abschätzung der einzustellenden Konzentrationen der N-Spezies wurden ebenfalls Messungen an oben bereits angeführter Abfallverbrennungsanlage herangezogen. Kolb et al. (2003) konnten in der Hauptpyrolysezone NH_3-Konzentrationen von bis zu 2500 ppm messen. Die HCN-Konzentrationen waren in etwa eine Größenordnung niedriger. Bei anderen Brennstoffen und veränderter Luftzufuhr betrugen die NH_3-Konzentrationen nur noch die Hälfte (1250 ppm). Die Konzentration von HCN hingegen war mit rund 800 ppm deutlich erhöht. Neben HCN und NH_3 konnte auch NO als N-Spezies mit recht hoher Konzentration (250 ppm) detektiert werden. Andere N-haltige Spezies waren von untergeordneter Bedeutung.

Seifert und Merz (2003) führten Pyrolyse- und Vergasungsuntersuchungen an Modellsubstanzen durch, die als repräsentativ für die stickstoffhaltigen Komponenten im Abfall ausgewählt wurden. Die wichtigsten waren proteinhaltige Stoffe (z.B. Gelatine, Casein, Wolle,..) und Polyurethane. Bei den Pyrolyse- und Vergasungsuntersuchungen dieser Stoffe wurden vor allem die N-Spezies NH_3, HCN, HNCO, Pyrrol, NO und N_2O detektiert. Hauptkomponenten waren auch hier NH_3, HCN und NO, wobei NH_3 mit Abstand die größte Komponente darstellte. Die Freisetzung von Ammoniak erfolgte in Stickstoffatmosphäre deutlich stärker als in Luft. Die durchschnittlichen Verhältnisse von NH_3 zu HCN betrugen in Stickstoff ca. 7:1 und in Luft ca. 3:1. Pyrrol wurde in relativ hohen Konzentrationen aus Gelatine und Casein freigesetzt (siehe auch Higman et al., 1970).

Ein recht großer Anteil des gebundenen Stickstoffs im Abfall befindet sich auch in Polyamiden. Bockhorn et al. (1999) identifizierten bei Pyrolyseuntersuchungen von Polyamid 6 das Monomer ε-Caprolactam als Hauptpyrolyseprodukt (über 90 %).

Die Anfangskonzentrationen von NH_3 wurden damit bei den PFR-Experimenten zwischen 1500 ppm und 3000 ppm variiert. Die Verhältnisse von NH_3 zu HCN lagen gemäß den oben angeführten Arbeiten zwischen 3 bis 9. Da bei den zitierten Pyrolyse- und Vergasungs-untersuchungen auch Pyrrol und Caprolactam als wichtige Freisetzungskomponenten identifiziert wurden, kamen auch diese Spezies bei den Experimenten im PFR zum Einsatz. Ihre Anfangskonzentrationen variierten zwischen 100 ppm und 400 ppm.

Insgesamt wurden 19 unterschiedliche Versuchsreihen durchgeführt. 6 zum Abbau von Ammoniak, 3 zum HCN-Abbau und 4 Reihen zur Untersuchung des gemeinsamen Abbaus von NH_3 und HCN. Der Abbau von Pyrrol und Caprolactam wurde jeweils in 3 Experimenten untersucht. NO und N_2O wurden nicht gesondert betrachtet. Sie entstanden bei einem Teil der Experimente in der Primärverbrennung und nahmen dann am Reaktionsgeschehen im Rohrreaktor teil oder sie wurden im Verlauf der Experimente gebildet. Das gleiche gilt für HNCO, was zum Teil als Zwischenprodukt beim HCN-Abbau in geringen Konzentrationen auftrat. Eine detaillierte Übersicht über die Anfangsbedingungen der durchgeführten Experimente gibt Tabelle 3-2.

Nr.	T/K	λ	O_2	H_2O	CO_2	CH_4	CO	C_2H_2	C_2H_4	C_2H_6	NO	N_2O	NH_3	HCN
						Ammoniak								
1	1178	1,25	4,2	15,1	8,2	0	0	0	0	0	36	0	2756	0	0
2	1129	1,49	7,0	11,4	6,1	2734	0	0	68	219	27	0	1612	0	0
3	1180	1,18	4,1	14,2	7,6	4398	0	0	98	229	32	0	2998	6	0
4	1202	1,21	4,3	14,8	8,0	2801	0	0	67	145	29	0	2892	6	0
5	1226	1,18	3,9	15,2	8,1	3007	0	0	168	145	20	0	2194	24	0
6	1294	1,16	3,8	14,7	7,7	4513	0	0	127	239	21	0	2581	11	0
						Ammoniak/ Cyanwasserstoff								
7	1216	1,05	2,3	17,1	8,6	4227	4320	28	305	143	108	42	2181	280	0
8	1338	1,03	1,7	18,3	9,1	2636	5345	99	211	105	177	47	1644	333	0
9	1242	0,94	1,1	17,1	8,5	7142	6051	412	478	162	131	20	2894	484	0
10	1351	0,95	0,4	18,6	8,8	2793	10116	407	195	73	151	23	1515	584	0
						Cyanwasserstoff								
11	1223	1,03	1,7	18,2	8,9	3351	4698	45	257	145	187	28	0	288	0
12	1255	1,01	1,8	18,0	8,8	5031	4751	103	337	205	238	37	0	463	0
13	1327	1,00	0,8	19,8	9,6	1834	4872	127	166	81	289	22	10	347	0
						Pyrrol (letzte Spalte)								
14	1111	1,23	4,6	13,9	7,3	3291	0	0	104	224	28	0	1517	65	401
15	1219	1,24	4,9	13,8	7,3	3603	0	10	115	287	31	0	1609	74	394
16	1178	0,96	1,0	17,9	8,8	5055	5640	271	338	103	21	0	1413	85	369
						Caprolactam (letzte Spalte)								
17	1170	1,22	4,7	13,8	7,3	3526	0	32	379	322	9	59	1638	173	213
18	1237	1,25	4,6	14,3	7,4	2407	0	43	378	198	6	49	40	211	83
19	1156	0,93	0,8	18,7	8,5	5503	11330	337	688	169	13	38	78	180	223

Tabelle 3-2: Anfangsbedingungen der durchgeführten Experimente (O_2, H_2O, CO_2 in Vol%; andere Spezies in ppm; p = 1 bar; Rest für 100 %: N_2)

Kapitel 4: Ergebnisse und Diskussion

4.1 Untersuchungen zur Umsetzung von NH_3 und HCN

4.1.1 Analyse der Einflussparameter

Dieser Absatz ist reaktionskinetischen Berechnungen gewidmet, in denen der Einfluss wichtiger Parameter auf die NO-Bildung aus Ammoniak und Cyanwasserstoff rechnerisch im homogenen Reaktor untersucht wurden. Als Parameter kamen folgende Größen in Betracht: Temperatur, Luftzahl, N-Gehalt, Art der N-Bindung im Brennstoff, Wassergehalt, Methangehalt und CO-Gehalt. Der Einfluss des CO_2-Gehalts wurde ebenfalls überprüft. Es wurde aber für CO_2-Konzentrationen bis etwa 15 %, wie sie bei der Abfallverbrennung maximal auftreten, keine Auswirkung auf die Kinetik beobachtet. CO_2 wirkt als Inertgas wie N_2. In den in Kapitel 2.4.6 und 2.4.7 diskutierten Arbeiten aus der Literatur wurden die Einflüsse oben genannter Parameter größtenteils schon angesprochen. Hier werden nun diese Einflussgrößen in den charakteristischen Wertebereichen, wie sie bei der Abfallverbrennung auftreten, detailliert untersucht und ihre Wirkmechanismen diskutiert. Die Berechnungen dienten auch als Grundlage für die Erstellung des Versuchsprogramms.

Die Berechnungen wurden mit dem Programm SENKIN (Lutz et al., 1988) bei konstantem Druck (1 atm) durchgeführt. Der verwendete Mechanismus stammt von Glarborg et al. (1998). Es wurde bei allen Rechnungen, außer den Untersuchungen des Einflusses von Kohlenmonoxid, immer ein Methan-Luft Gemisch vorgegeben, dem Ammoniak und Cyanwasserstoff zugegeben wurde.

4.1.1.1 Temperatur/ Art der N-Bindung

In *Abb. 4-1* ist der Einfluss der Temperatur sowie der Art der N-Bindung im Brennstoff auf die NO-Bildung dargestellt. Die Variation der Stickstoffbindung wurde durch den Einsatz von unterschiedlichen Gemischen aus NH_3 und HCN realisiert, da dies die wichtigen Produkte aus dem schnellen Zerfall von N-haltigen Stoffen sind. Die anfängliche N-Spezieskonzentration betrug 3000 ppm, wobei als Stickstoffträger reiner Ammoniak, reiner Cyanwasserstoff und eine Mischung von je 50 % der beiden Stoffe untersucht wurden. Die Gesamtluftzahl betrug 1,3. Unterhalb von 1100 K lag die Reaktionszeit für vollständigen Umsatz der eingesetzten N-Spezies in der Größenordnung von mehreren Sekunden. Da unter realen Verbrennungsbedingungen die Verweilzeiten kleiner sind, ist dieser Bereich von untergeordneter Bedeutung. Auch nach der vollständigen Umsetzung des Brennstoffs treten hier noch die Komponenten NH_3 und HCN im Abgas auf, die erst bei sehr langen Reaktionszeiten schließlich abgebaut werden.

Abb. 4-1 zeigt im Bereich von 1000 – 1500 K für alle eingesetzten Gemische eine stark ausgeprägte Temperaturabhängigkeit der NO-Bildung. Innerhalb dieser 500 K steigt die NO-Konzentration von Werten unter 200 ppm auf über 2000 ppm an. Oberhalb von etwa 1600 K wird für alle drei Fälle ein nahezu stationärer NO-Wert erreicht.

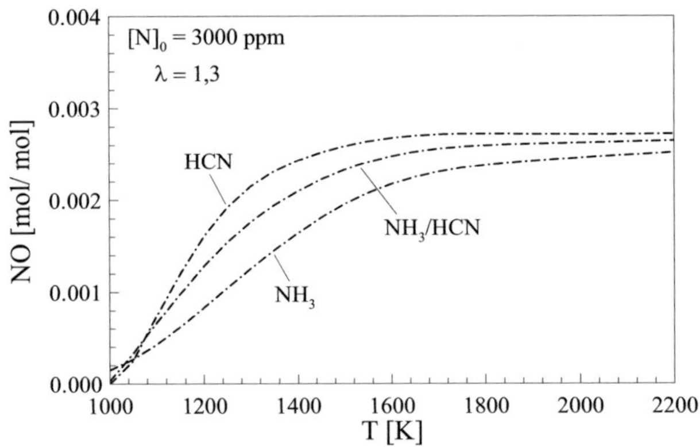

Abb. 4-1: NO-Konzentration als Funktion der Reaktionstemperatur für verschiedene Mischungen aus NH$_3$ und HCN, [CH$_4$]$_0$ = 7,14 Vol%, [O$_2$]$_0$ = 18,96 Vol%, [N]$_0$ = 3000 ppm, Rest N$_2$

Weiterhin auffällig ist die stark unterschiedliche NO-Bildung aus NH$_3$ und HCN im Temperaturbereich von 1000 – 1500 K. Aus HCN wird zwischen 1100 K und 1400 K etwa doppelt so viel NO gebildet wie aus NH$_3$. Erst oberhalb von 1600 K gleichen sich die berechneten NO-Konzentrationen aus den drei Gemischen an. Auch für kleinere Methankonzentrationen (Inertgasverdünnung mit N$_2$ bei gleicher Luftzahl) und bei hohen Wassergehalten sind diese Eigenschaften zu beobachten.

Eine Erklärung für den ausgeprägten Einfluss der Temperatur und der Art der N-Bindung im Brennstoff liefern integrale Reaktionsflussanalysen. In *Abb. 4-2* sind die integralen Reaktionsflüsse der Umsetzung von 3000 ppm HCN bei 1100 K und 1800 K in Pfeildiagrammen dargestellt. Die Dicke der Pfeile gibt Aufschluss über die Wichtigkeit der Pfade. Die übrigen Reaktionsbedingungen entsprechen denen in *Abb. 4-1*.

Bei 1100 K wird HCN zunächst zum größten Teil in NCO überführt. Nur ein kleiner Anteil des Cyanwasserstoffs wird direkt durch Reaktion mit O-Atomen zu NH umgesetzt. Ausgehend von NCO existieren vier wichtige Reaktionspfade. Der Hauptpfad ist der Übergang in den NH$_3$-Abbaumechanismus durch die Bildung von NH$_2$ über das Zwischenprodukt HNCO. Die anderen drei Pfade sind die direkte Oxidation von NCO durch O-Atome zu NO, die Umsetzung mit H-Atomen zu NH und die Reaktion mit NO zu N$_2$O und molekularem Stickstoff. Auch N$_2$O zerfällt bei ausreichender Verweilzeit zu N$_2$.

Die gebildeten NH$_i$-Spezies werden entweder zu NO oxidiert oder es wird mit NO molekularer Stickstoff gebildet. Die Oxidation erfolgt ausgehend von den Spezies NH und N entweder direkt oder über HNO, das vor allem über Reaktion NH$_2$+HO$_2$=>H$_2$NO+OH mit anschließender H-Abstraktion von H$_2$NO gebildet wird. Die NO-Reduktion ist vor allem auf die SNCR-Reaktion NO+NH$_2$=>N$_2$+H$_2$O (RN32) zurückzuführen. Durch diese Reaktion wird eine NO-Reduktion in zweierlei Hinsicht erreicht. Zum einen wird schon gebildetes NO wieder abgebaut und zum anderen kann NH$_2$ nicht mehr zu NO oxidiert werden. Aufgrund der starken NH$_2$-Bildung aus HNCO sind die NH$_2$-Konzentrationen zwischenzeitlich sehr hoch, so dass auch Ammoniak als Zwischenprodukt kurzzeitig gebildet wird.

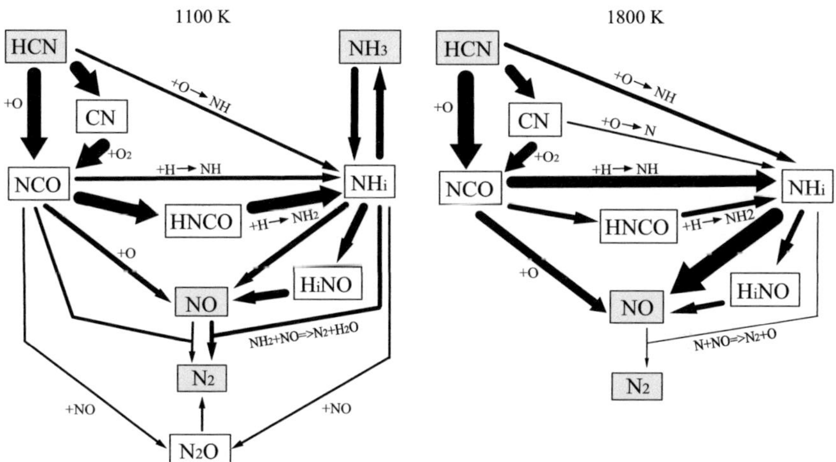

Abb. 4-2: Integrale Reaktionsflussanalysen für die Oxidation von HCN bei 1100 K (links) und 1800 K (rechts)

Auch bei 1800 K wird HCN hauptsächlich zu NCO umgesetzt. Die Reaktion zu NH durch Angriff von O-Atomen ist etwas stärker ausgeprägt als bei 1100 K aber immer noch von untergeordneter Bedeutung. NCO wir jetzt nur noch über drei wichtige Pfade abgebaut. Die zwei bedeutendsten sind die Oxidation zu NO sowie die Bildung von NH durch Angriff von H-Atomen. Die NH$_2$-Bildung aus Isocyansäure ist im Vergleich zu 1100 K stark zurückgegangen und die NO-Reduktionsreaktionen mit NCO sind nicht mehr von Bedeutung. Die NH$_i$-Spezies werden hauptsächlich zu NO oxidiert. Nur noch ein sehr kleiner Teil wird über die Reaktion N+NO=>N$_2$+O (RN44) in molekularen Stickstoff überführt.

Durch die hohen Temperaturen werden die für die NO-Reduktion wichtigen Reaktionen zurückgedrängt, was zu höheren NO-Konzentrationen führt. Dies ist auf drei Gründe zurückzuführen. Erstens besitzen alle Geschwindigkeitskoeffizienten der NO-Reduktionsreaktionen bis auf RN44 negative Temperaturexponenten, so dass die Geschwindigkeitskoeffizienten mit steigender Temperatur abnehmen. Zweitens erhöhen sich die Geschwindigkeitskoeffizienten der konkurrierenden Oxidationsreaktionen mit zunehmender Temperatur. Drittens steigen mit anwachsender Temperatur auch die Konzentrationen der Radikale H, O und OH, die die wichtigsten Reaktionspartner bei der Bildung von NO aus den stickstoffhaltigen Spezies darstellen.

Die Reaktionsflüsse beim Einsatz von NH$_3$ als Stickstoffträger entsprechen prinzipiell den Abbaupfaden der NH$_i$-Spezies im HCN-Abbaumechanismus, weshalb für NH$_3$ die gleichen Überlegungen zur Temperaturabhängigkeit der NO-Bildung gelten wie für HCN. Die wesentlich stärker ausgeprägte Bildung von NO aus HCN im Vergleich zu NH$_3$ ist vor allem auf Reaktion RN32 zurückzuführen. Wichtig für das Ablaufen dieser Reaktion sind abgesehen von niedrigen Temperaturen möglichst hohe Konzentrationen an NH_2. Ammoniak wird im Gegensatz zu HCN immer über das Zwischenprodukt NH_2 abgebaut. Beim HCN ist die Bildung von NH_2 über HNCO nur für tiefe Temperaturen vorherrschend. Mit steigender Temperatur wird dieser Pfad immer unwichtiger. Dadurch sind beim HCN-Abbau die NH_2-Konzentrationen immer kleiner als beim Ammoniakabbau, weshalb beim NH_3 Reaktion RN32 immer stärker abläuft als beim HCN. Dies führt schließlich zu den niedrigeren NO-Konzentrationen bei der Umsetzung von Ammoniak.

Auf Grund der sehr hohen Konzentrationen an NH_2 und NH, die auf dem schnellen Ammoniakzerfall beruhen, tragen bei hohen Temperaturen neben RN44 auch die Reaktionen von NO mit NH und NH_2 trotz kleiner Geschwindigkeitskoeffizienten zur Reduktion von NO bei. Daraus resultieren auch bei hohen Temperaturen für die Ammoniakoxidation leicht niedrigere NO-Konzentrationen als bei der HCN-Verbrennung.

Die in der Literatur oft postulierte Unabhängigkeit der NO-Bildung von der Art der Bindung des Stickstoffs im Brennstoff wird für hohe Temperaturen (T > 1600 K) durch diese rein kinetischen Berechnungen bestätigt. Bei Temperaturen unterhalb 1500 K ist diese jedoch nicht mehr gegeben.

Bei niedrigen Temperaturen tritt im Abgas neben NO auch Lachgas auf. Dabei zeigen, wie in Kapitel 2.4.9´ schon beschrieben, die Spezies NH_3 und HCN unterschiedliche Tendenzen zur N_2O-Bildung (siehe *Abb. 4-3* und *Abb. 4-4*). Während bei der Ammoniakoxidation so gut wie keine Bildung von Lachgas auftritt, findet bei der Umsetzung von HCN unterhalb von 1200 K ein deutlicher N_2O-Aufbau statt. Eine Analyse der Reaktionsflüsse zeigt, dass bei 1100 K über die Reaktionen von NO mit NCO ca. 220 ppm und mit NH ca. 290 ppm Lachgas gebildet werden. Dies steht im Widerspruch zu den Ergebnissen von Wargadalam et al. (2000) sowie Hulgaard und Dam-Johansen (1993), die den hohen N_2O-Aufbau aus HCN nur auf die Reaktion von NO mit dem HCN-Abbauprodukt NCO zurückführten.

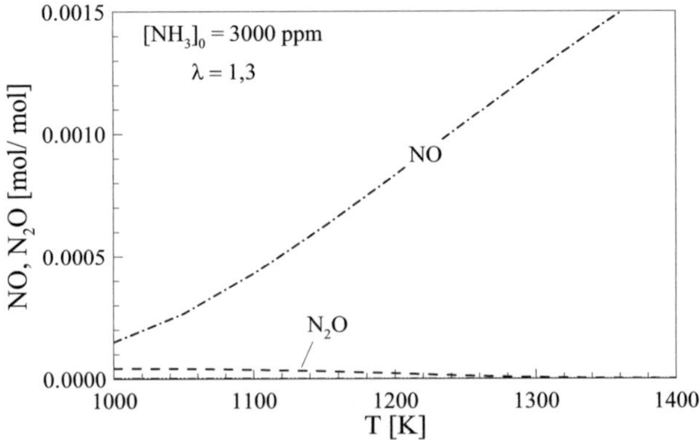

Abb. 4-3: Abgaskonzentrationen als Funktion der Temperatur bei der NH$_3$-Oxidation

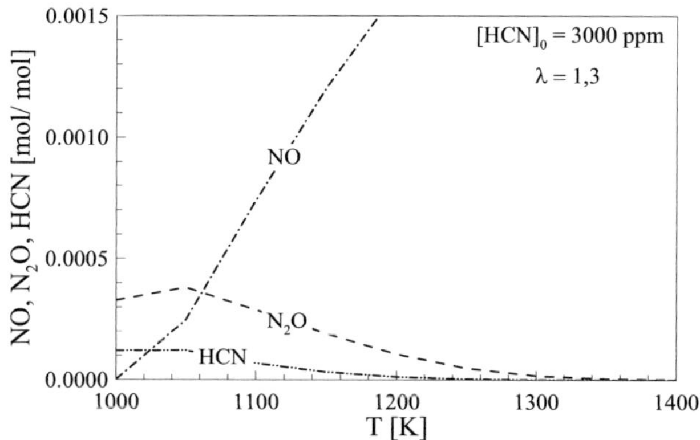

Abb. 4-4: Abgaskonzentrationen als Funktion der Temperatur bei der Oxidation von HCN

Die in diesen Abbildungen dargestellten Werte sind die Abgaskonzentrationen direkt nach vollständigem Brennstoffumsatz. Auch die hier auftretenden Spezies N_2O und HCN werden noch mit fortschreitender Verweilzeit abgebaut. Dies erfolgt jedoch sehr langsam im Zeitmaßstab von mehreren Sekunden unter Bildung von molekularem Stickstoff. Die NO-Konzentration bleibt dabei konstant.

4.1.1.2 Methangehalt

Wird zu den stickstoffhaltigen Anfangsspezies kein Methan als Brennstoff zugegeben, dann erfolgt insbesondere bei niedrigen Temperaturen der Abbau von NH_3 und HCN sehr langsam. Durch die Zugabe von Methan werden durch dessen Oxidation die wichtigen Radikale H, O und OH erzeugt, die dann den Abbau der N-Spezies beschleunigen. Dazu sind aber nur sehr geringe Mengen CH_4 erforderlich. Die Auswirkungen steigender Methankonzentration im Ausgangsgemisch (die Luftzahl ist dabei konstant gehalten) sind in *Abb. 4-5* und *Abb. 4-6* dargestellt.

Insbesondere im Bereich kleiner Methankonzentrationen (0 – 2 %) ist mit Erhöhung des CH_4-Gehalts ein sehr steiler Anstieg der NO-Bildung zu verzeichnen, der umso stärker ausgeprägt ist, je höher die Temperatur ist. Nicht nur die NO-Konzentration, sondern auch die Zeitmaße werden vom Methangehalt beeinflusst (siehe *Abb. 4-6*).

Die Ursache für die verstärkte NO-Bildung mit steigendem Methangehalt liegt im simultanen Anwachsen der Kettenträger H, O und OH, die aus der Oxidation des zusätzlichen Brennstoffes resultieren. *Abb. 4-6* zeigt den ansteigenden OH- und O-Verlauf, der auch repräsentativ für die anderen Radikale ist. Wie schon im Abschnitt zum Temperatureinfluss diskutiert, begünstigen diese wichtigen Reaktionspartner die Oxidation der N-haltigen Spezies zu NO und beschleunigen zusätzlich noch den gesamten Reaktionsablauf.

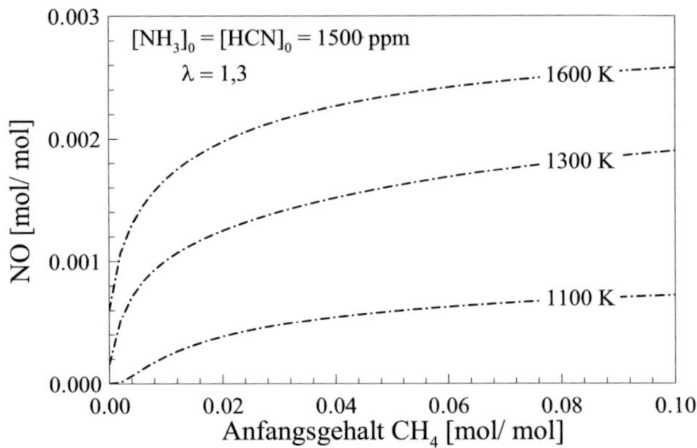

Abb. 4-5: NO-Konzentration als Funktion des CH₄-Gehalts im Ausgangsgemisch für verschiedene Temperaturen bei einer Luftzahl von 1,3

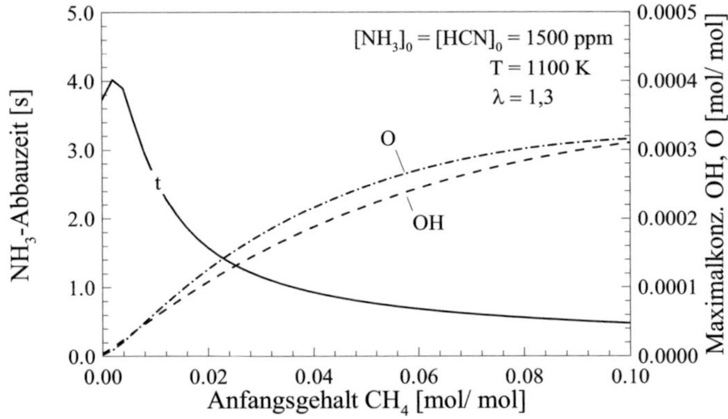

Abb. 4-6: Ammoniakabbauzeit und maximale Radikalkonzentration als Funktion des CH₄-Gehalts

4.1.1.3 CO-Gehalt

Auch beim Zusatz von CO werden bei dessen Oxidation vermehrt die wichtigen Reaktionspartner H, O und OH gebildet. Diese bewirken wie beim Methanzusatz zum einen eine Beschleunigung der Umsetzung der N-haltigen Spezies. Zum anderen werden dadurch die oxidierenden Reaktionspfade im Brennstoff-N-Mechanismus begünstigt, was zur Erhöhung der NO-Bildung bei steigendem CO-Gehalt führt. Bei 1600 K ist bezüglich der NO-Abgaskonzentration zwischen der Zugabe von CO und CH₄ kein Unterschied zu beobachten. Bei niedrigeren Temperaturen hingegen ist sowohl die Beschleunigung der Reaktion als auch die Bildung von NO bei den Rechnungen mit CO wesentlich stärker ausgeprägt als mit Methan. Dies ist auf die wesentlich höhere O-Konzentration bei CO-

Zugabe zurückzuführen. Über die wichtigste CO-Oxidationsreaktion $CO+OH=>CO_2+H$ (R20) werden viele H-Atome gebildet, die wiederum über die Verzweigungsreaktion $H+O_2=>OH+O$ einen starken Aufbau von OH und O bewirken. Während das OH-Radikal wieder über R20 verbraucht wird steht das O-Atom für die Oxidation von NH_3 und HCN zur Verfügung.

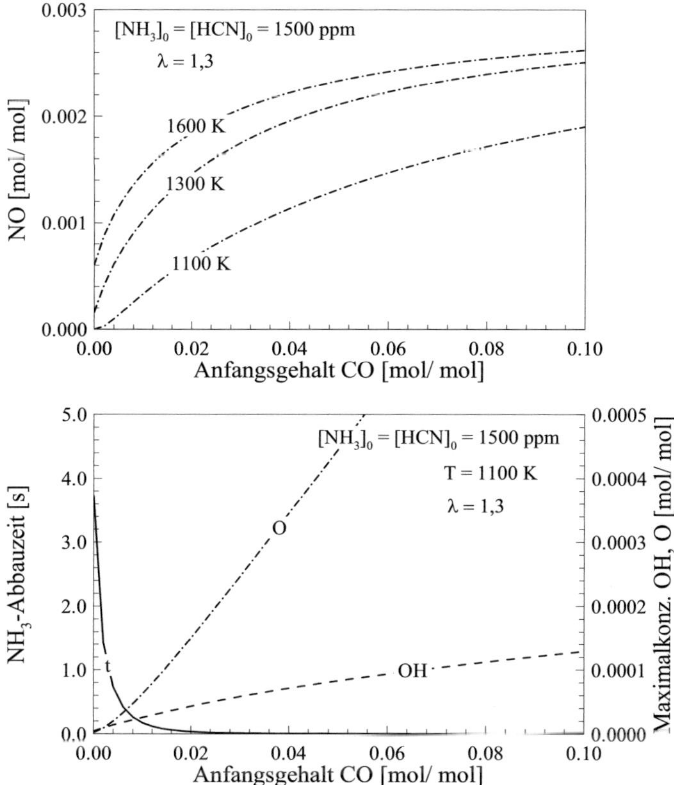

Abb. 4-7: NO-Konzentration, maximale Radikalkonzentrationen und NH_3-Abbauzeitmaß als Funktion des CO-Gehalts im Ausgangsgemisch bei einer Luftzahl von 1,3

Zusammenfassend lässt sich sagen, dass die Zugabe von Kohlenmonoxid einen ähnlichen Effekt hat wie der Zusatz von Methan und die Erhöhung der Temperatur (vergleiche *Abb. 4-1*, *Abb. 4-5* und *Abb. 4-7*). Die Beobachtungen von Kristensen et al (1996) und Wargadalam et al. (2000) werden durch diese Berechnungen bestätigt.

4.1.1.4 Luftzahl

Die anwendungstechnisch sehr bedeutende Abhängigkeit der NO-Bildung von der Luftzahl wurde unter Flammenbedingungen schon in Kapitel 2.4.6.2 diskutiert. In *Abb. 4-8* sind noch einmal die mit dem homogenen Reaktor berechneten Endkonzentrationen von NH_3, HCN und NO bei einer Temperatur von 1200 K über der Luftzahl aufgetragen.

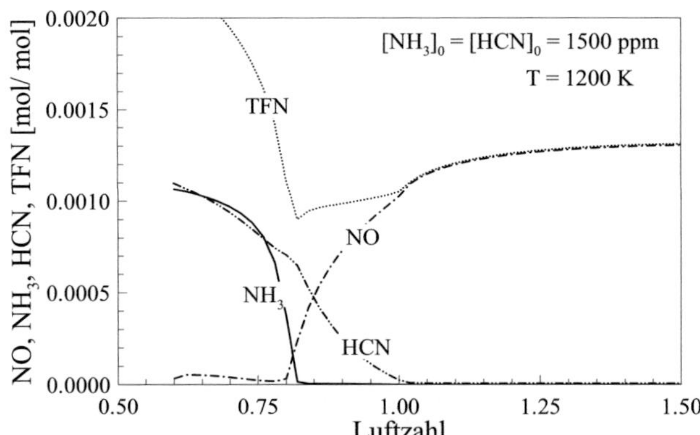

Abb. 4-8: NO-Konzentration als Funktion der Luftzahl nach Umsetzung von 1500 ppm NH_3 und HCN in einer Methanverbrennung bei 1200 K

Auch in *Abb. 4-8* ist ein deutliches TFN-Minimum zu erkennen, das bei einer etwas höheren Luftzahl ($\lambda \approx 0{,}8$) als unter Flammenbedingungen (Abb. 2-8) liegt. Dies ist auf die hier niedrigere Temperatur zurückzuführen, bei der die Spezies NH_3 und HCN stabiler sind und somit auch noch bei höheren Luftzahlen als Emissionskomponenten vorkommen. Insbesondere HCN tritt bei $\lambda = 0{,}8$ noch in relativ hohen Konzentrationen auf, weshalb das TFN-Minimum auch nicht so stark ausgeprägt ist wie unter Flammenbedingungen. Oberhalb von $\lambda = 1{,}0$ ist nur noch ein schwacher Anstieg der TFN-Konzentration mit wachsender Luftzahl zu verzeichnen. HCN und NH_3 sind hier nicht mehr existent.

4.1.1.5 N-Gehalt

Abb. 4-9 zeigt die NO-Endkonzentration in Abhängigkeit vom anfänglichen Stickstoffgehalt im Luft-Brennstoffgemisch. Der gebundene Stickstoff wurde zu gleichen Teilen in Form von NH_3 und HCN zugegeben. Es ist zu erkennen, dass für 1100 K ein maximaler NO-Wert von ca. 700 ppm existiert, der etwa ab einer N-Dotierung oberhalb von 4000 ppm erreicht wird. Daraus resultiert ein molares Verhältnis von eingesetztem Stickstoff zu maximaler NO-Konzentration von ca. 6, was in etwa auch dem Verhältnis unter Flammenbedingungen entspricht (Kap. 2.4.6.1 *Abb. 2-7*). Auch bei höheren Temperaturen wird bei ausreichender Stickstoffzugabe ein maximaler NO-Wert erreicht. Dies ist in *Abb. 4-9* jedoch nicht dargestellt, da Stickstoffgehalte > 10000 ppm hier nicht relevant sind. Weitere Berechnungen zeigten, dass unter luftreichen Bedingungen der Einfluss der Stöchiometrie auf die unten

84

abgebildeten NO-Verläufe unbedeutend ist. Es ist nur eine leichte Abnahme der NO-Niveaus mit fallender Luftzahl zu verzeichnen (siehe auch *Abb. 4-8*). Kleinere Methangehalte führen ebenfalls zu niedrigeren NO-Konzentrationen und einem schnelleren Erreichen der Maximalwerte bei höheren Temperaturen.

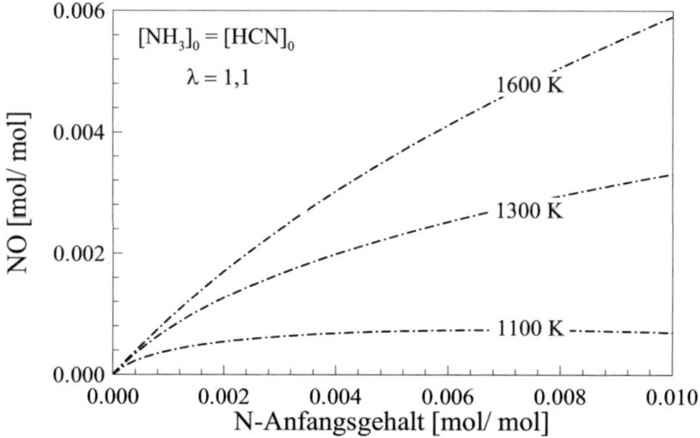

Abb. 4-9: NO-Konzentration als Funktion des N-Gehalts im Brennstoff für verschiedene Temperaturen bei einer Luftzahl von 1,1

4.1.1.6 Wassergehalt

Zur Untersuchung der Bedeutung des Wassergehaltes für die Reaktionskinetik wurde dem Methan-Luft-Gemisch neben den N-Spezies (1500 ppm NH_3, 1500 ppm HCN) auch noch bis zu 20 % Wasser zugegeben.

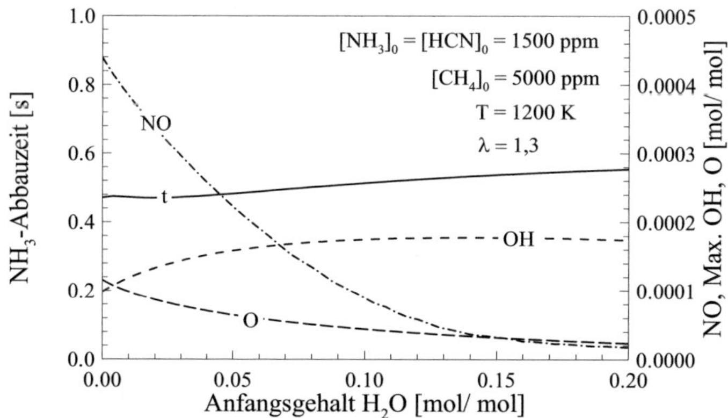

Abb. 4-10: NH_3-Abbauzeit, NO-Konzentration und maximale Konzentration der Radikale O und OH als Funktion des Wassergehalts bei 1200 K und $\lambda \approx 1,3$

Die Abbauzeit von NH_3 zeigt unter den betrachteten Bedingungen (siehe *Abb. 4-10*) keine merkliche Veränderung beim Zusatz von Wasser. Sehr auffällig dagegen ist die starke Abnahme der NO-Konzentration mit zunehmendem Wassergehalt. Hierfür sind zwei Gründe anzuführen, die sich im Abbaumechanismus von HCN finden. Einerseits wird durch die hohe Wasserkonzentration über Reaktion $NCO+H_2O=>HNCO+OH$ verstärkt Isocyansäure gebildet, die wiederum in NH_2 umgesetzt wird. Es stehen somit viel NH_i-Spezies für NO-Reduktionsreaktionen zur Verfügung (RN32, 33, 41, 42, 43). Andererseits findet durch die hohe Wasserkonzentration verstärkt eine Umwandlung von O-Atomen in OH-Radikale über Reaktion $O+H_2O=>2OH$ statt. Es sind nun nicht mehr so viele O-Atome für die direkte Oxidation von N-haltigen Zwischenspezies zu NO vorhanden. Mit zunehmendem Wassergehalt findet auch eine erhöhte Emission von N_2O statt. Das Lachgas tritt aber nur direkt nach dem Abbau der N-Spezies auf. Mit ausreichender Verweilzeit zerfällt es so gut wie vollständig zu molekularem Stickstoff. Auch bei hohen Methangehalten (20000 ppm) ist dieser Einfluss von Wasser, jedoch in etwas abgeschwächter Form, zu beobachten.

Abb. 4-11 zeigt die NO-Konzentration unter den gleichen Bedingungen wie in *Abb. 4-10*, jedoch wurde hier nur Ammoniak als Stickstoffträger eingesetzt. Im Vergleich mit *Abb. 4-10* ist zu erkennen, dass bei hohen Wassergehalten die Anwesenheit von HCN im Frischgemisch sehr günstig für niedrige NO-Konzentrationen ist. Die Ursache dafür ist, dass Methan und Ammoniak im Vergleich zu HCN schneller abgebaut werden. Die hohen Konzentrationen der Radikale H, O und OH aus der CH_4-Oxidation bewirken vermehrt eine Oxidation der NH_i-Spezies aus dem Ammoniakabbau zu NO. Die etwas später freigesetzten Radikale aus dem HCN-Abbau (NCO, NH_2, NH) können schließlich über Reaktionen mit NO die Stickstoffoxidkonzentration reduzieren.

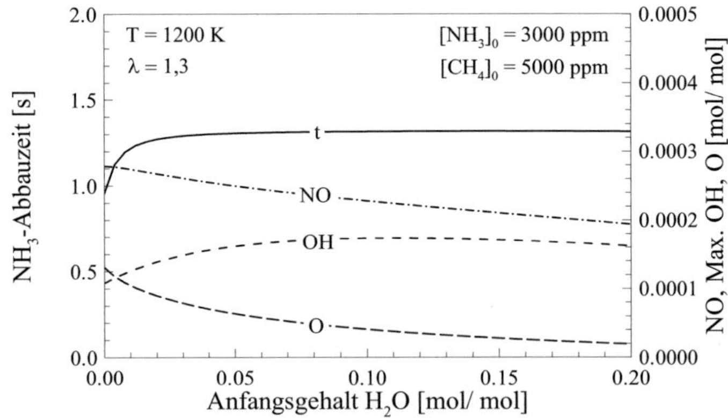

Abb. 4-11: NH_3-Abbauzeit, NO-Konzentration und maximale Konzentration der Radikale O und OH als Funktion des Wassergehalts bei 1200 K und $\lambda \approx 1,3$, N-Spezies-Input: nur NH_3

Unter typischen Messbedingungen (Experiment 3), die durch hohe Wassergehalte, niedrige CH_4-Konzentrationen und Anwesenheit geringer Mengen an C_2-Kohlenwasserstoffen, NO sowie HCN (N-Träger ist NH$_3$) gekennzeichnet sind, können wiederum ganz andere Auswirkungen des H$_2$O-Zusatzes beobachtet werden. In *Abb. 4-12* zeigt sich, wie hier durch die Zugabe von Wasser der NH$_3$-Abbau beschleunigt wird. Bei einer Erhöhung des Wassergehalts von 0 auf 20 % beobachtet man eine Verkürzung der NH$_3$-Abbauzeit auf etwa die Hälfte. Diese charakteristische Reaktionszeit ist hier repräsentativ dargestellt für alle anderen wichtigen Zeitmaße wie zum Beispiel des CH$_4$- und HCN-Abbaus sowie der NO-Bildung, die alle in gleichem Maß abnehmen. Oberhalb eines Wassergehalts von 10 % ändert sich jedoch nicht mehr viel an den Zeitmaßen.

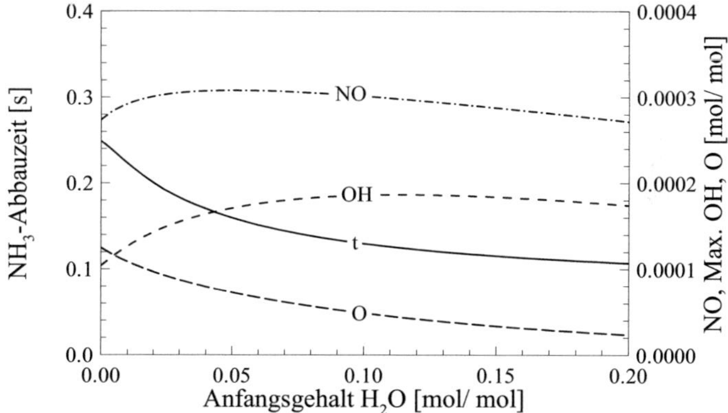

Abb. 4-12: NH$_3$-Abbauzeit und maximale Konzentration der Radikale O und OH als Funktion des Wassergehalts unter typischen Messbedingungen (Exp. 3)

Wie in *Abb. 4-12* zu erkennen ist, hat die Zugabe von Wasser nahezu keine Auswirkungen auf die NO-Bildung. Der Grund für die verkürzende Wirkung des Wassers auf die chemischen Zeitmaße liegt in der Reaktion O+H$_2$O=>2OH. Durch diese Reaktion werden bei steigender H$_2$O-Konzentration vermehrt OH-Radikale gebildet (siehe *Abb. 4-12*), die die Hauptreaktionspartner beim Abbau von CH$_4$, NH$_3$ und HCN unter diesen Bedingungen sind.

Man erkennt anhand dieser Berechnungen, dass die Wasserkonzentration das Reaktionsgeschehen vielschichtig beeinflusst, was sowohl die Reaktionszeitmaße (Radikalenhaushalt) als auch die NO$_x$-Bildung betrifft.

4.1.2 Bewertung der Mechanismen aus der Literatur

Durch die niedrigen Temperaturen und die hohen Wassergehalte wird, wie in Kapitel 4.1.1 beschrieben, das Reaktionsgeschehen unter Bedingungen der Abfallverbrennung recht kompliziert. Dieser Abschnitt soll Aufschluss darüber geben, in wie weit die in Kapitel 3.2.3 vorgestellten Reaktionsmechanismen aus der Literatur in der Lage sind, die Stickstoffoxidbildung unter diesen Bedingungen zu beschreiben. Der beste Mechanismus soll schließlich einer genaueren Betrachtung unterzogen werden, wichtige reaktionskinetische Daten sollen aktualisiert sowie fehlende Reaktionspfade ergänzt werden, um eine möglichst gute Übereinstimmung von Messung und Rechnung zu erzielen. Als Vergleichsexperiment diente zunächst die Ammoniakoxidation bei 1180 K (Exp. 3). Die folgenden drei Abbildungen zeigen den Vergleich von gemessenen und mit den Mechanismen berechneten Konzentrationsprofilen der wichtigen N-Spezies NH_3, NO und N_2O.

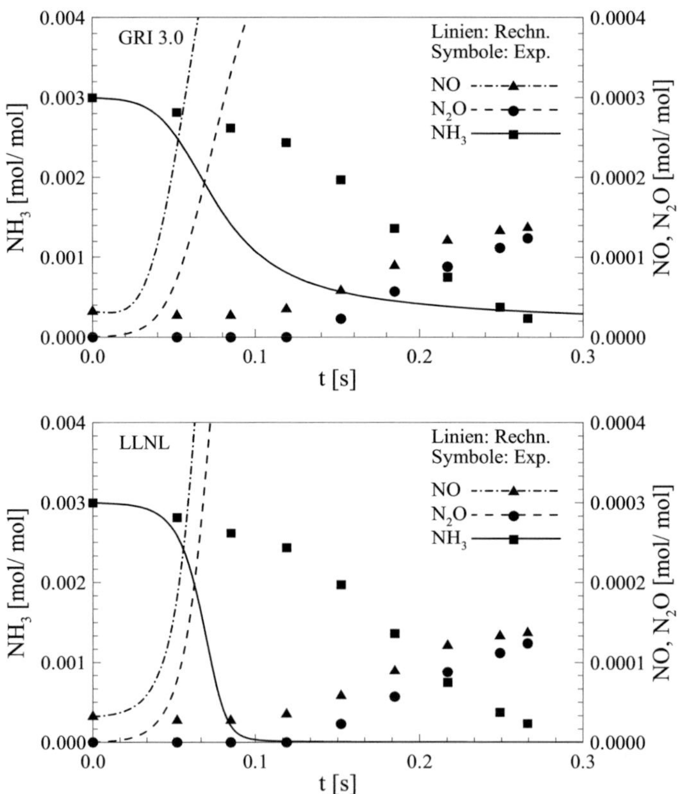

Abb. 4-13: Vergleich von gemessenen und mit verschiedenen Mechanismen berechneten Konzentrationsprofilen bei der Ammoniakoxidation (Experiment 3)

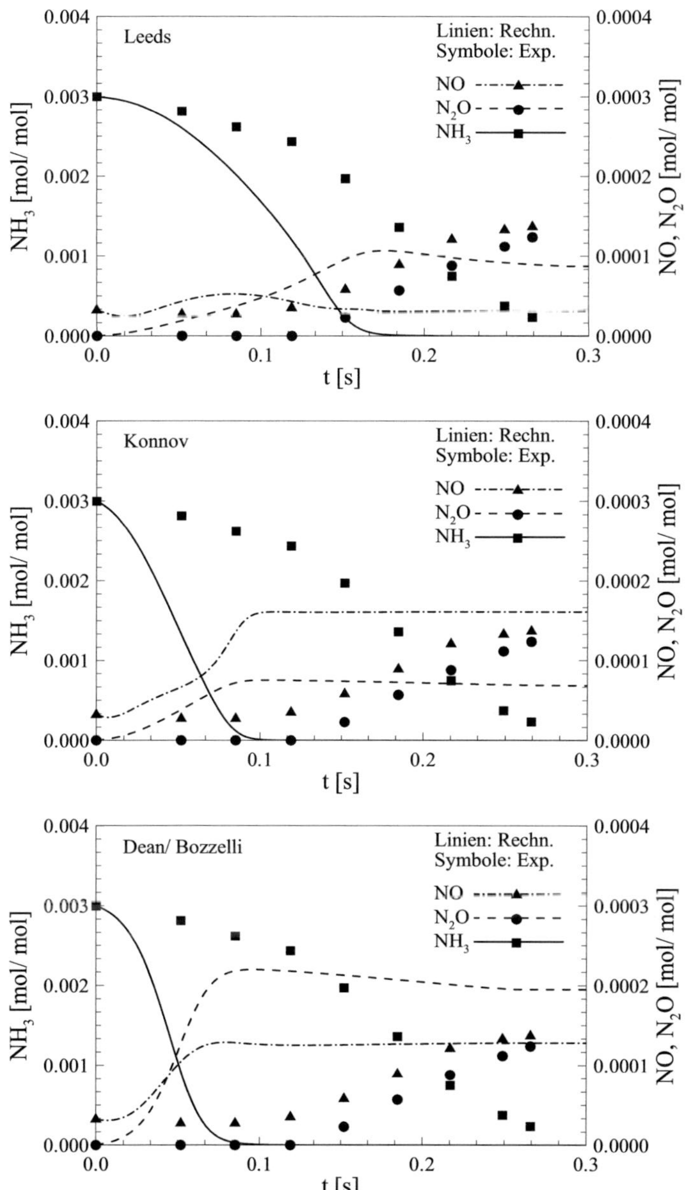

Abb. 4-14: Vergleich von gemessenen und mit verschiedenen Mechanismen berechneten Konzentrationsprofilen bei der Ammoniakoxidation (Experiment 3)

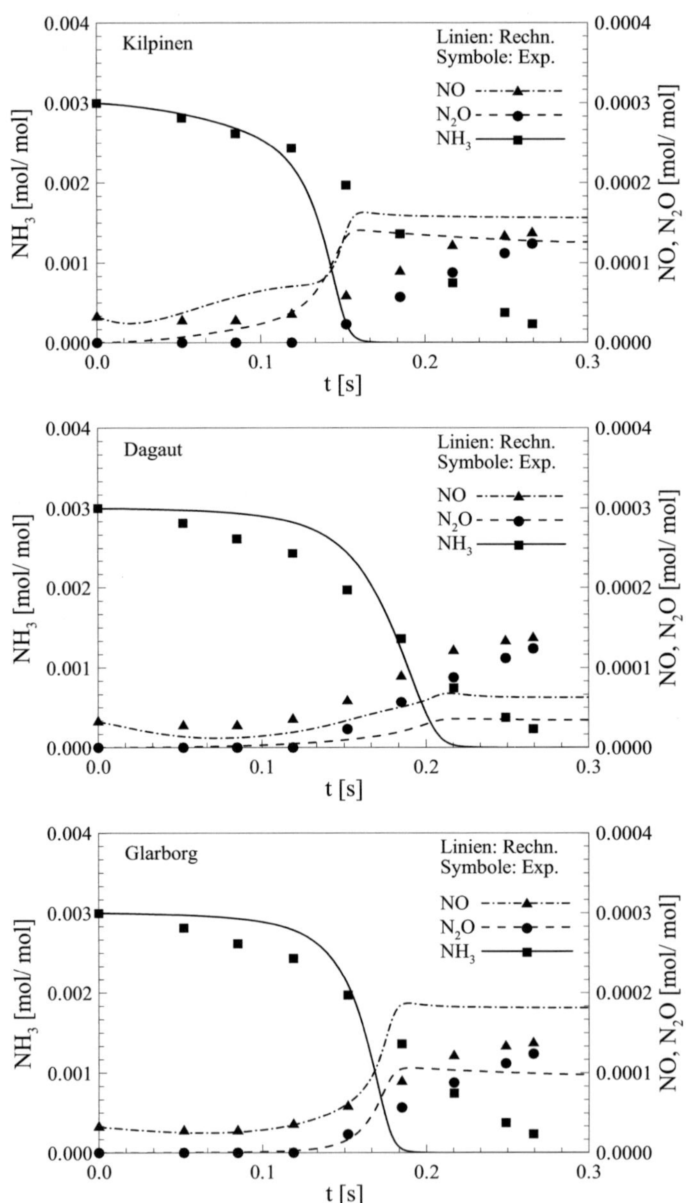

Abb. 4-15: Vergleich von gemessenen und mit verschiedenen Mechanismen berechneten Konzentrationsprofilen bei der Ammoniakoxidation (Experiment 3)

Die mit dem **GRI 3.0**- sowie dem **LLNL**-Mechanismus (*Abb. 4-13*) berechneten Profile zeigen im Vergleich zu den Messungen die schlechtesten Ergebnisse. Die beiden Mechanismen liefern ähnliche Konzentrationsverläufe, da der Teilmechanismus der N-Spezies des LLNL-Modells zum größten Teil vom GRI-Mechanismus übernommen wurde. Neben den viel zu schnellen Zeitmaßen weisen die berechneten NO- und N_2O-Endkonzentrationen viel zu hohe Werte im Vergleich zum Experiment auf. Der gewählte Maßstab reicht hier nicht einmal für die Darstellung der berechneten Stickstoffoxidkonzentrationen aus. Der Grund für die überhöhten Werte liegt in der wichtigen NO-Reduktionsreaktion $NO+NH_2=>N_2+H_2O$ (RN32), die in diesen beiden Mechanismen nicht enthalten ist. Reaktion RN32 ist jedoch sehr wichtig unter Bedingungen der Abfallverbrennung. Eine Ergänzung der Modelle mit RN32 ist nicht sinnvoll, da der GRI 3.0-Mechanismus ein optimiertes kinetisches Modell ist, das an Experimente angepasst wurde. Das Einfügen von RN32 würde die Optimierung zunichte machen und durch die Optimierung veränderte reaktionskinetische Daten könnten falsche Ergebnisse liefern. Wegen der fast identischen Chemie der stickstoffhaltigen Spezies der beiden Mechanismen, gilt dies auch für das LLNL-Modell.

Der Mechanismus von **Leeds** (*Abb. 4-14*) liefert wesentlich bessere Ergebnisse, was sowohl die Zeitmaße als auch die Endkonzentrationen der Stickstoffoxide angeht. Die NO-Konzentration wird im Vergleich zur Messung jedoch viel zu klein berechnet.
Zudem zeigen die Profile der C_2-Spezies eine sehr große Abweichung von Messung und Rechnung. Insbesondere die C_2H_2-Konzentrationen werden viel zu hoch vorhergesagt. Dies ist darauf zurückzuführen, dass einige wichtige Reaktionen der C_2-Chemie, welche bei den niedrigen Temperaturen der Abfallverbrennung einen hohen Stellenwert einnehmen, nicht in diesem Mechanismus enthalten sind (z.B. $C_2H_3+O_2=>CH_2O+HCO$).

Mit dem kinetischen Modell von **Konnov** wird die NO-Konzentration etwas zu hoch und die N_2O-Konzentration erheblich zu niedrig berechnet. Die Zeitmaße werden viel zu kurz vorhergesagt. Weitere Berechnungen unter anderen Versuchsbedingungen zeigen ähnliche Ergebnisse.

Die Berechnungen mit dem Mechanismus von **Dean/ Bozzelli** zeigen zwar zu kurze Zeitmaße, aber die Endkonzentrationen von NO und N_2O liegen in der richtigen Größenordnung. Eine sehr interessante Eigenschaft des Mechanismus ist, dass er als einziger von den hier betrachteten in der Lage ist, den gemessenen HCN-Aufbau, der beim Experiment 3 simultan zum NH_3-Abbau auftritt, zumindest qualitativ vorherzusagen (*Abb. 4-16*).
Ein Manko dieses Modells ist jedoch, dass insbesondere unter brennstoffreichen Bedingungen ein viel zu schneller HCN-Abbau vorhergesagt wird. Dies ist unter anderem auf die Isomerisierungsreaktion HCN<=>HNC zurückzuführen, durch die Cyanwasserstoff vor allem in HNC überführt wird, welches wiederum sehr schnell weiterreagiert.

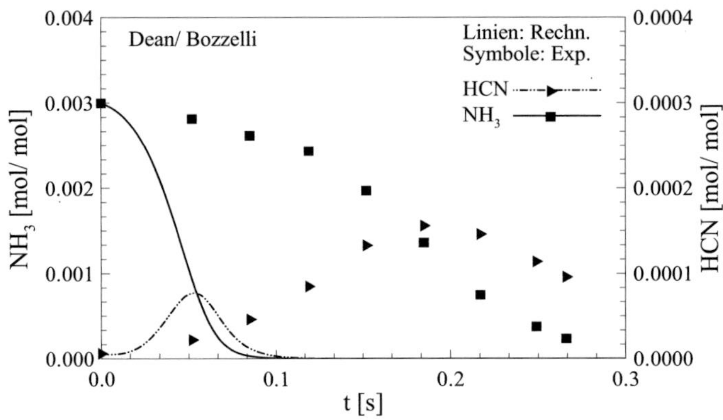

Abb. 4-16: Vergleich von gemessenen und mit dem Mechanismus von Dean und Bozzelli berechneten Konzentrationsprofilen bei der Ammoniakoxidation (Experiment 3)

Eine teilweise gute Übereinstimmung von Messung und Rechnung wird mit dem Mechanismus von **Dagaut** erzielt (*Abb. 4-15*). Die reaktionskinetischen Daten dieses Modells sind in vielen Experimenten gerade unter Bedingungen, wie sie bei der Abfallverbrennung auftreten, validiert worden (siehe Kap. 3.2.3). Die Zeitmaße werden recht gut vorhergesagt. Jedoch sind die NO-/ N_2O-Konzentration bei den Rechnungen um einiges zu niedrig.

Die besten Ergebnisse im Vergleich von Experiment und Simulation werden mit den Mechanismen von **Glarborg** und auch **Kilpinen** erreicht. Die N_2O-Konzentration wird sehr gut, die NO-Konzentration etwas zu hoch vorhergesagt. Da das Kilpinen-Modell aus einem Vorläufer des Mechanismus von Glarborg entwickelt wurde, liefern beide ähnliche Konzentrationsprofile. Der Mechanismus von Glarborg ist etwas aktueller als der von Kilpinen und beinhaltet noch neuere Validierungsexperimente bezüglich Reburning. Aus diesem Grund ist er dem Modell von Kilpinen vorzuziehen. Die teilweise recht gute Übereinstimmung von Experiment und Simulation ist durch die zahlreichen Validierungsexperimente zur Oxidation von N-haltigen Spezies wie NH_3, HCN oder HNCO (siehe Kap. 3.2.3) unter ähnlichen Bedingungen wie bei der Abfallverbrennung begründet.

Zusammenfassend lässt sich sagen, dass die einzelnen Modelle sowohl stark voneinander abweichende Zeitmaße als auch Endkonzentrationen an NO und N_2O unter den betrachteten Bedingungen vorhersagen. Dies ist ein eindeutiger Beweis dafür, dass alle Modelle unter den hier betrachteten Bedingungen unzureichend sind und noch Untersuchungsbedarf besteht. Ebenso ist es mit keinem dieser Modelle möglich, gleichzeitig die gemessenen Profile von NH_3, NO und N_2O wiederzugeben. Unter Berücksichtigung aller durchgeführten Experimente liefert der Mechanismus von Glarborg die besten Ergebnisse. Er wird daher noch einer genaueren Betrachtung unterzogen und als Basismechanismus für Aktualisierungen und Ergänzungen verwendet. Im Hinblick auf die HCN-Bildung während des Ammoniakabbaus ist der Mechanismus von Dean und Bozzelli noch genauer zu untersuchen.

4.1.3 Diskussion und Modifikation des Mechanismus von Glarborg

In Kapitel 4.1.2 hat sich gezeigt, dass der Mechanismus von Glarborg bezüglich der Simulation von Experiment 3 recht gute Ergebnisse liefert, aber noch verbesserungswürdig ist. In diesem Abschnitt wird dieser Mechanismus hinsichtlich anderer Versuchsbedingungen untersucht und diskutiert. Weiterhin werden Schwächen durch geeignete Modifikationen des Mechanismus beseitigt. Zur Identifizierung wesentlicher Reaktionen wurden Sensitivitäts- und Reaktionsflussanalysen durchgeführt. Die normierten Sensitivitätskoeffizienten wurden dabei über Gleichung 2.2.6 berechnet.

4.1.3.1 HCN-Aufbau

Ein entscheidender Mangel des Glarborg-Modells liegt darin, dass es keinen HCN-Aufbau vorhersagen kann, der bei allen Experimenten mit Einsatz von NH_3 simultan zum Methan- und Ammoniakabbau auftritt. Die HCN-Bildung ist bei den Versuchen sowohl für Luftzahlen größer als auch kleiner eins zu beobachten.

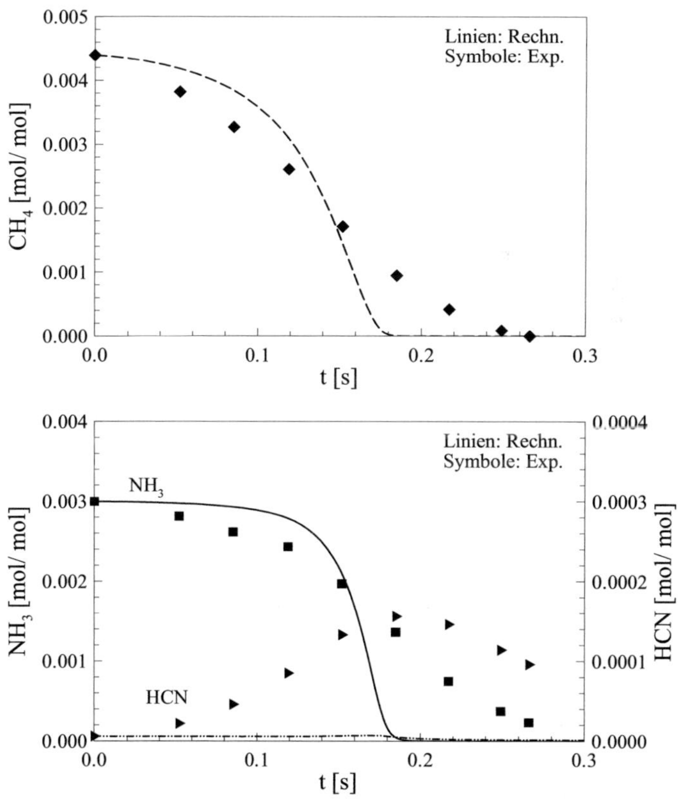

Abb. 4-17: Konzentrationsprofile von Experiment und Simulation für Exp. 3 ($\lambda>1$)

Abb. 4-17 zeigt, dass unter luftreichen Bedingungen Cyanwasserstoff als Zwischenprodukt auftritt. HCN wird so lange aufgebaut, wie Ammoniak und Methan vorhanden sind, und erreicht eine Maximalkonzentration von etwa 6 % des anfänglichen NH_3-Gehalts. Anschließend erfolgt ein rascher Abbau des Cyanwasserstoffs. Auch in Experimenten, bei denen neben NH_3 auch HCN als Stickstoffträger eingesetzt wurde (Exp. 7), findet zunächst ein Aufbau von Cyanwasserstoff statt.

Unter Luftmangel (*Abb. 4-18*) kommt es trotz der hohen HCN-Anfangskonzentration von knapp 500 ppm ebenfalls zur Bildung von Cyanwasserstoff, der unter diesen Bedingungen nicht mehr abgebaut wird. Sowohl HCN als auch NH_3 nähern sich stationären Endwerten an und sind in hohen Konzentrationen im Abgas vorzufinden.

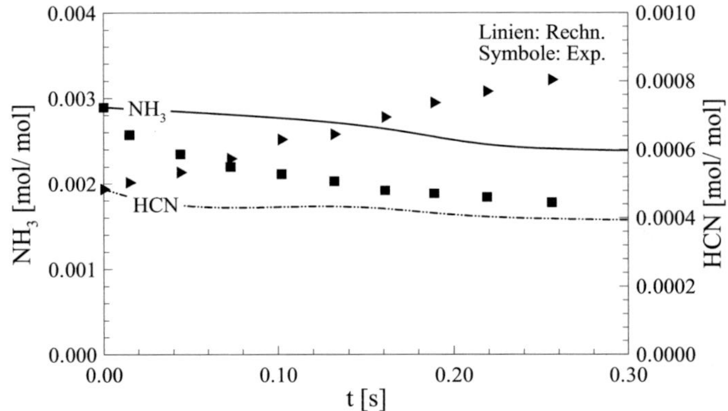

Abb. 4-18: Konzentrationsprofile von Experiment und Simulation für Exp. 9 (λ<1)

Wie in Kapitel 4.1.2 festgestellt wurde, ist der Mechanismus von Dean und Bozzelli (2000) in der Lage, diesen HCN-Aufbau vorherzusagen. Es wurde daher eine integrale Reaktionsflussanalyse (siehe Kap. 2.2.3.1) durchgeführt, um die für diesen Bildungsweg verantwortlichen Reaktionen zu identifizieren. Demnach ist dafür die Rekombinationsreaktion von Methyl und NH_2 zu Methylamin entscheidend:

$$CH_3 + NH_2 => CH_3NH_2 \qquad\qquad (RN48)$$

Nur die beiden Abbauprodukte von Methan und Ammoniak (CH_3, NH_2) treten bei diesen niedrigen Temperaturen in ausreichend hohen Konzentrationen auf, um die Bildung von HCN bzw. einer C-N-Bindung in diesem Ausmaß zu ermöglichen. Reaktionen der Spezies CH_2, CH oder C mit NH oder N, wie zum Beispiel $CH_3+N=>H_2CN+H$, sind bezüglich der HCN-Bildung vernachlässigbar, da diese Ausgangskomponenten unter solchen Bedingungen nur in sehr kleinen Konzentrationen auftreten.

Über schnelle H-Abstraktionsreaktionen wird aus Methylamin schließlich Cyanwasserstoff gebildet. Geschwindigkeitsbestimmend für diesen Aufbau von HCN ist Reaktion RN65. Die Temperatur- und Druckabhängigkeit des Geschwindigkeitskoeffizienten dieser Reaktion wurde von Dean und Bozzelli mittels QRRK-Berechnungen abgeschätzt. Die hier

94

durchgeführten Messungen sind damit eine experimentelle Bestätigung dieses theoretisch abgeleiteten Reaktionspfades.

Der Teilmechanismus, der diesen Reaktionspfad beschreibt, umfasst 50 Elementarreaktionen. Er wurde in das Modell von Glarborg eingefügt, wodurch sich die in *Abb. 4-19* und *Abb. 4-20* dargestellten Konzentrationsprofile ergaben.

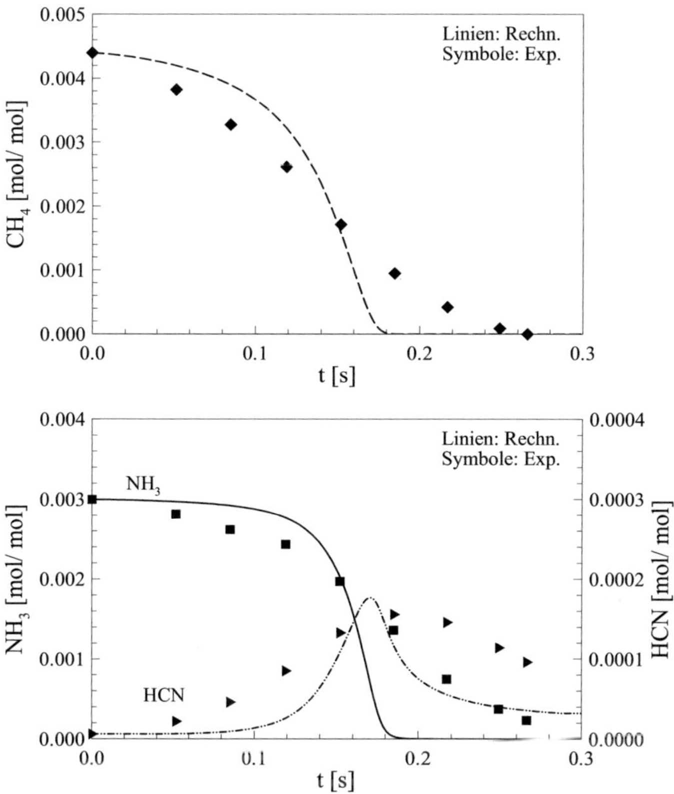

Abb. 4-19: Konzentrationsprofile von Experiment und Simulation für Exp. 3 ($\lambda>1$), Simulation mit Glarborg-Mechanismus erweitert um Methylamin-Modell

Unter luftreichen Bedingungen erreicht man eine sehr gute Übereinstimmung von Messung und Rechnung, was das Maximum der HCN-Konzentration betrifft. Lediglich die Konzentrationsgradienten sind bei der Rechnung im Vergleich zum Experiment etwas zu steil. Eine integrale Reaktionsflussanalyse zeigt, dass etwa 300 ppm der anfänglich vorhandenen 3000 ppm Ammoniak in HCN überführt werden. Die Verläufe der NH_3- und CH_4-Konzentration haben sich durch die Erweiterung des Modells so gut wie nicht verändert.

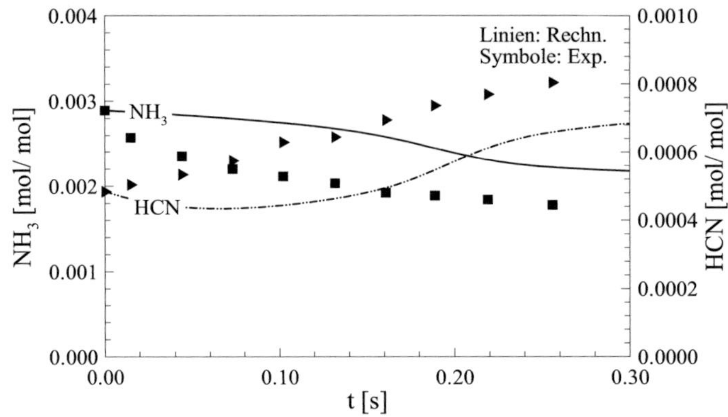

Abb. 4-20: Konzentrationsprofile von Experiment und Simulation für Exp. 9 (λ<1), Simulation mit Glarborg-Mechanismus erweitert um Methylamin-Modell

Auch unter brennstoffreichen Bedingungen ist nun bei der Simulation eine ausgeprägte HCN-Bildung zu verzeichnen. Auffällig ist jedoch die Abnahme der HCN-Konzentration in den ersten 50 ms. Dadurch wird nicht derselbe Gehalt an Cyanwasserstoff im Abgas erreicht, wie er im Experiment vorhanden ist. Ebenso werden die Reaktionszeiten im Vergleich zur Messung als zu lang berechnet. Auf diese Unstimmigkeiten wird später noch eingegangen.
Hemberger et al. (1994) konnten bei PFR-Experimenten zur Oxidation von Ammoniak mit Zusatz von Ethan ebenfalls eine ausgeprägte HCN-Bildung beobachten. Sie vermuteten, dass Reaktionen von NH_2 mit C_2H_4 und C_2H_2 dafür verantwortlich sind. Da ein großer Teil der C_2-Spezies über CH_3 abgebaut wird, ist davon auszugehen, dass auch hier die HCN-Bildung über Methylamin erfolgte (siehe auch Kapitel 4.1.4.1).

4.1.3.2 Zeitmaße/ Konzentrationsgradienten

Wie im Abschnitt oben schon angesprochen, sind die berechneten Konzentrationsprofile unter luftreichen Bedingungen zu steil und die Reaktionszeitmaße zu kurz. Es wurde daher eine Sensitivitätsanalyse bezüglich des maximalen NH_3-Konzentrationsgradienten durchgeführt (*Abb. 4-21*), was einer Analyse hinsichtlich des Methankonzentrationsgradienten gleichkommt. Die einflussreichsten Reaktionen hierbei sind:

$$H + O_2 => OH + O \qquad \text{(R2)}$$
$$H + O_2 + M => HO_2 + M \qquad \text{(R7)}$$
$$CO + OH => CO_2 + H \qquad \text{(R20)}$$
$$CH_4 + OH => CH_3 + H_2O \qquad \text{(R13)}$$

Diese Reaktionen besitzen große Bedeutung im Rahmen der Steuerung des Radikalniveaus. Während durch R20 ein H-Atom gebildet wird, das wiederum über R2 zwei neue Kettenträger erzeugen kann, ist R7 eine sehr wichtige Kettenabbruchreaktion und steht bei niedrigen Temperaturen (T < 900 K) in direkter Konkurrenz zur wichtigsten Verzweigungsreaktion R2. Aber auch bei den hier betrachteten Temperaturen um etwa 1200 K spielt R7 eine große Rolle als Abbruchreaktion. Außerdem stellt das dabei gebildete HO_2-Teilchen unter diesen Bedingungen auch einen wichtigen Reaktionspartner dar (z.B. $CH_3+HO_2=>CH_3O+OH$, $NH_2+HO_2=>H_2NO+OH$). Auch Reaktion R13 beeinflusst den Radikalpool. Während der Oxidation von Methan werden viele Kettenträger gebildet, die eine Beschleunigung des Reaktionsgeschehens bewirken. Unter diesen Bedingungen ist der Methanabbau durch Angriff von OH am bedeutendsten.

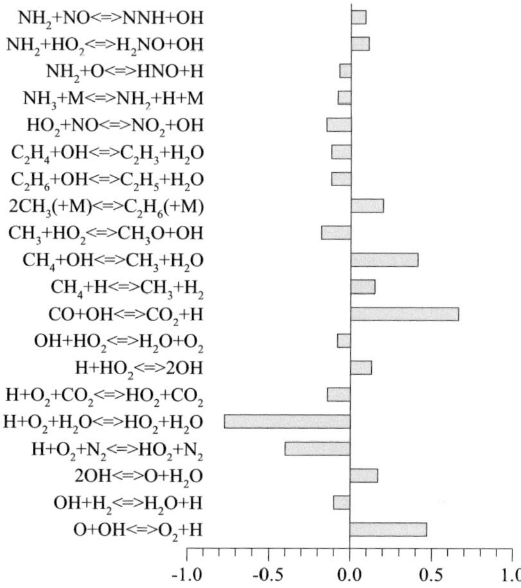

Abb. 4-21: Sensitivitätskoeffizienten bezüglich des maximalen Konzentrations-gradienten von NH_3 unter Bedingungen von Experiment 3

Die Geschwindigkeitskoeffizienten der Reaktionen R2, R20 und R13 sind im interessierenden Temperaturbereich sehr gut durch Messungen abgesichert (Baulch et al., 2005; NIST). Hier stimmen die von Baulch et al. empfohlenen Werte auch sehr gut mit den Werten des Glarborg-Mechanismus überein. Lediglich für R13 ergibt sich bei 1200 K eine Differenz von etwa 36 %, so dass hier die Koeffizienten von Baulch et al. übernommen wurden. Auch bei R7 existieren für den Stoßpartner N_2 verlässliche Messdaten (Baulch et al., 2005), die die kinetischen Daten im Glarborgmodell bestätigen. Bezüglich der Stoßpartner H_2O und CO_2, die unter den hier eingestellten experimentellen Bedingungen in sehr hohen Konzentrationen vorkommen, liegen jedoch neuere Untersuchungen vor, die eine Modifizierung der abgeschätzten Daten im Glarborg-Mechanismus erlauben. Für $M = H_2O$ wurden die Daten von Bates et al. (2001) übernommen, der direkt Messungen des Geschwindigkeits-koeffizienten mit Wasser als Stoßpartner im Temperaturbereich zwischen 1050 und 1250 K

durchgeführt hat. Dies führt bei 1200 K nahezu zu einer Verdopplung des Geschwindigkeitskoeffizienten für M = H$_2$O.

Ashman und Haynes (1998) erhielten im Temperaturbereich von 750 bis 900 K für das
Verhältnis k(M=CO$_2$)/k(M=N$_2$) den Wert 2,4 und konnten somit die Untersuchungen von
Baulch et al. (1972) bestätigen, die zwischen 700 und 800 K Werte zwischen 2,5 und 3,5
ermittelten. Für die Modifizierung wurde der Mittelwert k(M=CO$_2$)/k(M=N$_2$) = 3 gewählt,
was im Vergleich zu den Daten im Mechanismus von Glarborg zu einer Verfünffachung des
Geschwindigkeitskoeffizienten führte. Eine genaue Auflistung der neuen reaktionskinetischen
Daten findet sich in Tabelle 4-1.

Die Berechnungen unter Berücksichtigung dieser Erneuerungen zeigen eine Abflachung der
Gradienten sowie eine Vergrößerung der Zeitmaße um etwa 10 % und damit eine verbesserte
Übereinstimmung von Experiment und Simulation (siehe *Abb. 4-22*).

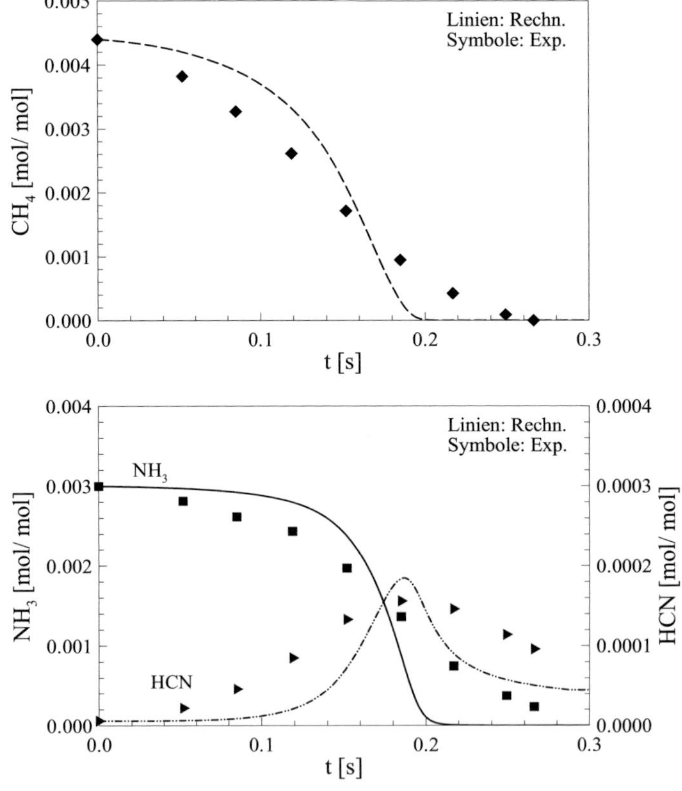

*Abb. 4-22: Konzentrationsprofile von Experiment und Simulation für Exp. 3 (λ>1),
Simulation mit neuen Daten für R7*

4.1.3.3 Konversion von NH₃ zu HCN unter Luftmangel

Wie in Kapitel 4.1.3.1 schon angesprochen, erfolgt bei der Simulation unter Luftmangel die HCN-Bildung aus Ammoniak zu langsam, und es ist am Anfang der Reaktionszeit sogar ein HCN-Abbau zu verzeichnen. Eine lokale Reaktionsflussanalyse zeigte, dass dafür die Reaktion

$$H + CH_3CN => HCN + CH_3 \qquad\qquad (RN65)$$

verantwortlich ist. RN65 läuft in diesem Fall rückwärts ab, so dass HCN in Acetonitril umgesetzt wird, welches in einer Reaktionskette über CN, NCO und HNCO zu NH_2 reagiert und somit die HCN-Konzentration verringert.

Lifshitz et al. (1998) und Sendt et al. (1999) haben Reaktionsmechanismen für die thermische Zersetzung von Acetonitril entwickelt und mit Experimenten validiert. Reaktion RN65 wurde in beiden Arbeiten als die wichtigste Zersetzungsreaktion von Acetonitril identifiziert. Während Lifshitz et al. die reaktionskinetischen Daten nur durch Vergleich von gemessenen mit berechneten Konzentrationsprofilen abgeschätzt haben, führten Sendt et al. speziell für diese Reaktion Ab Initio/QRRK-Berechnungen durch und verwendeten diese Daten in ihrem Mechanismus. Aufgrund der hervorragenden Übereinstimmung von Messung und Rechnung bei Sendt et al. wurden deren berechnete Daten in den Mechanismus von Glarborg übernommen. Bei 1200 K führt dies zu einer Verkleinerung des Geschwindigkeitskoeffizienten für RN65 um mehr als eine Größenordnung. Ebenso wurden die Daten für die wichtigste Abbaureaktion (RN66) von Acetonitril unter den hier betrachteten Bedingungen übernommen.

$$H + CH_3CN => CH_2CN + H_2 \qquad\qquad (RN66)$$

Eine weitere Verstärkung der HCN-Bildung wurde durch die Erhöhung des Geschwindigkeitskoeffizienten von RN48 ($CH_3 + NH_2 => CH_3NH_2$) um 25 % erreicht. Eine Anpassung der Daten dieser Reaktion in diesem Rahmen ist durchaus legitim, insbesondere da sonst keine experimentellen Daten für diesen Reaktionspfad verfügbar sind.

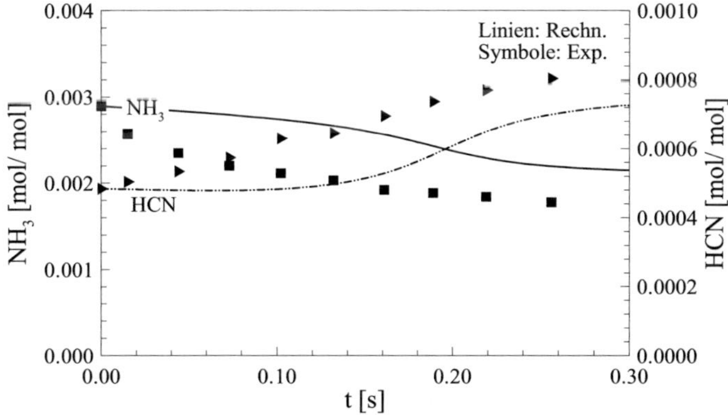

Abb. 4-23: Konzentrationsprofile von Experiment und Simulation für Exp. 9 (λ<1), Simulation mit neuen Daten für RN65, RN66 und RN48

Die Auswirkungen dieser beiden Veränderungen sind in *Abb. 4-23* dargestellt. Der HCN-Aufbau ist ebenso wie der NH$_3$-Abbau bei der Simulation immer noch etwas zu schwach ausgeprägt. Die Übereinstimmung von Experiment und Simulation ist aber im Vergleich zum Originalmechanismus von Glarborg deutlich verbessert.

4.1.3.4 HNCO-Konzentration

Ein weiteres Defizit des Glarborg-Modells stellt die Überschätzung der HNCO-Konzentration dar (*Abb. 4-24*). Eine Verringerung von HNCO lässt sich durch Einfügen der Reaktion

$$HNCO + OH => CO_2 + NH_2 \qquad\qquad (RN67)$$

(Quelle siehe Tab. 4-1) erreichen. Diese Reaktion war bisher nicht im Mechanismus von Glarborg enthalten.

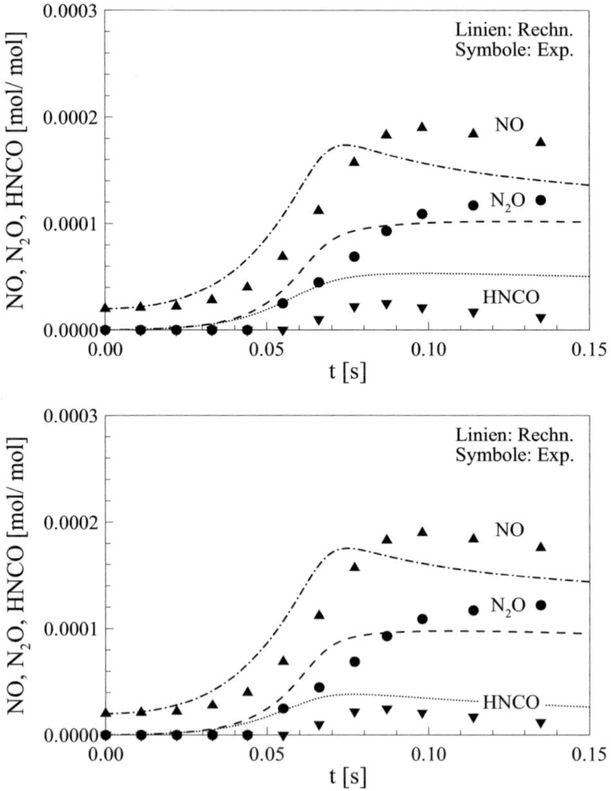

Abb. 4-24: Konzentrationsprofile von Experiment und Simulation für Exp. 5 (λ>1); oben Simulation ohne, unten mit RN67

Neben der verbesserten Simulation des HNCO-Profils führt die Berücksichtigung von RN67 auch zu einer leichten Reduzierung des NO-Abbaus bei höheren Verweilzeiten und damit zu einer besseren Übereinstimmung der gemessenen und berechneten NO-Konzentration.

4.1.3.5 NO/ N_2O

Zur Identifizierung der geschwindigkeitsbestimmenden Reaktionen bezüglich der NO- und N_2O-Bildung wurden Sensitivitätsanalysen im gesamten interessierenden Parameterbereich durchgeführt. Exemplarisch sind in *Abb. 4-25* die Sensitivitätskoeffizienten in Bezug auf die NO-Konzentration im Abgas für Experiment 3 dargestellt. Die hier aufgeführten Reaktionen sind mit unterschiedlicher Gewichtung unter allen untersuchten Bedingungen von Bedeutung. Es zeigt sich auch hier, dass das Radikalniveau einen entscheidenden Einfluss auf die NO-Bildung ausübt. Wie in Kapitel 4.1.1 bereits diskutiert, führen hohe Konzentrationen der wichtigen Kettenträger H, O und OH nicht nur zur Verkürzung der Zeitmaße, sondern auch zu einer Begünstigung der NO-Produktion. Daraus resultiert auch der große Einfluss der Reaktionen der reinen Kohlenwasserstoffreaktionen R2, R7, R13 und R20 auf die NO-Endkonzentration. Da diese Reaktionen schon in Kapitel 4.1.3.2 diskutiert wurden, wird hier nicht mehr näher auf sie eingegangen.

Wie die Sensitivitätsanalyse zeigt, besitzt auch die Methylrekombination

$$CH_3 + CH_3 + M => C_2H_6 + M \qquad\qquad (R19)$$

Einfluss auf die NO-Konzentration. Für Argon als Stoßpartner M existieren einige verlässliche Messungen, nicht jedoch für N_2, O_2, H_2O und CO_2 (Baulch et al., 2005; NIST). Es wurde daher auf eine Modifikation der Daten dieser Reaktion verzichtet.

Zusätzlich zu den bereits angeführten Reaktionen des C/H/O-Systems ist insbesondere unter Luftmangel die Reaktion

$$CH_4 + M => CH_3 + H + M \qquad\qquad (R9)$$

von großer Bedeutung. Sie läuft rückwärts ab und bewirkt dadurch eine Verlangsamung des Methanabbaus. Für R9 sind die kinetischen Daten nur für Temperaturen kleiner 1000 K und für Edelgase als Stoßpartner experimentell abgesichert (Baulch et al., 2005; NIST), weshalb auch hier die Originaldaten aus dem Glarborgmechanismus beibehalten wurden.

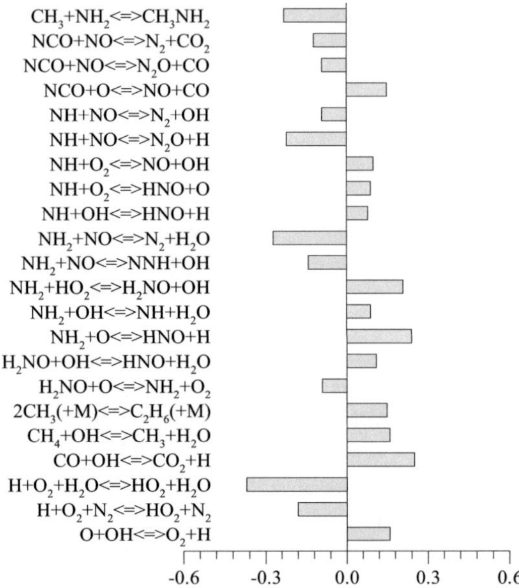

Abb. 4-25: Sensitivitätskoeffizienten bezüglich der Endkonzentrationen an NO unter Bedingungen von Experiment 3

Zur Aktualisierung des Mechanismus von Glarborg bezüglich der NO-Bildung wurden schließlich die reaktionskinetischen Daten aller wichtigen Reaktionen mit stickstoffhaltigen Spezies gemäß der Sensitivitätsanalyse (*Abb. 4-25*) durch neuere Daten ersetzt, sofern welche gefunden wurden.

Wichtige Reaktionen hinsichtlich der N$_2$O-Konzentration im Abgas sind zudem:

$$H + N_2O => N_2 + OH \tag{RN10}$$
$$NH_2 + NO_2 => N_2O + H_2O \tag{RN68}$$

RN10 ist insbesondere bei höheren Temperaturen (1300 K) für den Zerfall von N$_2$O verantwortlich, während RN68 zur Bildung von Lachgas bei niedrigen Temperaturen (1100 K) beiträgt. Eine Übersicht der neuen reaktionskinetischen Daten mit Angabe der Quelle ist in Tabelle 4-1 zu finden.

	A	β	E_A	k/k_{org}	Quelle
$H+O_2+H_2O<=>HO_2+H_2O$	3,67E+19	-1,000	0	1,748	Bates 2001, Baulch 2005
$H+O_2+CO_2<=>HO_2+CO_2$	2,01E+20	-1,420	0	4,872	Baulch 1972, 2004; Ashman 1998, $k(CO_2)/k(N_2) = 3$
$CH_4+OH<=>CH_3+H_2O$	1,36E+06	2,180	2680	1,367	Baulch 2005
$H+CH_3CN<=>HCN+CH_3$	1,00E+14	0,000	9679	0,069	Sendt 1999
$H+CH_3CN<=>CH_2CN+H_2$	1,51E+13	0,000	9990	0,008	Sendt 1999
$CH_3+NH_2<=>CH_3NH_2$	6,40E+52	-11,990	16790	neu	Dean/Bozz. 2000 (erhöht um Faktor 1,25)
$HNCO+OH<=>Produkte$	3,63E+07	1,500	3594		Wooldrige 1996, Baulch 2005
$HNCO+OH<=>CO_2+NH_2$	3,63E+06	1,500	3594	neu	(k/k_{ges}=0,1)
$HNCO+OH<=>NCO+H_2O$	3,27E+07	1,500	3594	0,956	(k/k_{ges}=0,9)
$H+N_2O<=>N_2+OH$	7,80E+14	0,000	19373	1,686	Baulch 2005
$NH_2+NO_2<=>N_2O+H_2O$	1,66E+14	-0,740	0	1,624	Baulch 2005
$NH_2+NO<=>Produkte$	6,83E+15	-1,203	-211	0,801	Song 2001, Baulch 2005
$NH_2+NO<=>NNH+OH$	2,50E+15	-1,203	-211	0,725	(k/k_{ges}=0,366)
$NH_2+NO<=>N_2+H_2O$	4,33E+15	-1,203	-211	0,853	(k/k_{ges}=0,634)
$NCO+O<=>NO+CO$	4,32E+13	0,000	0	0,919	Baulch 2005
$NCO+NO<=>Produkte$	1,38E+18	-1,730	755	0,989	Baulch 2005
$NCO+NO<=>N_2+CO_2$	5,80E+17	-1,730	755	0,746	Zhu/ Lin 2000 (k/k_{ges}=0,42)
$NCO+NO<=>N_2O+CO$	8,00E+17	-1,730	755	1,295	Zhu/ Lin 2000 (k/k_{ges}=0,58)
$NH+NO<=>Produkte$	3,42E+15	-0,780	80	0,771	Baulch 2005
$NH+NO<=>N_2+OH$	6,84E+14	-0,780	80	0,609	(k/k_{ges}=0,2)
$NH+NO<=>N_2O+H$	2,74E+15	-0,780	80	0,826	(k/k_{ges}=0,8)
$NH_2+HO_2<=>H_2NO+OH$	2,00E+13	0,000	0	0,400	Baulch 2005; Dean/ Bozz. 2000 (Mittelwert)
$NH_2+O<=>HNO+H$	4,60E+13	0,000	0	2,414	Dean/Boz. 2000, Dransfeld 1984
$H_2NO+OH<=>HNO+H_2O$	2,40E+06	2,000	-1192	0,301	Dean/ Bozz. 2000 (DHT)
$NH_2+O_2<=>H_2NO+O$	6,00E+13	0,000	29870	0,490	Baulch 2005; Hennig 1995
$NH_2+OH<=>NH+H_2O$	2,40E+06	2,000	50	0,894	Baulch 2005; Dean/ Bozz.2000

Tabelle 4-1: Modifikationen im Mechanismus von Glarborg (Einheiten: cm^3, mol, s, Kalorien; k/k_{org} bei 1200 K)

4.1.3.6 Endergebnisse

Die folgenden Abbildungen zeigen einen Vergleich von Messung und Rechnung bei den wichtigsten Experimenten. Der bei den Simulationen verwendete Mechanismus beinhaltet alle Modifikationen aus Tabelle 4-1 sowie das Methylamin-Modell von Dean und Bozzelli mit 50 Elementarreaktionen.

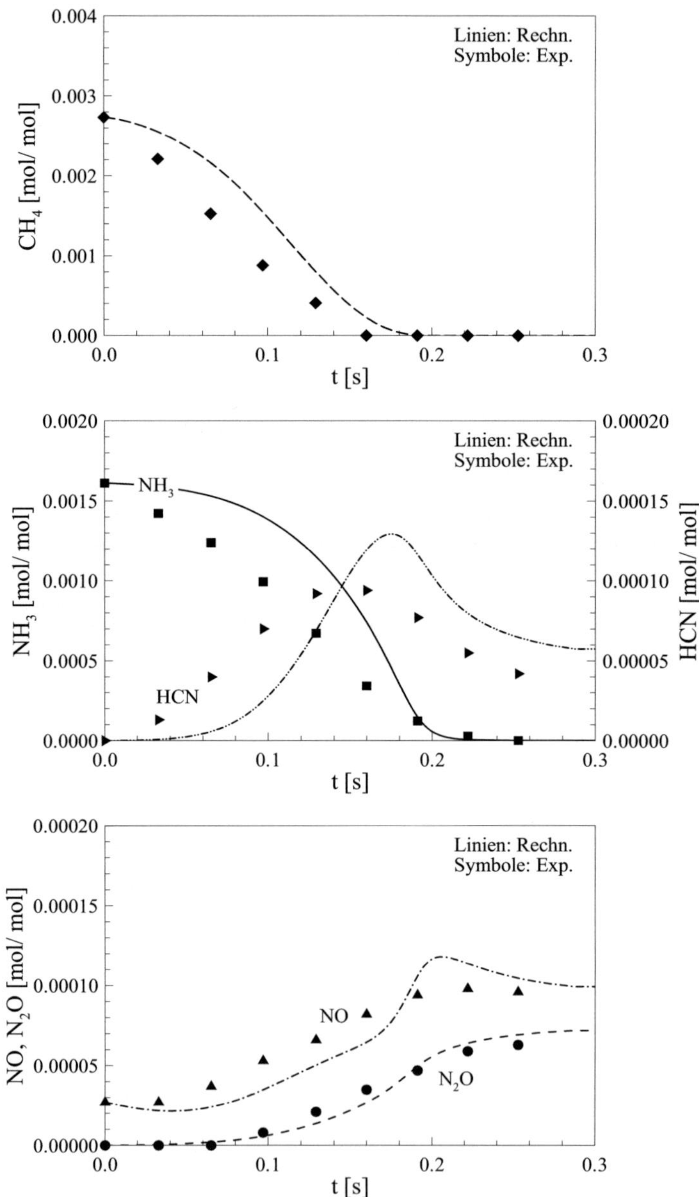

Abb. 4-26: Konzentrationsprofile von Experiment und Simulation für Exp. 2 (1129 K, λ=1.49), Simulation mit allen Modifikationen

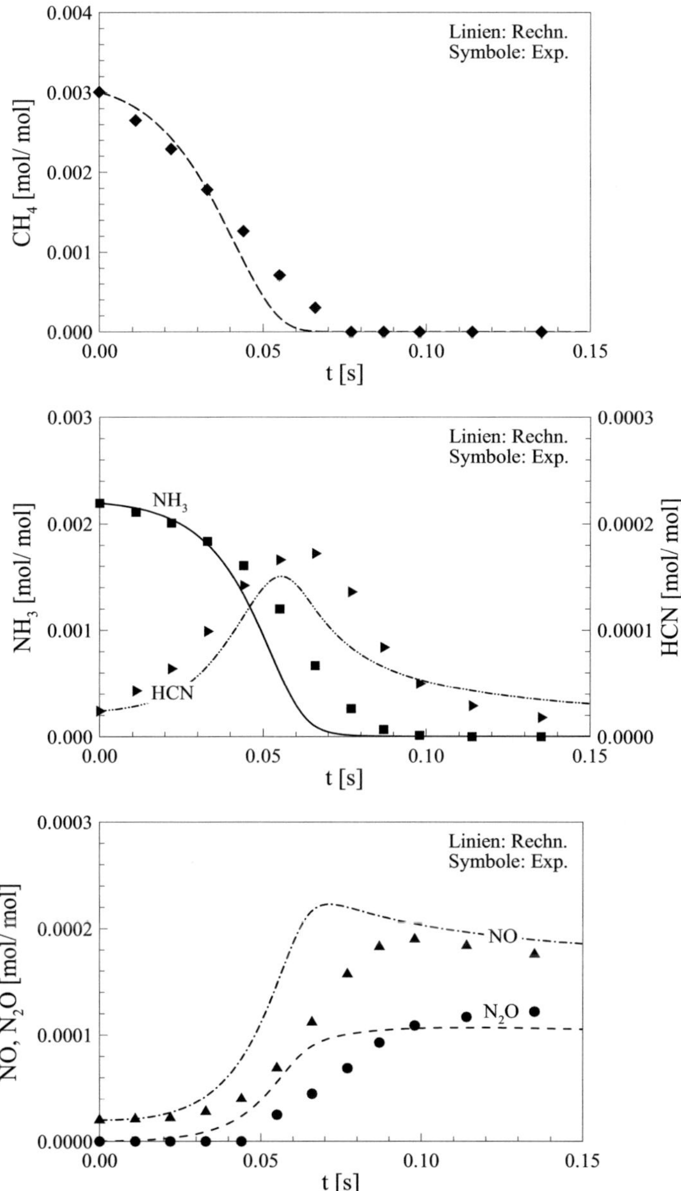

Abb. 4-27: Konzentrationsprofile von Experiment und Simulation für Exp. 5 (1226 K, λ=1.18), Simulation mit allen Modifikationen

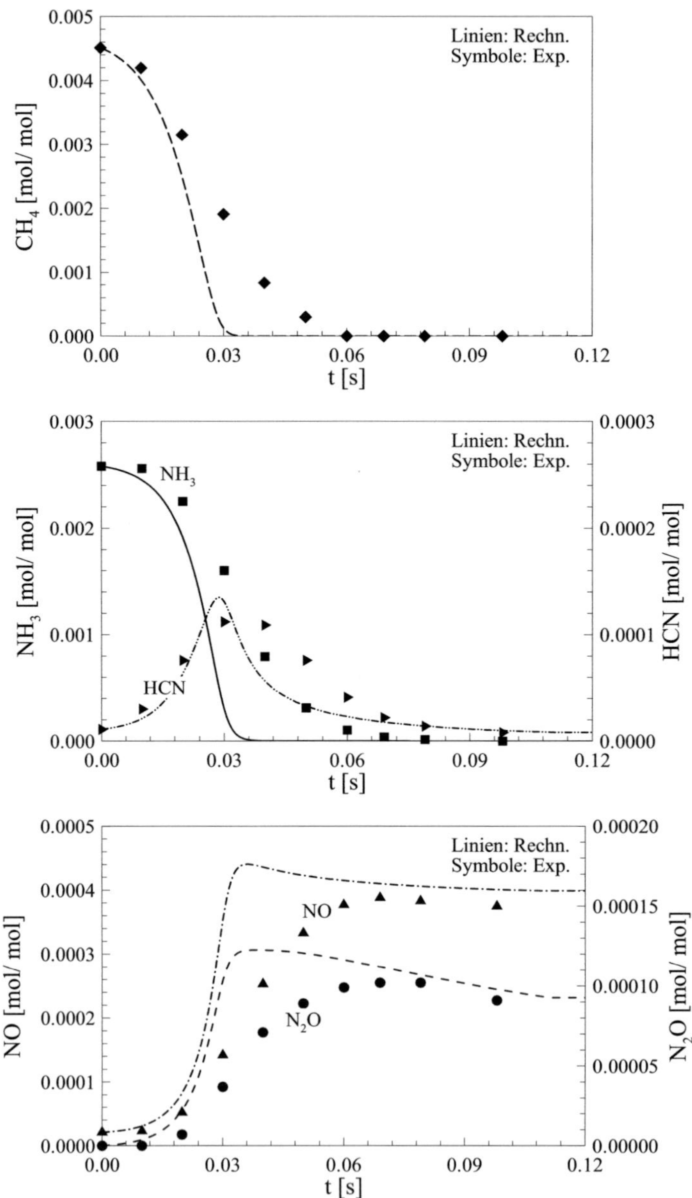

Abb. 4-28: Konzentrationsprofile von Experiment und Simulation für Exp. 6 (1294 K, λ=1.16), Simulation mit allen Modifikationen

106

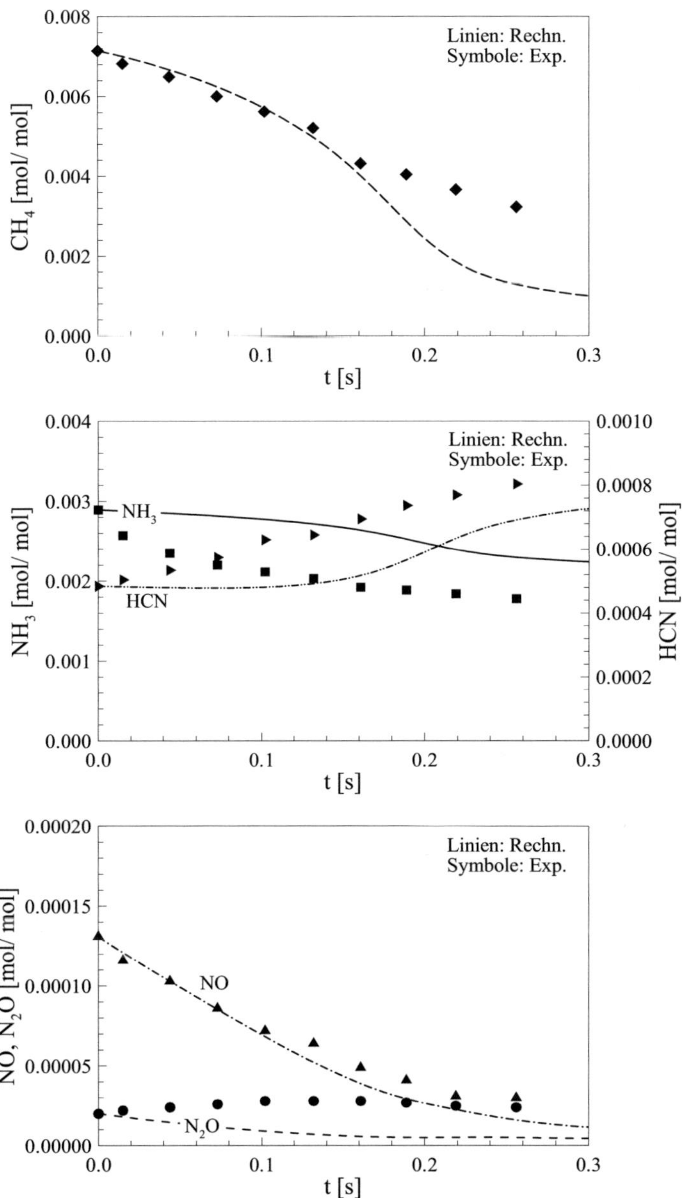

Abb. 4-29: Konzentrationsprofile von Experiment und Simulation für Exp. 9 (1242 K, λ=0.94), Simulation mit allen Modifikationen

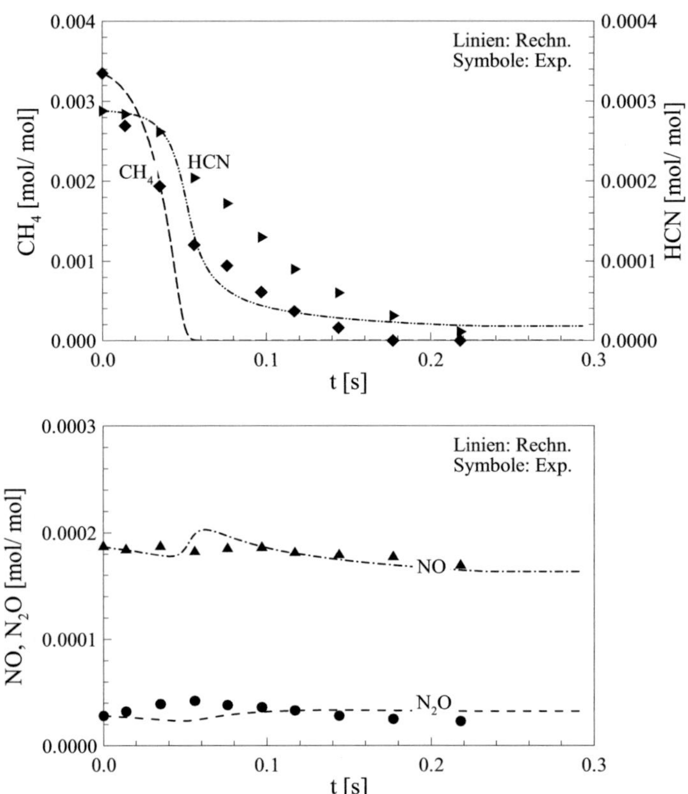

Abb. 4-30: Konzentrationsprofile von Experiment und Simulation für Exp. 11 (1223 K, λ=1.03), Simulation mit allen Modifikationen

In den Abbildungen ist zu erkennen, dass die berechneten Endkonzentrationen an NO und N$_2$O bei allen Experimenten sehr gut mit den gemessenen Werten übereinstimmen. Auch die Bildung von HCN aus NH$_3$ wird unter luftreichen Bedingungen für alle Experimente recht gut vorhergesagt. Für Luftzahlen kleiner eins ist bei den Rechnungen die HCN-Bildung etwas zu schwach ausgeprägt.

Lediglich was die Zeitmaße betrifft, existieren noch Unterschiede von Messung und Rechnung. Während die berechneten Reaktionszeiten bei 1225 K (Exp. 5) sehr gut mit denen der Messungen übereinstimmen, sind sie bei niedrigeren Temperaturen (Exp. 2) ein wenig zu lang und bei hohen Temperaturen (Exp. 6) zu kurz.

Die in Kapitel 4.1.1 dargestellten Untersuchungen zum Einfluss wichtiger Parameter auf die Abfallverbrennung wurden auch mit dem modifizierten Mechanismus durchgeführt. Die dort beschriebenen Ergebnisse gelten qualitativ auch für die Berechnungen mit dem modifizierten Modell. Die NO-Konzentrationen, die mit dem modifizierten Mechanismus erhalten wurden, sind zum Teil leicht niedriger und die N_2O-Werte werden durchweg etwas höher vorhergesagt.

Der einzige bedeutende Unterschied zeigt sich im Einfluss des Wassergehalts auf die NO-Bildung bei der Ammoniakoxidation. Während bei den Berechnungen mit dem Originalmechanismus von Glarborg nur ein ganz schwacher Einfluss des Wassergehalts auf die NO-Konzentration festzustellen ist (*Abb. 4-11*), liefern die Berechnungen mit dem modifizierten Modell einen ausgeprägten Rückgang der NO-Konzentration mit steigendem Wassergehalt, wie dies auch in *Abb. 4-10* der Fall ist. Die in Kapitel 4.1.1.6 dargestellten Ergebnisse haben gezeigt, dass sich die Anwesenheit von HCN günstig für niedrige NO-Konzentrationen auswirkt. Da im modifizierten Mechanismus der HCN-Bildungspfad über Methylamin enthalten ist, wird bei den Berechnungen mit diesem Modell dieser signifikante NO-Rückgang mit steigender H_2O-Konzentration auch ohne anfängliche Anwesenheit von HCN erreicht.

4.1.3.7 Offene Fragen

Wie in Kapitel 4.1.3.6 schon angemerkt, sind die Daten für die Reaktionen $2CH_3+M \Leftrightarrow C_2H_6+M$ und $CH_3+H+M \Leftrightarrow CH_4+M$ unter den hier relevanten Bedingungen nicht experimentell abgesichert, weshalb die Originaldaten von Glarborg beibehalten wurden. Die Abweichung der Zeitmaße von Messung und Rechnung bei Experiment 6 ist höchstwahrscheinlich auch auf die ungenauen reaktionskinetischen Daten dieser beiden Reaktionen zurückzuführen.

Auch für die Reaktionen $NH_2+HO_2 \Leftrightarrow H_2NO+OH$ und $NH_2+O \Leftrightarrow HNO+H$ sind die verfügbaren Daten in dem hier betrachteten Parameterbereich sehr unsicher. Aufgrund ihrer hohen Sensitivität hinsichtlich der NO-Konzentration können schon kleine Fehler zu einer großen Beeinflussung der Stickstoffoxidkonzentration führen.

Bei niedrigen Temperaturen um 1100 K werden die Reaktionszeitmaße im Vergleich zu den Messungen etwas zu lang vorhergesagt. In Kapitel 2.3.6.1 wurde auf die beschleunigende Wirkung von NO und NO_2 bei der Methanverbrennung insbesondere für sehr niedrige Temperaturen hingewiesen. Die in diesem Zusammenhang wichtigen Reaktionen (R24-R28) sind bis auf R27 und R28 alle schon im Modell von Glarborg enthalten. Auch eine zusätzliche Berücksichtigung dieser beiden Reaktionen (Daten von Bendtsen et al., 2000) brachte keine Verbesserung bei der Simulation.

4.1.4 Validierung mit Messdaten aus der Literatur

In diesem Abschnitt wird das in Kapitel 4.1.3 modifizierte reaktionskinetische Modell anhand von Literaturmessdaten überprüft. In den ausgewählten Experimenten wurde die Umsetzung der wichtigen stickstoffhaltigen Spezies NH_3, HCN, HNCO und NO in unterschiedlichen Reaktortypen sowie Flammen untersucht. Die Versuchsparameter lagen dabei in dem für die Abfallverbrennung relevanten Bereich.

4.1.4.1 Messungen im Strömungsreaktor

Die hier aufgeführten Experimente sind alle in Strömungsreaktoren aus Quarzglas mit laminarer Innenströmung durchgeführt worden. Die Reaktoren wurden in isothermer Betriebsweise gefahren und die Detektierung der Zusammensetzung erfolgte immer am Ende des Reaktors; die Messdaten sind also nicht verweilzeitaufgelöst. Die Simulation der Experimente erfolgte unter der Annahme idealer Kolbenströmung mit dem Programm SENKIN (Lutz et al., 1988).

Die Modellierung als idealer PFR ist gemäß den Autoren zulässig, und wurde von ihnen auch auf diese Art durchgeführt. Einflüsse durch axiale Dispersion, die insbesondere durch die laminare Strömung verursacht wird, und Wandeffekte, die durch die kleinen Abmessungen der Reaktoren begünstigt sind, scheinen vernachlässigbar zu sein.

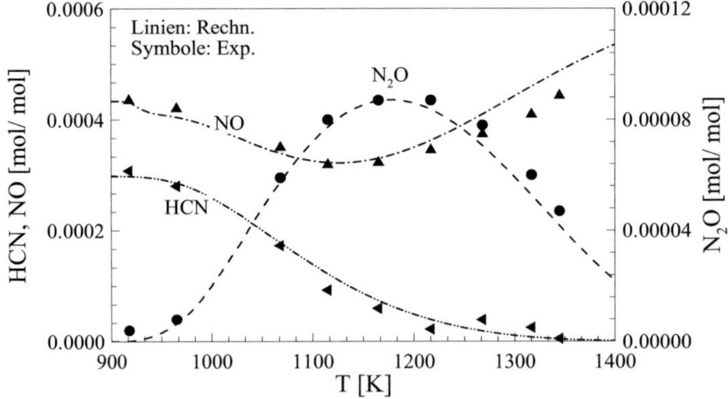

Abb. 4-31:   HCN-Oxidation im Strömungsreaktor, l = 190 mm, d = 4,5 mm (Glarborg und Miller, 1994); Verweilzeit bei 1200 K: 50 ms (konstanter Massenstrom); Anfangskonzentrationen: 298 ppm HCN, 1620 ppm CO, 2,3 % O₂, 2,6 % H₂O, 434 ppm NO, Rest N₂; p = 1,05 atm

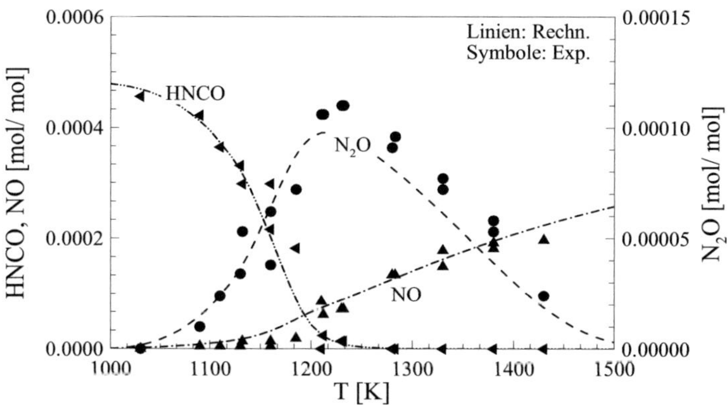

Abb. 4-32: HNCO-Oxidation im Strömungsreaktor, l = 173 mm, d = 9 mm (Glarborg et al., 1994); Verweilzeit bei 1200 K: 100 ms (konstanter Massenstrom); Anfangskonzentrationen: 480 ppm HNCO, 730 ppm CO, 5,5 % O₂, 0,5 % H₂O, Rest N₂; p = 1,05 atm

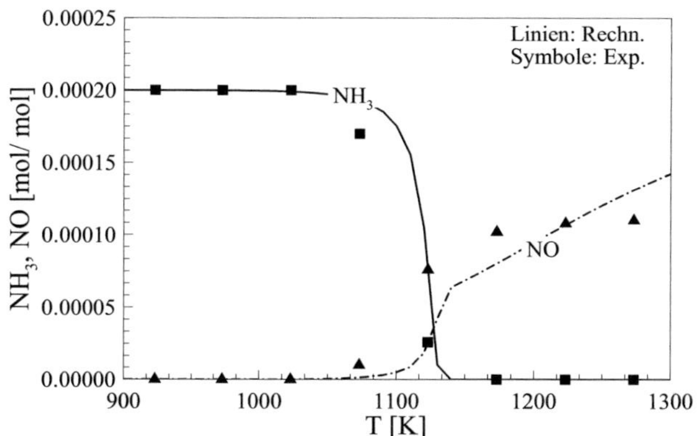

Abb. 4-33: NH₃-Oxidation im Strömungsreaktor, l = 310 mm, d = 12 mm (Wargadalam et al., 2000); Verweilzeit bei 1173 K: 306 ms (konstanter Massenstrom); Anfangskonzentrationen: 200 ppm NH₃, 1000 ppm CH₄, 10,0 % O₂, Rest N₂; p = 1,0 atm

Bei der Simulation der HCN-Oxidation (*Abb. 4-31*) und der HNCO-Umsetzung (*Abb. 4-32*) wird eine hervorragende Übereinstimmung von Messung und Rechnung erzielt. Dies spricht für die hohe Zuverlässigkeit des modifizierten Mechanismus hinsichtlich der HCN- und HNCO-Chemie.

Auch für die NH₃-Oxidation (*Abb. 4-33*) und die gemeinsame Oxidation von NH₃ und HCN (*Abb. 4-34*) erhält man eine sehr gute Übereinstimmung von Experiment und Simulation. Lediglich für Temperaturen größer 1100 K wird beim Letzteren die NO-Konzentration zu hoch vorhergesagt. Eine mögliche Ursache dafür ist die Vernachlässigung der axialen Dispersion in den Rechnungen, die insbesondere bei hohen Temperaturen und damit steilen

Konzentrationsgradienten für eine Erniedrigung der NO-Bildung sorgt (siehe auch *Abb. 3-9*). Die Abweichungen beim NH_3-Verlauf sind auf Probleme bei der Messung der Ammoniakkonzentration zurückzuführen, die auch für die große Streuung der Messwerte verantwortlich sind.

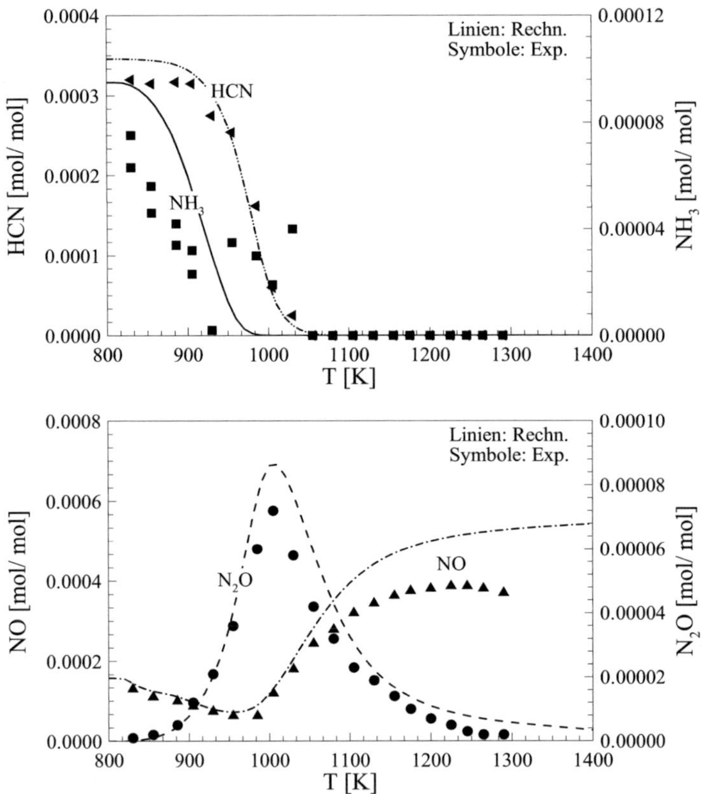

Abb. 4-34: Oxidation von NH_3 und HCN im Strömungsreaktor (Kristensen et al., 1996); Verweilzeit bei 1200 K: 102 ms (konstanter Massenstrom); Anfangskonzentrationen: 95 ppm NH_3, 346 ppm HCN, 2,0 % CO, 4,0 % O_2, 158 ppm NO, Rest N_2; p = 1,08 atm

Eine experimentelle Bestätigung der HCN-Bildung über Methylamin liefert abgesehen von den eigenen Messungen die Arbeit von Hemberger et al. (1994). Bei der Umsetzung von Ammoniak mit Ethan und Sauerstoff konnten sie erhebliche Mengen an HCN detektieren. Sie vermuteten, dass dafür die Reaktion von NH_2 mit ungesättigten Kohlenwasserstoffen (C_2H_2, C_2H_4) verantwortlich ist. Die Simulation der Experimente mit dem modifizierten Mechanismus kann die gemessenen HCN-Konzentrationen bis auf eine leichte Verschiebung sehr gut wiedergeben (*Abb. 4-35*), wobei eine Analyse des Reaktionsflusses zeigt, dass die HCN-Bildung über Methylamin erfolgt.

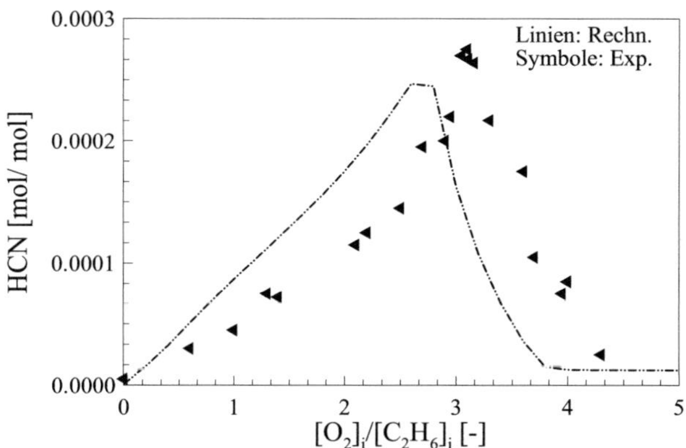

Abb. 4-35: HCN-Bildung bei der Umsetzung von NH$_3$ und C$_2$H$_6$ im Strömungsreaktor (Hemberger et al., 1994); Verweilzeit: 450 ms; Anfangskonzentrationen: 1000 ppm NH$_3$, 3000 ppm C$_2$H$_6$, O$_2$ gemäß Verhältnis, Rest N$_2$; p = 1,0 bar; T = 1073 K

4.1.4.2 Messungen im Rührkesselreaktor

Die in den folgenden zwei Abbildungen dargestellten experimentellen Ergebnisse stammen von einem strahlgemischten Rührkesselreaktor (Dagaut et al., 1985). Die Simulation der Experimente erfolgte, wie von den Autoren vorgeschlagen, unter der Annahme von perfekter Vermischung mit dem Programm PSR (Glarborg et al., 1986).

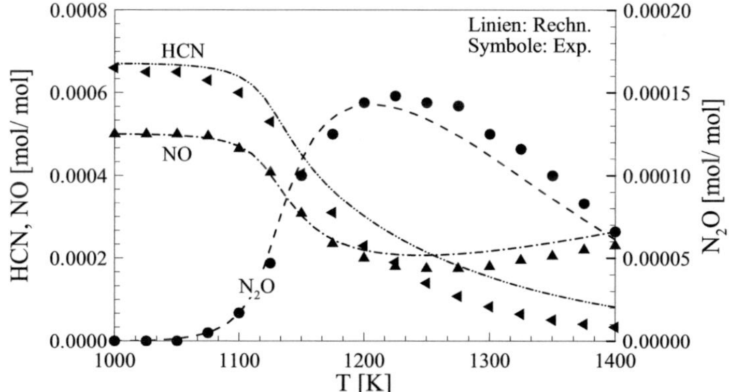

Abb. 4-36: HCN-Oxidation im Rührkesselreaktor (Dagaut et al., 2000b); Verweilzeit: 0,12 s; Anfangskonzentrationen: 670 ppm HCN, 2000 ppm O$_2$, 500 ppm NO, Rest N$_2$; p = 1 atm

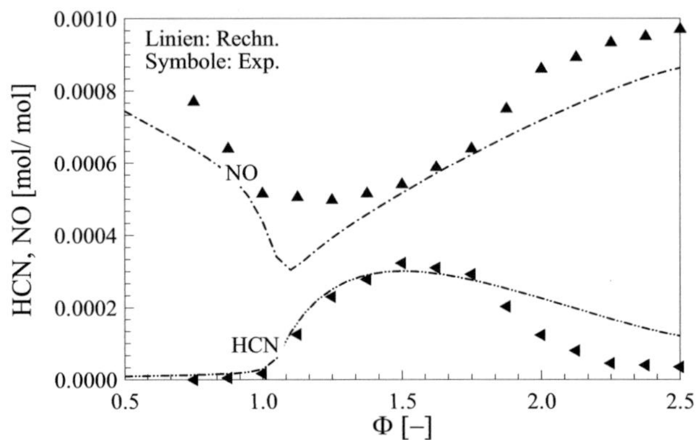

Abb. 4-37: NO-Reduktion durch Erdgas im Rührkesselreaktor (Dagaut et al., 1998); Verweilzeit: 0,12 s; Anfangskonzentrationen: 1000 ppm NO, 7272 ppm CH_4, 728 ppm C_2H_6, O_2 gemäß Brennstoffzahl $\Phi = 1/\lambda$, Rest N_2; p = 1 atm; T = 1300 K

Auch bei der HCN-Oxidation im Rührkesselreaktor (*Abb. 4-36*) ist eine sehr gute Übereinstimmung von Messung und Rechnung zu verzeichnen. Beim Reburning (*Abb. 4-37*) wird im stark brennstoffreichen Bereich ($\Phi > 1,8$) der NO-Abbau in der Simulation leicht überschätzt, was auch zu überhöhten HCN-Konzentrationen führt. Ansonsten wird die HCN-Konzentration sehr gut vorhergesagt. Bei NO sind im Bereich von $1 < \Phi < 1,3$ größere Abweichungen von Experiment und Simulation zu beobachten.

4.1.4.3 Laminare Unterdruckflammen

Die Simulation der Umsetzung von Ammoniak und Blausäure in laminaren $H_2/O_2/Ar$-Flammen unter Unterdruck wurde mit dem Programm PREMIX (Kee et al., 1992) durchgeführt.
Hier ist ebenso eine ausgezeichnete Übereinstimmung von Experiment und Simulation bei der Oxidation von HCN (*Abb. 4-38*) zu verzeichnen. Die Konzentrationen von NO und N_2O bei der Umsetzung von Ammoniak werden jedoch etwas zu niedrig vorhergesagt.

Zusammenfassend lässt sich sagen, dass die experimentellen Ergebnisse aus der Literatur sehr gut und zum Teil sogar ausgezeichnet vorhergesagt werden können. Für die Umsetzung von Ammoniak und Cyanwasserstoff unter den hier interessierenden Bedingungen steht damit ein sehr gut validierter und zuverlässiger Mechanismus zur Verfügung.

114

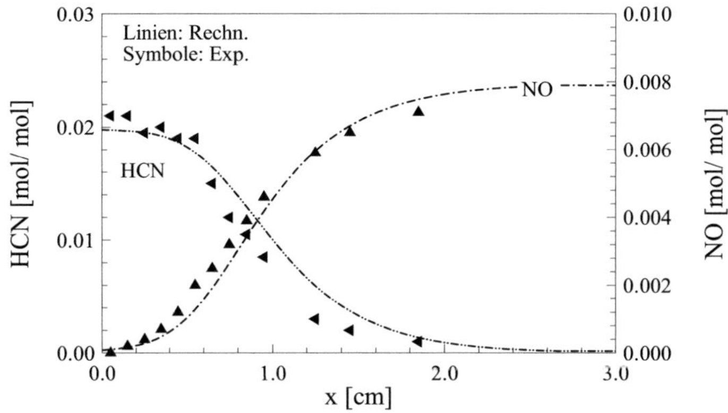

Abb. 4-38: HCN-Umsetzung in einer laminaren Unterdruckflamme (Miller et al., 1984); Massenstromdichte: 0,0048 g/(cm²·s); Anfangskonzentrationen: 0,27 mol/mol H₂, 0,13 mol/mol O₂, 0,02 mol/mol HCN, 0,58 mol/mol Ar; λ = 1; p = 25 Torr; Tᵢ = 373 K

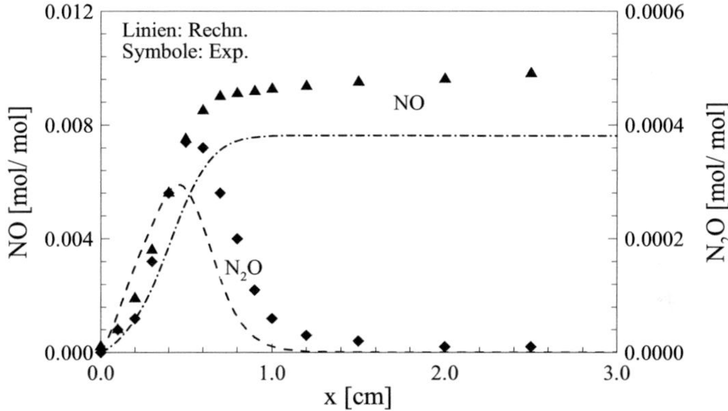

Abb. 4-39: NH₃-Umsetzung in einer laminaren Unterdruckflamme (Bian et al., 1990); Strömungsgeschwindigkeit (Frischgas): 65,4 cm/s; Anfangskonzentrationen: 0,209 mol/mol H₂, 0,127 mol/mol O₂, 0,030 mol/mol NH₃, 0,634 mol/mol Ar; λ = 1; p = 34,5 Torr; Tᵢ = 400 K

4.1.5 Berechnungen zum Einfluss von Chlor

Unter den Halogenen, die bei der Abfallverbrennung auftreten, besitzt Chlor mit Abstand die größte Bedeutung. Die hier durchgeführten Untersuchungen zum Einfluss von Halogenen auf die homogene Reaktionskinetik im Feuerraum einer Abfallverbrennungsanlage beschränken sich daher auf Chlor. Es findet zum Beispiel in Form von PVC, Chlorkautschuk und NaCl Eingang in die Abfallverbrennung. Bei der Pyrolyse, Vergasung und Verbrennung wird das im Brennstoff gebundene Chlor hauptsächlich in Form von Chlorwasserstoff freigesetzt und kann dann das Reaktionsgeschehen in der Gasphase beeinflussen. Typische HCl-Konzentrationen im Feuerraum einer Abfallverbrennungsanlage bzw. im Rohgas vor der Rauchgasreinigung liegen im Bereich von 200 – 400 ppm.

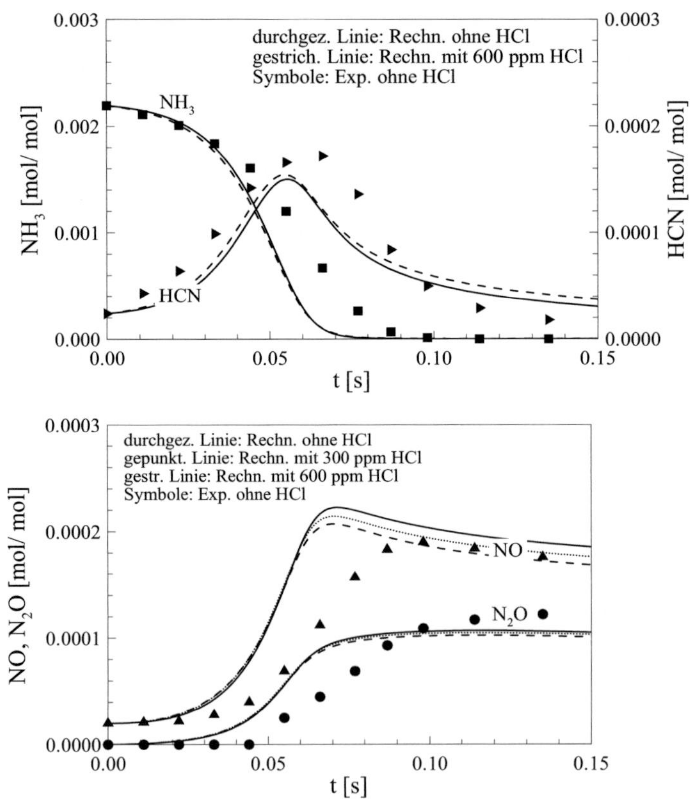

Abb. 4-40: Vergleich von Konzentrationsverläufen unter Bedingungen von Experiment 5 ohne und mit HCl

Der Einfluss von HCl und Cl_2 auf die Reaktionskinetik unter Bedingungen der Abfallverbrennung wurde mittels reaktionskinetischer Berechnungen abgeschätzt. Experimente wurden diesbezüglich nicht durchgeführt. Für die Berechnungen wurde das modifizierte Modell mit dem Verbrennungsmechanismus für Tetrachlormethan von Leylegian et al. (1998) gekoppelt. Das Modell enthält 60 Chlorspezies in 328 Reaktionen. Weiterhin wurden noch 6 Reaktionen eingefügt, die die direkte Interaktion von Cl- mit N-Spezies über ClNO beschreiben (Dean und Bozzelli, 2000).

Mit Zugabe von 600 ppm HCl im Ausgangsgemisch wird im Vergleich zu den Berechnungen ohne HCl so gut wie kein Einfluss auf die Konzentrationsprofile von NH_3, HCN und N_2O sowie auf dic Bildungszeit von NO beobachtet (*Abb. 4-40*). Lediglich die NO-Endkonzentration fällt bei den Rechnungen mit 600 ppm HCl etwas kleiner aus (etwa 10 %) als bci denen ohne Chlorwasserstoff. Bei Zugabe von 300 ppm HCl ist die Erniedrigung der NO-Konzentration nur noch halb so groß. Die wichtigste Reaktion chlorhaltiger Spezies unter diesen Bedingungen ist

$$HCl + OH => Cl + H_2O \qquad (R34)$$

Durch diese Reaktion wird das aktive OH-Radikal in Wasser überführt und steht nun nicht mehr als Kettenträger zur Verfügung. Dies hat jedoch keine Verzögerung der Reaktionsgeschwindigkeit zur Folge, da das fehlende OH-Teilchen gleichwertig durch Cl in den wichtigen, geschwindigkeitsbestimmenden Kohlenwasserstoffreaktionen ersetzt wird, wobei wieder HCl gebildet wird. In dem verwendeten Mechanismus sind jedoch keine Reaktionen des Cl-Radikals mit N-Spezies vorhanden, so dass durch die Zugabe von HCl die Chemie der N-Spezies leicht beeinflusst wird. Durch die Herabsetzung der OH-Konzentration, dem wichtigsten Kettenträger unter den betrachteten Bedingungen, werden die oxidierenden Pfade beim N-Speziesabbau etwas zurückgedrängt, was sich in einer leichten Verringerung der NO-Konzentration äußert.

Die Zugabe von 300 ppm Cl_2 bewirkt im Gegensatz zum HCl-Zusatz eine Verzögerung der Reaktion um etwa 12 ms (*Abb. 4-41*). Dies ist vor allem auf Reaktion

$$Cl_2 + H => Cl + HCl \qquad (R32)$$

zurückzuführen, durch die der wichtige Kettenträger H am Anfang des Reaktionsgeschehens verbraucht wird. Dadurch wird die Induktionszeit vergrößert und damit die gesamte Reaktionszeit. Auch beim Zusatz von molekularem Chlor ist eine leichte Verkleinerung der NO-Konzentration zu beobachten, die wiederum auf die fehlenden Reaktionen von Cl mit N-Spezies zurückzuführen ist. In wie weit solche Reaktionen überhaupt existieren und wie groß deren Geschwindigkeitskoeffizienten sind, ist derzeit noch nicht bekannt.

Untersuchungen von Wei et al. (2003) an Kohlestaubflammen in einem Rohrreaktor zeigen ebenfalls eine leichte Reduzierung der NO-Konzentration bei HCl-Zugabe. Die Zudotierung von etwa 600 ppm HCl hatte je nach Flamme und Betriebsweise (z.B. Sekundärluftzufuhr) eine Absenkung von NO zwischen 0 und 20 % zur Folge, was die reaktionskinetischen Untersuchungen in dieser Arbeit bestätigt. Die Temperaturen lagen zwischen 900 und 1250 °C.

Da im Feuerraum einer Abfallverbrennungsanlage Chlor vor allem als HCl vorliegt und typische HCl-Konzentrationen bei etwa 200 – 400 ppm liegen, ist davon auszugehen, dass der Einfluss von Chlor auf die gesamte Kinetik und insbesondere auch auf die NO-Bildung sehr gering ist. Auch Müller et al. (1998) konnten bei ihren reaktionskinetischen Untersuchungen für einen Wassergehalt von 7 Vol% kaum einen Einfluss von Chlor auf die CO-Oxidation feststellen. Das verwendete kinetische Modell (Roesler et al., 1995) ist jedoch nur durch Messungen mit einem maximalen Wassergehalt von 0,6 Vol% validiert worden.

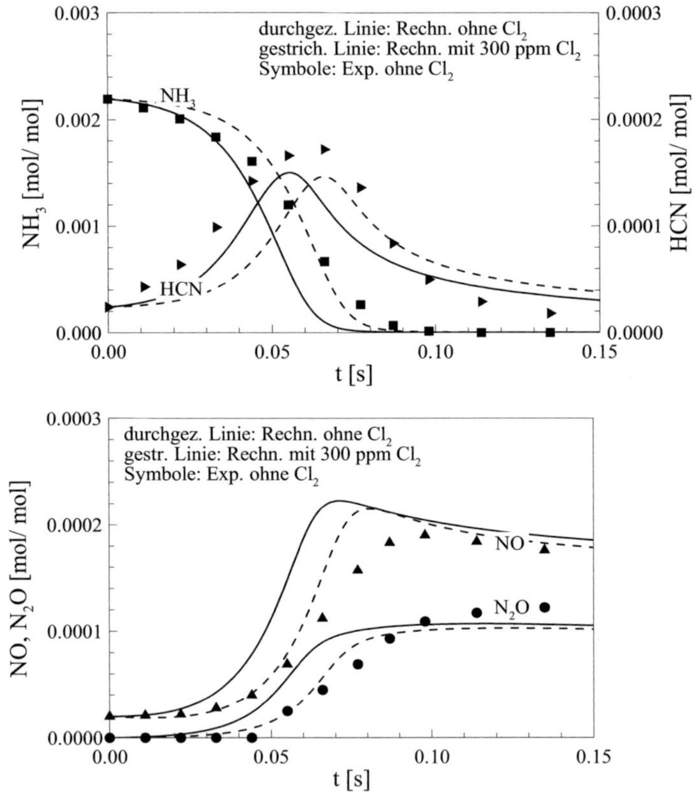

Abb. 4-41: Vergleich von Konzentrationsverläufen unter Bedingungen von Experiment 5 ohne und mit 300 ppm Cl$_2$

4.2 Abbaumechanismen weiterer N-Spezies

Wie schon in Kapitel 3.3 beschrieben, entstehen bei der Pyrolyse von Proteinen und Polyamiden in hohen Konzentrationen die Stoffe Pyrrol und Caprolactam. Diese sind als Modellsubstanzen für die stickstoffhaltigen Pyrolyseprodukte aus oben genannten Abfallkomponenten anzusehen. Es werden daher im folgenden Abschnitt Umsetzungsmechanismen dieser beiden Stoffe diskutiert, die dann schliesslich mit dem NH_3/HCN-Mechanismus zu einem Gesamtmodell zusammengefügt werden.

4.2.1 Abbaumechanismus für Pyrrol

Der Abbau von Pyrrol wurde in den Arbeiten von Mackie et al. (1991) und Lifshitz et al. (1989) in Stoßrohrexperimenten bei 1300 - 1700 K bzw. 1050 – 1450 K untersucht. Lumbreras et al. (2001) führten Experimente in einem Strömungsreaktor bei 1000 – 1500 K durch. Als Hauptabbauprodukt wurde bei allen Experimenten Cyanwasserstoff identifiziert.
Die Stöchiometrie scheint auf die HCN-Bildung keinen Einfluss zu besitzen (Lumbreras et al., 2001), was den Schluss nahe legt, dass die wichtigen Reaktionen beim Pyrrolabbau nicht auf Radikale aus der Kohlenwasserstoffverbrennung angewiesen sind. Lediglich bei sehr hohen Luftzahlen (λ = 22) wird eine beschleunigte Bildung von Cyanwasserstoff beobachtet.
Ab Initio Berechnungen zu Pyrrolumwandlungsreaktionen (Bacskay et al., 1999, Martoprawiro et al., 1999; Zhai et al., 1999; Dubnikova und Lifshitz, 1998) machen deutlich, dass zwischen verschiedenen Abbaupfaden unterschieden werden kann, auf die später noch eingegangen wird.

Die eigenen experimentellen Daten in *Abb. 4-42* und *Abb. 4-43* zeigen, dass Pyrrol sowohl unter Luftmangel als auch unter Luftüberschuss hauptsächlich zu HCN umgewandelt wird. Unter brennstoffreichen Bedingungen ist Cyanwasserstoff sehr stabil und wird bei den betrachteten Temperaturen und Verweilzeiten nicht mehr abgebaut. Unter Luftüberschuss wird HCN in NO und N_2 umgewandelt.
Da die Experimente unter Zugabe von Methan und Ammoniak durchgeführt wurden, um möglichst praxisnahe Bedingungen zu realisieren, ist es möglich, dass die maximalen HCN-Konzentrationen auf Grund der Cyanwasserstoffbildung über Methylamin höher sind als die ursprünglichen Pyrrolkonzentrationen. Cyanwasserstoff, der schon am ersten Messpunkt vorhanden ist, resultiert aus dem Pyrrolabbau im Einmischbereich.

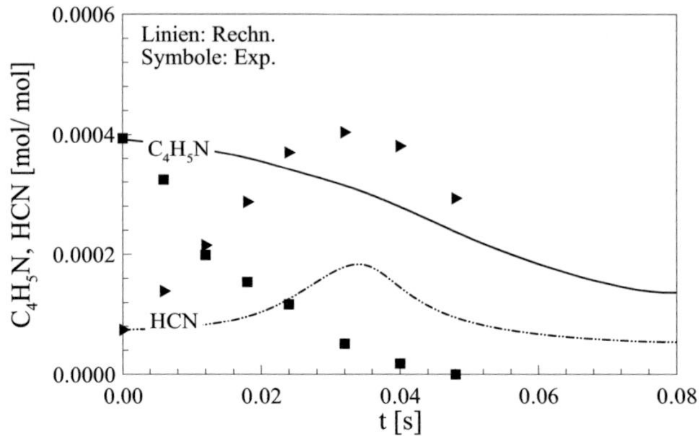

Abb. 4-42: Abbau von Pyrrol (Experiment 15, $\lambda > 1$)

Für die Simulation des Pyrrolabbaus wurde der modifizierte Mechanismus um den Pyrrolabbaumechanismus von Martoprawiro et al. (1999) erweitert. Die gemessenen Methanprofile stimmen sehr gut mit den experimentellen Daten überein (nicht dargestellt). Der Abbau von Pyrrol wird durch das Modell jedoch als viel zu langsam vorhergesagt (siehe *Abb. 4-42* und *Abb. 4-43*).

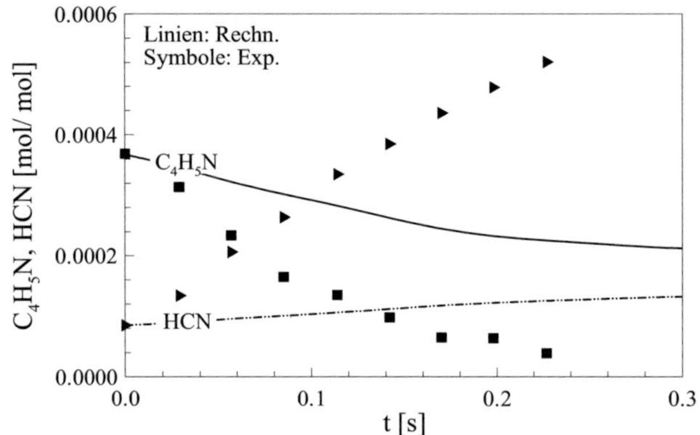

Abb. 4-43: Abbau von Pyrrol (Experiment 16, $\lambda < 1$)

Auch bei Lumbreras et al. (2001) erfolgt die berechnete HCN-Bildung wesentlich langsamer als die gemessene. Sie verwendeten bei der Simulation den Mechanismus von Mackie et al. (1991), einen Vorläufer des Modells von Martoprawiro et al. (1999). Ein direkter Vergleich des Pyrrolabbaus ist jedoch nicht möglich, da Lumbreras et al. keine verweilzeitaufgelösten Messungen durchgeführt haben und zudem Pyrrol nicht detektieren konnten. Sie führten die Messungen bei konstantem Massenstrom und damit annähernd bei gleicher Verweilzeit durch und variierten die Temperatur. Die gemessenen HCN-Konzentrationen wurden in den Berechnungen erst bei etwa 50 – 100 K höheren Temperaturen erreicht.

120

Für ein besseres Verständnis des Pyrrolabbaus wurden Reaktionsflussanalysen durchgeführt. In *Abb. 4-44* sind die wichtigsten Reaktionsflüsse dargestellt. Die Abbaupfade sind im untersuchten Parameterbereich so gut wie unabhängig von Luftzahl und Temperatur. Wie auch in den Arbeiten Bacskay et al. (1999) und Martoprawiro et al. (1999) beschrieben, verläuft der Hauptabbaupfad zunächst durch H-Verschiebung zu einem zyklischen Carben, wobei die N-H-Bindung nicht getrennt wird. Aus diesem Übergangszustand erfolgt dann unter Aufspaltung des Rings die Bildung eines Imins mit einer Allen-Gruppe in trans-Stellung zum Wasserstoff des Imins (RP1). Nach einer Isomerisierung zur cis-Form und der Wanderung des Imin-Wasserstoffs zur Methylengruppe erfolgt dann die Abspaltung von HCN durch Aufbruch der C-C-Einfachbindung (RP2). Dabei entsteht als weiteres Abbauprodukt Propin. Dies ist gemäss Martoprawiro et al. (1999) der Abbaupfad mit der kleinsten Energiebarriere.

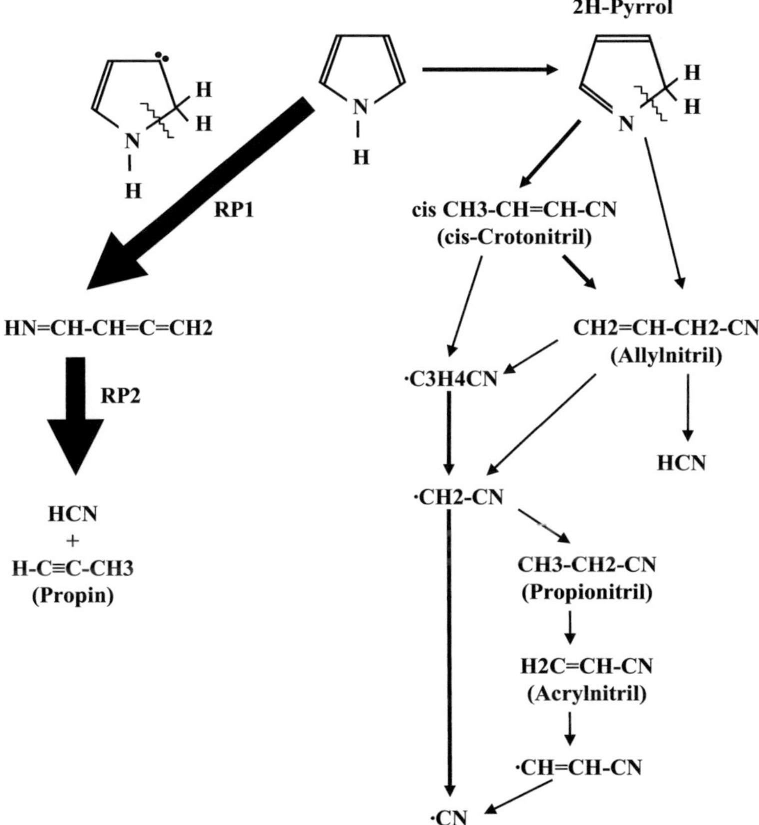

Abb. 4-44: Abbaumechanismus von Pyrrol

Etwa ein Fünftel des Pyrrols wird über verschiedene weitere Abbaupfade umgesetzt. Diese beginnen zunächst alle mit einer Tautomerisierung des Pyrrols durch H-Verschiebung unter Bildung des 2H-Pyrrols, bei dem kein Wasserstoff mehr am Stickstoff gebunden ist. Durch Aufspaltung der N-C-Einfachbindung entstehen vor Allem die Isomere cis-Crotonitril und Allylnitril. Allylnitril reagiert teilweise zu HCN aber auch zum Acetonitrilradikal $\cdot CH_2$-CN. Dieses wird auch aus cis-Crotonitril indirekt gebildet. Bei Tempearturen grösser 1400 K ist dies auch der Bildungspfad für Acetonitril aus Pyrrol (siehe *Abb. 4-45*). Die Acetonitrilkonzentration kann dabei bis zu 30 % des HCN-Gehalts betragen. Die kleinen Umsetzungsgrade bei tiefen Temperaturen (T < 1500K) ist auf die begrenzte Verweilzeit in der Messaparatur (450 - 750 µs) zurückzuführen.

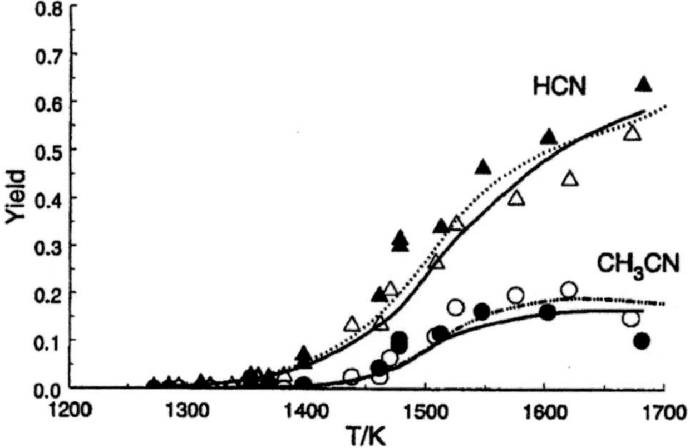

Abb. 4-45: Temperaturabhängigkeit der Bildung von HCN und Acetonitril aus der Zersetzung von Pyrrol; Symbole: Messdaten aus Stossrohrexperimenten von Mackie et al. (1991); Linien: Berechnungen von Martoprawiro et al. (1999); gefüllte Symbole und durchgezogene Linien: Pyrrolanfangskonzentration von 5000 ppm; ungefüllte Symbole und gepunktete Linien: Pyrrolanfangskonzentration von 750 ppm

Das Acetonitrilradikal $\cdot CH_2$-CN reagiert schliesslich hauptsächlich zu CN, welches dann über die schon beschriebenen Reaktionen des HCN-Abbaumechanismus umgesetzt wird. Ein anderer Abbaupfad des Radikals $\cdot CH_2$-CN erfolgt durch Reaktion mit einem Methylradikal zu Propionitril, das unter luftreichen Bedingungen über Acrylnitril ebenfalls zu CN umgesetzt wird. Bei Luftzahlen kleiner 1 wird Propionitril und Acrylnitril so gut wie nicht mehr abgebaut.

Basierend auf den Ergebnissen der Reaktionsflussanalysen und der Tatsache, dass Bacskay et al. (1999) und Martoprawiro et al. (1999) den Pyrrolabbaupfad über HN=CH-CH=C=CH$_2$ als Hauptquelle für die HCN-Bildung ansehen, wurden daher die Geschwindigkeitskoeffizienten der Reaktionen RP1 und RP2 um den Faktor 30 erhöht, um die Abbaugeschwindigkeit von Pyrrol zu vergrössern. Die angepassten Reaktionsgeschwindigkeitskoeffizienten sind in Kap.

4.2.2 in Tabelle 4-2 aufgeführt. Auf Grund der eigenen Messungen und den Experimenten von Lumbreras et al., die im gleichen Temperaturbereich durchgeführt wurden, kann die Erhöhung als gerechtfertigt betrachtet werden. Die Messdaten von Mackie et al. (1991), die für die Validierung des kinetischen Modells von Martoprawiro et al. (1999) verwendet wurden, decken nur Temperaturen oberhalb von 1300 K ab (siehe *Abb. 4-45*).

Mit diesen Änderungen konnte schließlich eine sehr gute Übereinstimmung von Messung und Rechnung erzielt werden (*Abb. 4-46* und *Abb. 4-47*).

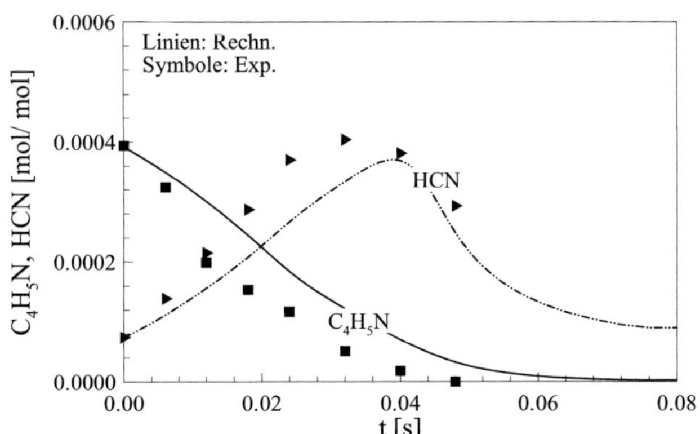

Abb. 4-46: Abbau von Pyrrol (Experiment 15, λ > 1), Berechnungen mit dem modifizierten Pyrrolmechanismus

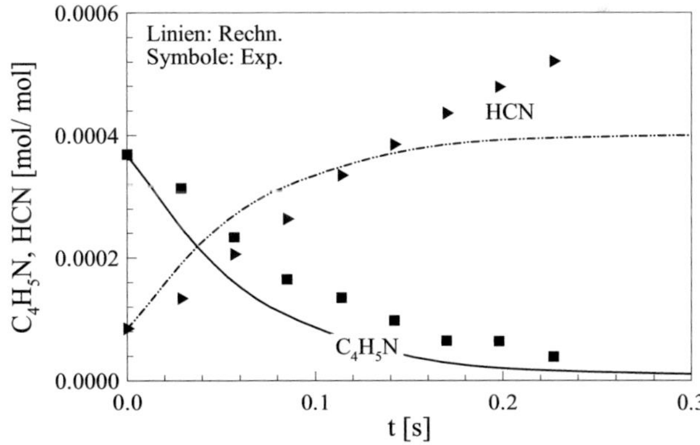

Abb. 4-47: Abbau von Pyrrol (Experiment 16, λ < 1), Berechnungen mit dem modifizierten Pyrrolmechanismus

Eine Reaktionsflussanalyse für λ < 1 (Exp. 16) ergab, dass Pyrrol über die in *Abb. 4-44* dargestellten Reaktionspfade nahezu vollständig in HCN abgebaut wird. Geringe Mengen (ca. 40 ppm, entspricht ca 10 % des eingesetzten Pyrrols) an Propionitril und Acrylnitril sind ebenfalls noch anzutreffen. Die HCN-Bildung über Methylamin ist bei der Simulation nur sehr schwach ausgeprägt, was auf den sehr langsamen Abbau des ebenfalls eingesetzten Ammoniaks zurückzuführen ist, wodurch nur wenig NH_2 für diesen Pfad zur Verfügung steht. Im Experiment scheint die HCN-Bildung über Methylamin verstärkt abzulaufen, weshalb die HCN-Konzentration hier höher ausfällt als bei der Berechnung.

4.2.2   Abbaumechanismus für Caprolactam

Auch beim Abbau von Caprolactam wird vor allem HCN gebildet, wie die in *Abb. 4-49*, *Abb. 4-50* und *Abb. 4-51* dargestellten experimentellen Verläufe zeigen. Für den Abbau von Caprolactam ist kein reaktionskinetisches Modell in der Literatur verfügbar. Es wurde daher ein einfacher Mechanismus in Anlehnung an den Pyrrolmechanismus abgeleitet. Experimentelle Untersuchungen haben ergeben, dass die Pyrolyse des Polymers Nylon 6 hauptsächlich zum Monomer Caprolactam führt (Bockhorn et al., 1999; Levchik et al., 1999). Dies lässt vermuten, dass der Aufbruch der Polymerkette an den Peptidbindungen erfolgt. Daher sollte auch der Aufbruch des Caprolactamrings an dieser Stelle erfolgen (RC1). Diese Annahme wird von den Untersuchungen von Levchik et al. (1999) bestätigt.

Als Folgereaktion wurde die Abspaltung von HCN von der C_6-Kette unterstellt (siehe Reaktion RC2, *Abb. 4-48*). Der Ringaufbruch sowie die HCN-Eliminierung sind ebenfalls charakteristische Reaktionsschritte beim Pyrrolabbau. Für diese Schritte wurden daher in erster Näherung die reaktionskinetischen Daten vom Pyrrolmechanismus übernommen.

Das verbleibende Aldehyd zerfällt gemäß des einfachen Mechanismus schließlich in HCO und C_4H_9 (RC3). Diese HCO-Abspaltung wird auch bei kürzeren Ketten wie zum Beispiel bei C_2H_5CHO als die wichtigste Abbaureaktion beobachtet (Konnov, 2000). Es wurden daher für Reaktion RC3 die reaktionskinetischen Daten des C_2H_5CHO-Abbaus von Konnov (2000) verwendet. Der Abbau des C_4H_9-Restes erfolgt schließlich über den Butanmechanismus von Dagaut et al. (2000a).

Der geschwindigkeitsbestimmende Schritt ist die Aufbruchreaktion des Rings. Die kinetischen Daten dieses Schritts wurden so angepasst, dass eine möglichst gute Übereinstimmung von Messung und Rechnung resultierte. Die Folgereaktionen verlaufen im Vergleich zum Ringaufbruch sehr schnell. Die verwendeten reaktionskinetischen Daten sind in Tabelle 4-2 aufgelistet.

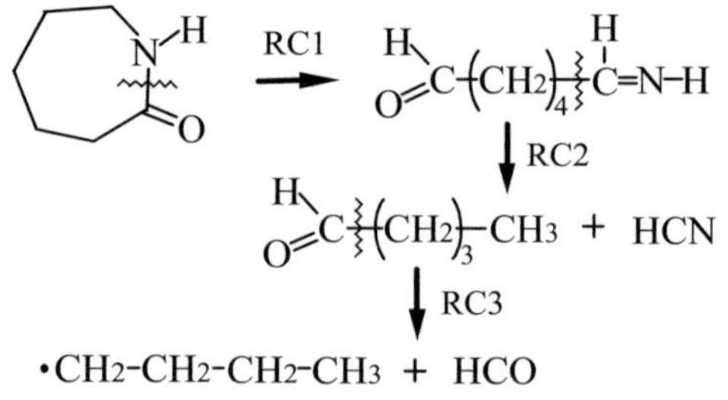

Abb. 4-48: Abbaumechanismus von Caprolactam

124

Der Ringaufbruch an der anderen C-N-Bindung unter Bildung eines Amids stellt auch eine Möglichkeit der Initiierung des Caprolactamabbaus dar (siehe Bockhorn et al., 1999). Als weiterführende Reaktion kann die Bildung des entsprechenden Nitrils durch Wasserabspaltung angenommen werden, wovon schließlich HCN abgespalten wird und 1,4-Dipenten übrig bleibt. Die Identifizierung des korrekten Pfades ist mit den hier durchgeführten Experimenten nicht möglich.

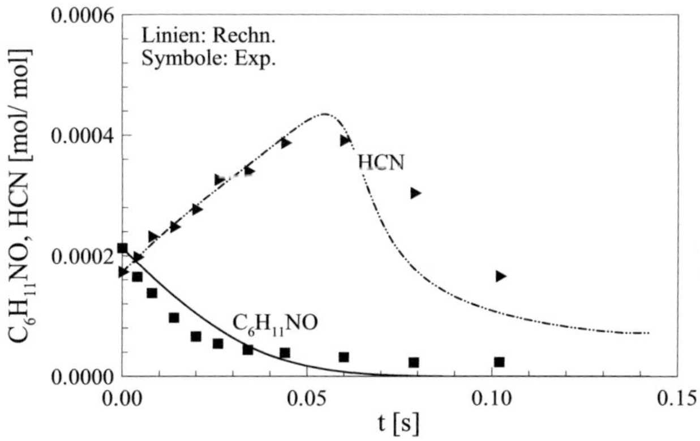

Abb. 4-49: Abbau von Caprolactam (Experiment 17, $\lambda > 1$), Berechnungen mit dem abgeleiteten Mechanismus

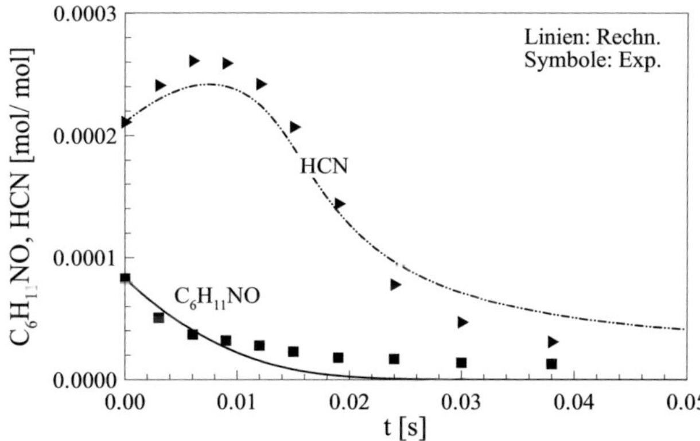

Abb. 4-50: Abbau von Caprolactam (Experiment 18, $\lambda > 1$), Berechnungen mit dem abgeleiteten Mechanismus

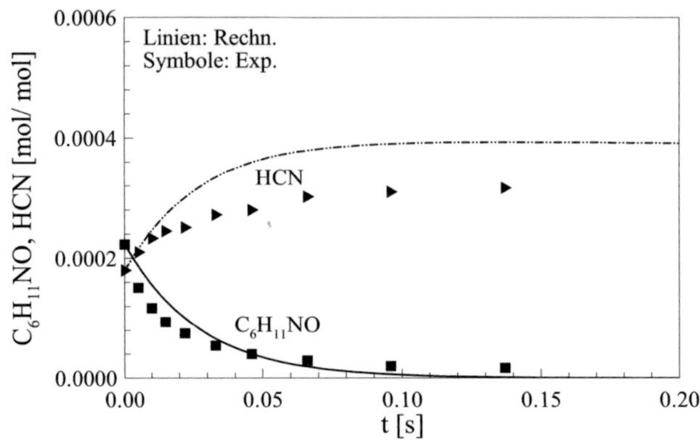

Abb. 4-51: Abbau von Caprolactam (Experiment 19, $\lambda < 1$), Berechnungen mit dem abgeleiteten Mechanismus

Für $\lambda < 1$ (*Abb. 4-51*) ist die berechnete HCN-Konzentration im Vergleich zu den Messdaten etwas zu hoch, aber sonst zeigt sich in allen Abbildungen eine sehr gute Übereinstimmung der gemessenen und berechneten Konzentrationsverläufe. Der abgeleitete Abbaumechanismus ist also in der Lage, den Caprolactamabbau unter den betrachteten Bedingungen sehr gut wiederzugeben.

	A (in s^{-1})	β	E$_A$ (in Kal/mol)
Pyrrol			
RP1	3,10E15	0	77147
RP2	3,10E14	0	36233
Caprolactam			
RC1	1,00E14	0	65147
RC2	1,10E13	0	36233
RC3	2,45E16	0	73000

Tabelle 4-2: Reaktionskinetische Daten für die Abbaumechanismen von Pyrrol und Caprolactam

Hiermit ist das Hauptziel dieser Arbeit erreicht. Es wurde ein reaktionskinetisches Modell bereitgestellt, das die Bildung von Stickstoffoxiden aus den wichtigsten, stickstoffhaltigen Pyrolyseprodukten in der Gasphase beschreiben kann. Die Überprüfung des Modells anhand eigener Messdaten und Literaturdaten erbrachte sehr gute Ergebnisse und beweist seine hohe Zuverlässigkeit und Genauigkeit.

4.3 Vereinfachung des Gesamtmechanismus

Der detaillierte Gesamtmechanismus, in dem auch die Abbaumodelle für Pyrrol und Caprolactam enthalten sind, umfasst ca. 900 Reaktionen zwischen über 100 Spezies. Er ist daher für den Einsatz in einem CFD-Modell zur Feuerraumberechnung einer Abfallverbrennungsanlage viel zu umfangreich. Es ist eine Vereinfachung erforderlich, die hier mit der konventionellen Reduktionsmethode (siehe Kap. 2.2.4.1) durchgeführt wurde.

4.3.1 Erstellung des Skelettmechanismus

Das Gesamtmodell deckt einen weit größeren Parameterbereich ab, als dies für die Abfallverbrennung erforderlich ist. Außerdem sind darin auch Reaktionen enthalten, die für die wesentlichen Reaktionsflüsse im gesamten gültigen Parameterbereich von untergeordneter Bedeutung sind. Zur Identifizierung der unter den interessierenden Bedingungen wesentlichen Reaktionen wurden PFR-Rechnungen mit dem Programm SENKIN durchgeführt, die anschließend mit Hilfe von integralen Reaktionsflussanalysen untersucht wurden (siehe Kap. 2.2.3.1). Als Input für die idealen PFR-Rechnungen ohne Dispersion wurden die Anfangsbedingungen aller durchgeführten Experimente (Tab. 3-2) sowie die Messungen über dem Gutbett einer Abfallverbrennungsanlage (Tab. 3-1) verwendet. Weiterhin wurden systematisch Rechnungen im folgenden Parameterbereich, in dem auch der untere Temperaturbereich des Reburning enthalten ist, durchgeführt:

T/K	λ	CH$_4$	CO	H$_2$O	NH$_3$	HCN	Pyrrol	Capro.	NO
1000 - 1400	0,5 – 1,5	3,0	8,0	10,0	2000	1000	300	300	100/1500

Tabelle 4-3: Parameterbereich bei den Berechnungen zur Erstellung des Skelettmechanismus (CH$_4$, CO, H$_2$O in Vol%; N-Spezies in ppm)

Im Rahmen der integralen Reaktionsflussanalyse wurden für jede PFR-Rechnung die relativen Reaktionsumsätze bestimmt und alle Reaktionen eliminiert, deren relative Umsätze unter eine zuvor gewählte Schranke ε fallen (siehe Gl. 2.2.2). Über einen Vergleich von Konzentrationsprofilen, die sich aus Berechnungen mit dem detaillierten Reaktionsmodell und dem so erhaltenen Skelettmechanismus ergaben, wurde ε so groß gewählt, dass noch eine zufrieden stellende Übereinstimmung der Speziesverläufe erreicht wurde.

Bei dieser Vorgehensweise wurde zwischen reinen Kohlenwasserstoffreaktionen und Reaktionen mit stickstoffhaltigen Spezies unterschieden. Dies ist sinnvoll, da bei den meisten Berechnungen die Umsätze bei den Kohlenwasserstoffen mehr als eine Größenordnung höher sind als bei den N-Spezies und dadurch bei der Reduktion wichtige Reaktionen stickstoffhaltiger Komponenten wegfallen würden, während nicht so bedeutende Reaktionsschritte der Oxidationschemie der Kohlenwasserstoffe berücksichtigt würden. Sowohl für die Chemie der N-Spezies als auch der Kohlenwasserstoffe wurde $\varepsilon = 3\ \%$ gewählt. Damit ergibt sich ein Skelettmechanismus mit 209 Reaktionen und 73 Spezies (Tabelle 4-4).

		A	β	E_A

Kohlenwasserstoffe:

		A	β	E_A
1:	O+OH<=>O2+H	2.000E+14	-0.400	0.
2:	O+H2<=>OH+H	5.000E+04	2.670	6290.
3:	OH+H2<=>H2O+H	2.100E+08	1.520	3450.
4:	2OH<=>O+H2O	4.300E+03	2.700	-2486.
5:	H+OH+M<=>H2O+M	1.600E+22	-2.000	0.
	H2O/ 5.0/			
6:	H+O2+N2<=>HO2+N2	6.700E+19	-1.420	0.
7:	H+O2+H2O<=>HO2+H2O	3.600E+19	-1.000	0.
8:	H+O2+CO2<=>HO2+CO2	2.000E+20	-1.420	0.
9:	H+HO2<=>H2+O2	4.300E+13	0.000	1411.
10:	H+HO2<=>2OH	1.700E+14	0.000	874.
11:	H+HO2<=>O+H2O	3.000E+13	0.000	1721.
12:	O+HO2<=>O2+OH	3.300E+13	0.000	0.
13:	OH+HO2<=>H2O+O2	1.900E+16	-1.000	0.
14:	2HO2<=>H2O2+O2	4.200E+14	0.000	11982.
15:	H2O2+M<=>2OH+M	1.300E+17	0.000	45500.
	H2O/ 5.0/			
16:	H2O2+OH<=>H2O+HO2	5.800E+14	0.000	9560.
17:	CO+OH<=>CO2+H	1.500E+07	1.300	-758.
18:	HO2+CO<=>CO2+OH	5.800E+13	0.000	22934.
19:	CH2O+H<=>HCO+H2	1.300E+08	1.620	2166.
20:	CH2O+O<=>HCO+OH	1.800E+13	0.000	3080.
21:	CH2O+OH<=>HCO+H2O	3.400E+09	1.180	-447.
22:	CH2O+O2<=>HCO+HO2	6.000E+13	0.000	40660.
23:	HCO+M<=>H+CO+M	1.900E+17	-1.000	17000.
	H2O/ 5.0/			
24:	HCO+H<=>CO+H2	1.200E+13	0.250	0.
25:	HCO+O2<=>HO2+CO	7.600E+12	0.000	400.
26:	CH3+H (+M) <=>CH4 (+M)	1.300E+16	-0.630	383.
	LOW / 1.750E+33 -4.76 2440.0 /			
	TROE / 0.7830 7.4000E+01 2.9410E+03 6.9640E+03 /			
	H2O/ 8.6/ N2/ 1.4/			
27:	CH4+H<=>CH3+H2	1.300E+04	3.000	8040.
28:	CH4+O<=>CH3+OH	1.000E+09	1.500	8600.
29:	CH4+OH<=>CH3+H2O	1.360E+06	2.180	2680.
30:	CH4+O2<=>CH3+HO2	7.900E+13	0.000	56000.
31:	CH3+O<=>CH2O+H	8.400E+13	0.000	0.
32:	CH2 (S) +H2O<=>CH3+OH	3.000E+15	-0.600	0.
33:	CH2OH+H<=>CH3+OH	1.000E+14	0.000	0.
34:	CH3+OH (+M) <=>CH3OH (+M)	6.300E+13	0.000	0.
	LOW / 1.890E+38 -6.30 3100.0 /			
	TROE / 0.2105 8.3500E+01 5.3980E+03 8.3700E+03 /			
	H2O/ 8.6/ N2/ 1.4/			
35:	CH3+HO2<=>CH3O+OH	8.000E+12	0.000	0.
36:	CH3+O2<=>CH3O+O	2.900E+13	0.000	30480.
37:	CH3+O2<=>CH2O+OH	1.900E+12	0.000	20315.
38:	2CH3 (+M) <=>C2H6 (+M)	2.100E+16	-0.970	620.
	LOW / 1.260E+50 -9.67 6220.0 /			
	TROE / 0.5325 1.5100E+02 1.0380E+03 4.9700E+03 /			
	CO/ 2.0/ CO2/ 3.0/ H2/ 2.0/ H2O/ 8.6/ N2/ 1.4/			
39:	CH3+CH2O<=>CH4+HCO	7.800E-08	6.100	1967.
40:	CH2+O2<=>CO+H2O	2.200E+22	-3.300	2867.
41:	CH2 (S) +N2<=>CH2+N2	1.300E+13	0.000	430.
42:	CH2 (S) +O2<=>CO+OH+H	7.000E+13	0.000	0.
43:	CH2O+H (+M) <=>CH3O (+M)	5.400E+11	0.454	2600.
	LOW / 1.540E+30 -4.80 5560.0 /			
	TROE / 0.7580 9.4000E+01 1.5550E+03 4.2000E+03 /			

```
         H2O/ 8.6/  N2/ 1.4/
44:   H+CH2O(+M)<=>CH2OH(+M)              5.400E+11      0.454      3600.
         LOW  /  9.100E+31   -4.82      6530.0 /
         TROE / 0.7187    1.0300E+02   1.2910E+03   4.1600E+03 /
         CO/ 2.0/  CO2/ 3.0/  H2/ 2.0/  H2O/ 8.6/  N2/ 1.4/
45:   CH2OH+O2<=>CH2O+HO2                 7.200E+13      0.000      3577.
46:   C2H6+H<=>C2H5+H2                    5.400E+02      3.500      5210.
47:   C2H6+O<=>C2H5+OH                    3.000E+07      2.000      5115.
48:   C2H6+OH<=>C2H5+H2O                  7.200E+06      2.000       864.
49:   C2H6+CH3<=>C2H5+CH4                 5.500E-01      4.000      8300.
50:   C2H4+H(+M)<=>C2H5(+M)               1.100E+12      0.454      1822.
         LOW  /  1.110E+34   -5.00      4448.0 /
         TROE / 0.5000    9.5000E+01   9.5000E+01   2.0000E+02 /
         H2O/ 5.0/
51:   C2H5+H<=>2CH3                       4.900E+12      0.350         0.
52:   C2H5+O2<=>C2H4+HO2                  1.000E+10      0.000     -2190.
53:   C2H4+H<=>C2H3+H2                    5.400E+14      0.000     14900.
54:   C2H4+O<=>CH2HCO+H                   4.700E+06      1.880       180.
55:   C2H4+O<=>CH3+HCO                    8.100E+06      1.880       180.
56:   C2H4+OH<=>C2H3+H2O                  2.000E+13      0.000      5940.
57:   H+C2H2(+M)<=>C2H3(+M)               3.100E+11      0.580      2590.
         LOW  /  2.250E+40   -7.27      6577.0 /
         TROE / 0.5000    6.7500E+02   6.7500E+02 /
         CO/ 2.0/  CO2/ 3.0/  H2/ 2.0/  H2O/ 5.0/
58:   C2H3+O2<=>CH2O+HCO                  1.100E+23     -3.290      3890.
59:   C2H3+O2<=>CH2HCO+O                  2.500E+15     -0.780      3135.
60:   C2H2+O<=>CH2+CO                     6.100E+06      2.000      1900.
61:   C2H2+O<=>HCCO+H                     1.400E+07      2.000      1900.
62:   C2H2+O2<=>2HCO                      2.000E+08      1.500     30100.
63:   CH2HCO<=>CH3+CO                     1.000E+13      0.000     42000.
64:   CH2HCO+O2<=>CH2O+CO+OH              2.200E+11      0.000      1500.
65:   HCCO+O2<=>CO2+CO+H                  1.400E+07      1.700      1000.
66:   HCCO+O2<=>2CO+OH                    2.900E+07      1.700      1000.

**Stickstoffhaltige Spezies:**
67:   H+NO+M<=>HNO+M                      2.700E+15      0.000      -600.
         O2/ 1.5/  CO2/ 3.0/  H2/ 2.0/  H2O/10.0/  N2/ 0.0/
68:   H+NO+N2<=>HNO+N2                    7.000E+19     -1.500         0.
69:   NO+O+M<=>NO2+M                      7.500E+19     -1.410         0.
         O2/ 1.5/  H2O/10.0/  N2/ 1.7/
70:   OH+NO+M<=>HONO+M                    5.100E+23     -2.510       -68.
         H2O/ 5.0/
71:   HO2+NO<=>NO2+OH                     2.100E+12      0.000      -479.
72:   NO2+H<=>NO+OH                       8.400E+13      0.000         0.
73:   NO2+O<=>NO+O2                       3.900E+12      0.000      -238.
74:   HNO+H<=>H2+NO                       4.500E+11      0.720       655.
75:   HNO+O<=>NO+OH                       1.000E+13      0.000         0.
76:   HNO+OH<=>NO+H2O                     3.600E+13      0.000         0.
77:   HNO+O2<=>HO2+NO                     1.000E+13      0.000     25000.
78:   H2NO+M<=>HNO+H+M                    2.500E+15      0.000     50000.
         H2O/ 5.0/  N2/ 2.0/
79:   H2NO+H<=>HNO+H2                     3.000E+07      2.000      2000.
80:   H2NO+H<=>NH2+OH                     5.000E+13      0.000         0.
81:   H2NO+O<=>HNO+OH                     3.000E+07      2.000      2000.
82:   O2+NH2<=>H2NO+O                     6.000E+13      0.000     30000.
83:   H2NO+OH<=>HNO+H2O                   2.400E+06      2.000     -1192.
84:   H2NO+NO2<=>HNO+HONO                 6.000E+11      0.000      2000.
85:   HONO+H<=>H2+NO2                     1.200E+13      0.000      7352.
86:   HONO+OH<=>H2O+NO2                   4.000E+12      0.000         0.
87:   NH3+M<=>NH2+H+M                     2.200E+16      0.000     93470.
88:   NH3+H<=>NH2+H2                      6.400E+05      2.390     10171.
89:   NH3+O<=>NH2+OH                      9.400E+06      1.940      6460.
```

	Reaction	A	n	E
90:	NH3+OH<=>NH2+H2O	2.000E+06	2.040	566.
91:	NH2+H<=>NH+H2	4.000E+13	0.000	3650.
92:	NH2+O<=>HNO+H	4.600E+13	0.000	0.
93:	NH2+O<=>NH+OH	6.800E+12	0.000	0.
94:	NH2+OH<=>NH+H2O	2.400E+06	2.000	50.
95:	NH2+HO2<=>H2NO+OH	2.000E+13	0.000	0.
96:	NH2+HO2<=>NH3+O2	1.000E+13	0.000	0.
97:	NH2+NO<=>NNH+OH	2.500E+15	-1.203	-212.
98:	NH2+NO<=>N2+H2O	4.340E+15	-1.203	-212.
99:	NO2+NH2<=>N2O+H2O	1.656E+14	-0.740	0.
100:	NH2+NO2<=>H2NO+NO	3.500E+12	0.000	0.
101:	NH2+H2NO<=>NH3+HNO	3.000E+12	0.000	1000.
102:	2NH2<=>N2H2+H2	8.500E+11	0.000	0.
103:	NH2+NH<=>N2H2+H	5.000E+13	0.000	0.
104:	NH+H<=>N+H2	3.000E+13	0.000	0.
105:	NH+O<=>NO+H	9.200E+13	0.000	0.
106:	NH+OH<=>HNO+H	2.000E+13	0.000	0.
107:	NH+OH<=>N+H2O	5.000E+11	0.500	2000.
108:	NH+O2<=>HNO+O	4.600E+05	2.000	6500.
109:	NH+O2<=>NO+OH	1.300E+06	1.500	100.
110:	NH+NO<=>N2O+H	2.740E+15	-0.780	80.
111:	NH+NO<=>N2+OH	6.840E+14	-0.780	80.
112:	N+OH<=>NO+H	3.800E+13	0.000	0.
113:	N+O2<=>NO+O	6.400E+09	1.000	6280.
114:	N+NO<=>N2+O	3.300E+12	0.300	0.
115:	N2H2+M<=>NNH+H+M	5.000E+16	0.000	50000.
	O2/ 2.0/ H2/ 2.0/ H2O/15.0/ N2/ 2.0/			
116:	N2H2+NO<=>N2O+NH2	3.000E+12	0.000	0.
117:	N2H2+H<=>NNH+H2	5.000E+13	0.000	1000.
118:	N2H2+OH<=>NNH+H2O	1.000E+13	0.000	1000.
119:	N2H2+NH2<=>NH3+NNH	1.000E+13	0.000	1000.
120:	NNH<=>N2+H	1.000E+07	0.000	0.
121:	NNH+O2<=>N2+HO2	2.000E+14	0.000	0.
122:	NNH+O2<=>N2+O2+H	5.000E+13	0.000	0.
123:	N2O+M<=>N2+O+M	4.000E+14	0.000	56100.
	O2/ 1.4/ CO/ 1.5/ CO2/ 3.0/ H2O/12.0/ N2/ 1.7/			
124:	N2O+H<=>N2+OH	7.800E+14	0.000	19500.
125:	CN+H2<=>HCN+H	3.000E+05	2.450	2237.
126:	HCN+O<=>NCO+H	1.400E+04	2.640	4980.
127:	HCN+O<=>NH+CO	3.500E+03	2.640	4980.
128:	HCN+OH<=>CN+H2O	3.900E+06	1.830	10300.
129:	HCN+OH<=>HOCN+H	5.900E+04	2.400	12500.
130:	HCN+OH<=>HNCO+H	2.000E-03	4.000	1000.
131:	CN+OH<=>NCO+H	4.000E+13	0.000	0.
132:	CN+O2<=>NCO+O	7.500E+12	0.000	-389.
133:	HNCO+H<=>NH2+CO	2.200E+07	1.700	3800.
134:	HNCO+O<=>NH+CO2	9.800E+07	1.410	8524.
135:	HNCO+OH<=>NCO+H2O	3.270E+07	1.500	3600.
136:	HNCO+OH<=>CO2+NH2	3.600E+06	1.500	3600.
137:	HNCO+NH2<=>NH3+NCO	5.000E+12	0.000	6200.
138:	HOCN+H<=>NCO+H2	2.000E+07	2.000	2000.
139:	HOCN+OH<=>NCO+H2O	6.400E+05	2.000	2563.
140:	HCNO+O<=>HCO+NO	2.000E+14	0.000	0.
141:	HCNO+OH<=>CH2O+NO	4.000E+13	0.000	0.
142:	NCO+H<=>NH+CO	5.000E+13	0.000	0.
143:	NCO+O<=>NO+CO	4.320E+13	0.000	0.
144:	NCO+H2<=>HNCO+H	7.600E+02	3.000	4000.
145:	NCO+NO<=>N2O+CO	8.000E+17	-1.730	755.
146:	NCO+NO<=>N2+CO2	5.800E+17	-1.730	755.
147:	H+CH3CN<=>HCN+CH3	1.000E+14	0.000	9740.
148:	CH2CN+O<=>CH2O+CN	1.000E+14	0.000	0.
149:	OH+CH3CN<=>CH2CN+H2O	2.000E+07	2.000	2000.

150:	H2CN+M<=>HCN+H+M	3.000E+14	0.000	22000.
151:	CO+N2O<=>N2+CO2	3.200E+11	0.000	20237.
152:	CO2+N<=>NO+CO	1.900E+11	0.000	3400.
153:	CH2O+NCO<=>HNCO+HCO	6.000E+12	0.000	0.
154:	HCO+NO<=>HNO+CO	7.200E+12	0.000	0.
155:	CH4+CN<=>CH3+HCN	6.200E+04	2.640	-437.
156:	NCO+CH4<=>CH3+HNCO	9.800E+12	0.000	8120.
157:	CH3+NO<=>HCN+H2O	1.500E-01	3.523	3950.
158:	CH3+NO<=>H2CN+OH	1.500E-01	3.523	3950.
159:	CH3+NO2<=>CH3O+NO	1.400E+13	0.000	0.
160:	CH3+N<=>H2CN+H	7.100E+13	0.000	0.
161:	CH3+HOCN<=>CH3CN+OH	5.000E+12	0.000	2000.
162:	CH2+NO<=>HCN+OH	2.200E+12	0.000	-378.
163:	CH2+NO<=>HCNO+H	1.300E+12	0.000	-378.
164:	C2H6+NCO<=>C2H5+HNCO	1.500E-09	6.890	-2910.
165:	C2H4+CN<=>C2H3+HCN	5.900E+14	-0.240	0.
166:	C2H3+NO<=>C2H2+HNO	1.000E+12	0.000	1000.
167:	HCCO+NO<=>HCNO+CO	7.200E+12	0.000	0.
168:	HCCO+NO<=>HCN+CO2	1.600E+13	0.000	0.
169:	NH+CH3<=>H2C*NH+H	4.000E+13	0.000	0.
170:	CH3+NH2<=>CH3NH2	6.400E+52	-11.990	16790.
171:	HCNH<=>HCN+H	6.100E+28	-5.690	24271.
172:	H2C*NH+H<=>H2CN+H2	2.400E+08	1.500	7322.
173:	H2C*NH+OH<=>H2CN+H2O	1.200E+06	2.000	-89.
174:	H2C*NH+CH3<=>H2CN+CH4	8.200E+05	1.870	7123.
175:	H2C*NH+H<=>HCNH+H2	3.000E+08	1.500	6130.
176:	H2C*NH+OH<=>HCNH+H2O	2.400E+06	2.000	457.
177:	H2C*NH+O<=>CH2O+NH	1.700E+06	2.080	0.
178:	CH3N.H<=>H2C*NH+H	1.300E+42	-9.240	41340.
179:	C.H2NH2<=>H2C*NH+H	2.400E+48	-10.820	52040.
180:	C.H2NH2+O2<=>H2C*NH+HO2	1.000E+22	-3.090	6756.
181:	CH3NH2+H<=>C.H2NH2+H2	5.600E+08	1.500	5464.
182:	CH3NH2+OH<=>C.H2NH2+H2O	3.600E+06	2.000	238.
183:	CH3NH2+H<=>CH3N.H+H2	4.800E+08	1.500	9706.
184:	CH3NH2+OH<=>CH3N.H+H2O	2.400E+06	2.000	447.

Zusatzreaktionen für den Pyrrol und Caprolactamabbau:

185:	C4H5N+M<=>PYRLNE+M	1.200E+36	-5.500	57204.
186:	C4H5N<=>HNCPROP	3.100E+15	0.000	77147.
187:	PYRLNE<=>CI-C3H5CN	1.400E+81	-18.800	113332.
188:	HNCPROP<=>HCN+C3H4P	3.100E+14	0.000	36233.
189:	ALLYLCN<=>CI-C3H5CN	7.200E+14	0.000	58852.
190:	CH3+HCCHCN<=>TR-C3H5CN	4.000E+13	0.000	0.
191:	CH3+HCCHCN<=>CI-C3H5CN	4.000E+13	0.000	0.
192:	AC3H4CN<=>C-C3H4CN	5.000E+13	0.000	51973.
193:	C-C3H4CN<=>C2H2+CH2CN	5.000E+13	0.000	27993.
194:	C3H5<=>C3H4P+H	2.300E+13	0.000	60165.
195:	CH3CN<=>CH2CN+H	8.000E+14	0.000	94989.
196:	2CH2CN<=>SUCC	2.300E+13	0.000	0.
197:	H+C3H4P<=>CH3+C2H2	1.300E+05	2.500	1003.
198:	CH3+C3H4P<=>CH4+C3H3	5.000E+11	0.000	8790.
199:	H+H2CCHCN<=>HCCHCN+H2	5.000E+13	0.000	8001.
200:	NCCHCH2CN<=>H2CCHCN+CN	2.200E+14	0.000	54958.
201:	CH3+SUCC<=>CH4+NCCHCH2CN	2.000E+12	0.000	4992.
202:	C6H11NO=>HNC6H10O	1.000E+14	0.000	65147.
203:	HNC6H10O=>HCN+C4H9CHO	1.100E+13	0.000	36233.
204:	C4H9CHO=>SC4H9+HCO	2.450E+16	0.000	73000.
205:	C3H6<=>C3H5+H	1.060E+47	-9.300	104551.
206:	C3H6+OH<=>C3H5+H2O	7.700E+05	2.214	622.
207:	C3H6+H<=>C2H4+CH3	7.230E+12	0.000	1302.
208:	C3H6+H<=>C3H5+H2	1.730E+05	2.500	2492.
209:	SC4H9<=>C3H6+CH3	9.330E+12	0.000	29210.

Spezies:

O2	CO	CO2	CH4	H2
H2O	C2H2	C2H4	NO	HCN
NH3	N2O	NO2	HNCO	C2H6
H	O	OH	HO2	C4H5N
C6H11NO	CH3CN	H2O2	CH2O	HCO
CH3	CH2	CH2(S)	CH3OH	CH3O
CH2OH	C2H5	C2H3	CH2HCO	HCCO
HNO	HONO	H2NO	NH2	NH
N	N2H2	NNH	CN	NCO
HOCN	HCNO	CH2CN	H2CN	N2
CH3NH2	C.H2NH2	CH3N.H	H2C*NH	HCNH
C3H3	C3H4P	C3H5	HCCHCN	H2CCHCN
AC3H4CN	C-C3H4CN	PYRLNE	ALLYLCN	HNCPROP
CI-C3H5CN	TR-C3H5CN	NCCHCH2CN	SUCC	HNC6H10O
C4H9CHO	SC4H9	C3H6		

Tabelle 4-4: Elementarreaktionen im Skelettmechanismus (Einheiten: cm³, mol, s, Kalorien), Format siehe Kee et al. (1989)

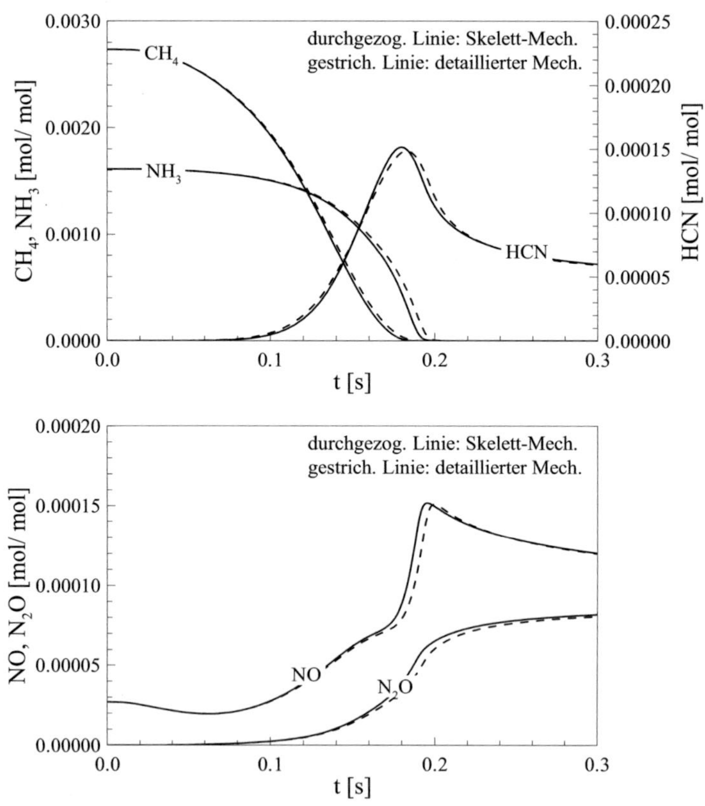

Abb. 4-52: Vergleich von Berechnungen mit detailliertem Modell und Skelettmechanismus für Experiment 2

132

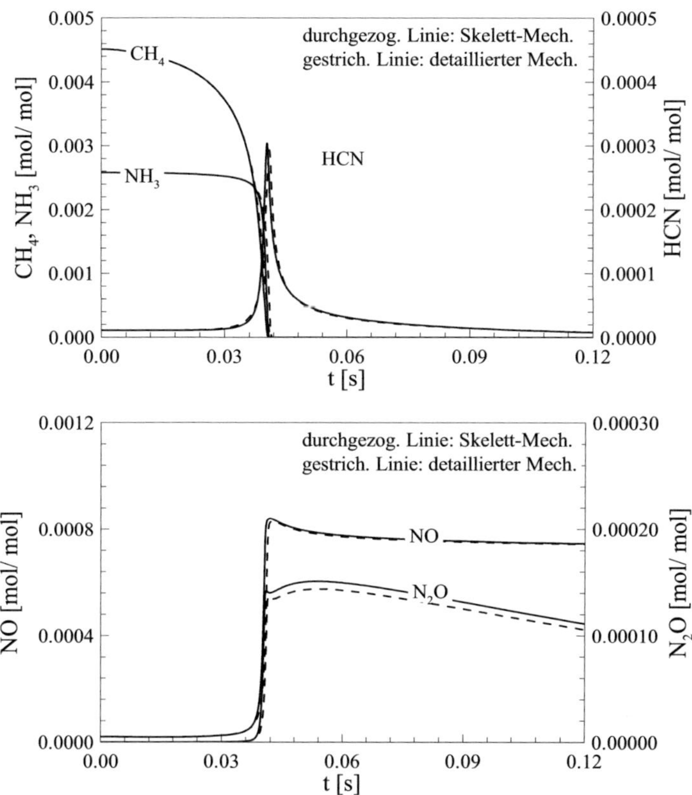

Abb. 4-53: Vergleich von Berechnungen mit detailliertem Modell und Skelettmechanismus für Experiment 6

Die Übereinstimmung der mit detailliertem Modell und dem Skelettmechanismus berechneten Verläufe ist für diese Grenzen noch ausgezeichnet, wie exemplarisch *Abb. 4-52, Abb. 4-53* und *Abb. 4-54* zeigen. Lediglich bei $\lambda < 1$ (*Abb. 4-54*) ist eine leichte Erhöhung der HCN-Bildung bei den Berechnungen mit dem Skelettmechanismus zu erkennen, was jedoch im Vergleich mit den experimentellen Verläufen zu einer besseren Deckung führt. Eine weitere Erhöhung der Grenzen auf $\varepsilon = 4\ \%$ hat sowohl in der Chemie der Kohlenwasserstoffe als auch der N-Spezies eine erhebliche Verschlechterung der Übereinstimmung zur Folge.

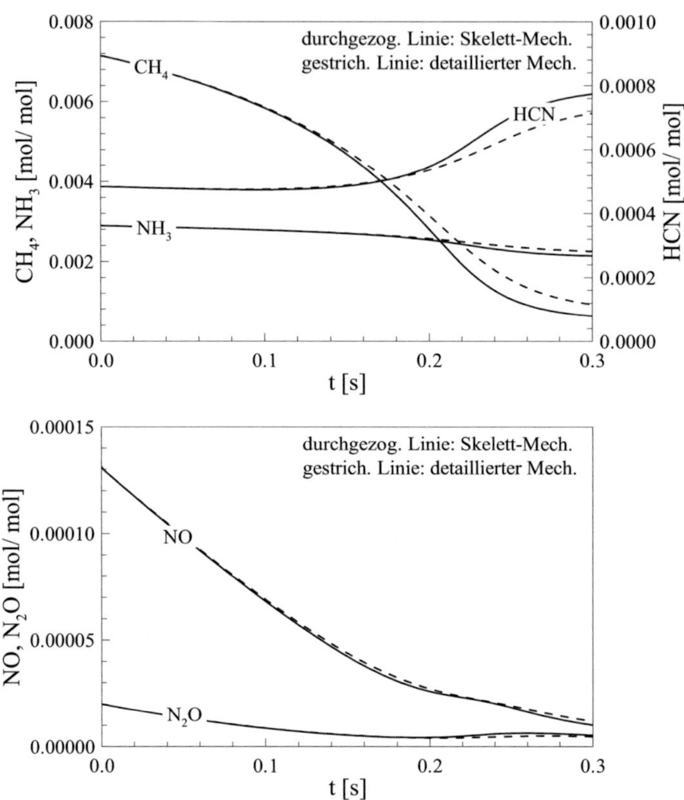

Abb. 4-54: Vergleich von Berechnungen mit detailliertem Modell und Skelettmechanismus für Experiment 9

4.3.2 Reduzierter Mechanismus

Der nächste Schritt bei der Mechanismenreduzierung über die konventionelle Methode ist die Ermittlung quasistationärer Spezies. Dies erfolgte hier über die maximale Höhe der Konzentration, die die Spezies während des Reaktionsverlaufes erreichen. Die höchsten Konzentrationen besitzen die stabilen Spezies O_2, H_2, H_2O, N_2, CO_2, CO, CH_2O, CH_4, CH_3OH, C_2H_6, C_2H_4, C_2H_2, NO, NH_3, N_2O, HCN, $HNCO$, C_4H_5N, $C_6H_{11}NO$, so dass in erster Näherung alle anderen, hauptsächlich instabilen Komponenten als quasistationär angenommen wurden. Ein Vergleich der mit dem so reduzierten Mechanismus und dem detaillierten Modell berechneten Konzentrationsprofile zeigte jedoch keine gute Übereinstimmung, sodass zusätzlich das H-Atom zu den nicht quasistationären Hauptspezies hinzugenommen wurde. Auch dieses Teilchen erreicht während des Reaktionsverlaufes unter den meisten Bedingungen eine Konzentration, die in der Größenordnung anderer, stabiler Spezies liegt. Im reduzierten Mechanismus sind damit noch 20 Spezies enthalten.

Wie in Kapitel 2.2.4.1 beschrieben, ist es nun möglich, für jede quasistationäre Spezies eine weitere Reaktion im Skelettmechanismus zu eliminieren. Dabei wurde jeweils die Reaktion mit der schnellsten Geschwindigkeit ausgesucht, in der diese Komponente umgesetzt wird. In der folgenden Tabelle sind die 53 quasistationären Spezies mit den jeweils eliminierten Elementarreaktionen aufgelistet.

NO2	r72	H2NO	r95	C3H4P	r197
O	r1	NH2	r90	C3H5	r205
OH	r17	NH	r94	HCCHCN	r199
HO2	r7	N	r107	H2CCHCN	r200
CH3CN	r149	N2H2	r103	AC3H4CN	r192
H2O2	r16	NNH	r121	CC3H4CN	r193
HCO	r21	CN	r128	PYRLNE	r185
CH3	r29	NCO	r126	ALLYLCN	r189
CH2	r40	HOCN	r129	HNCPROP	r188
CH2S	r32	HCNO	r163	CIC3H5CN	r191
CH3O	r43	CH2CN	r148	TRC3H5CN	r190
CH2OH	r33	H2CN	r150	NCCHCH2CN	r201
C2H5	r50	CH3NH2	r170	SUCC	r196
C2H3	r56	CH2NH2	r182	HNC6H10O	r203
CH2HCO	r63	CH3NH	r178	C4H9CHO	r204
HCCO	r61	H2CNH	r176	SC4H9	r209
HNO	r76	HCNH	r171	C3H6	r207
HONO	r70	C3H3	r198		

Tabelle 4-5: Quasistationäre Spezies und eliminierte Reaktionen

Die Eliminierung der quasistationären Spezies und oben stehender Reaktionen aus dem Skelettmechanismus führt zu insgesamt 16 linear unabhängigen Globalreaktionen:

```
I:     2 H -> H2
II:    O2 + 2 CO -> 2 CO2
III:   H2O + CO -> H2 + CO2
IV:    O2 + CH4 -> H2O + CH2O
V:     2 H + 2 CO2 + CH4 -> H2O + 2 CO + CH3OH
VI:    C2H6 -> H2 + C2H4
VII:   O2 + C2H4 -> 2 CH2O
VIII:  NO + NH3 -> H + H2O + N2
IX:    CO + N2O -> N2 + CO2
X:     CO2 + HCN -> CO + HNCO
XI:    H2O + CO2 -> O2 + CH2O
XII:   CH4 + NO -> H + H2O + HCN
XIII:  H2O + CO + C4H5N -> CO2 + CH4 + C2H2 + HCN
XIV:   C2H4 -> 2 H + C2H2
XV:    3 H2O + 3 CO + C6H11NO -> 2 H + 3 CO2 + CH2O + 2 CH4 + C2H4 + HCN
XVI:   2 H + 3 CO2 + CH4 + NH3 -> H2 + 3 H2O + 3 CO + HCN
```

Tabelle 4-6: Globalreaktionen

Die Reaktionsgeschwindigkeiten der Globalreaktionen ergeben sich aus dem Eliminierungsverfahren und sind als Linearkombinationen der Geschwindigkeiten der Elementarreaktionen im Skelettmechanismus darstellbar (Tabelle 4-7). Für die Berechnung der benötigten Reaktionsgeschwindigkeiten der Elementarreaktionen sind die Konzentrationen der quasistationären Spezies erforderlich. Diese wurden, wie in Kapitel 2.2.4.1 beschrieben, über entsprechend umgeformte Quasistationaritätsbedingungen berechnet. Aufgrund der niedrigen Temperaturen, die bei der Abfallverbrennung auftreten können (T < 1100 K), war es nicht möglich, Partielle Gleichgewichte für die Konzentrationsberechnung der quasistationären Spezies zu verwenden. Die Konzentrationsbestimmung erfolgte iterativ, da in den einzelnen Berechnungsformeln auch die Konzentrationen von quasistationären Spezies auftreten.

```
qI   = - q(2)  + q(4)  + q(5)  + q(9)  + q(11) + q(13) + q(14) - q(15)
       - q(20) - q(22) + q(24) + q(26) - q(28) - q(30) + q(38) + q(41)
       - q(47) - q(54) - q(55) - q(57) - q(60) - 2.*q(62) - 2.*q(65)
       - 2.*q(66) + q(67) + q(68) - q(75) - q(77) - q(78) - q(81) - q(84)
       + q(85) + q(86) - q(87) - q(89) - q(92) - q(93) + q(96) + q(98)
       + q(99) - q(105) - q(109) + q(110) + q(111) + 2.*q(114) - q(115)
       + q(116) + q(131) + q(132) + q(133) + q(135) + q(136) + q(137)
       + q(138) + q(139) - q(140) - q(143) - q(144) + q(145) + q(146)
       - q(153) + q(154) - q(156) + q(157) - q(164) + 2.*q(166) - q(167)
       - q(168) - 3.*q(187) - q(195) + q(206) + q(208)

qII  = + q(2)  - q(4)  + q(10) + q(12) + q(15) + q(18) + q(20) - q(23)
       - q(24) - q(25) + q(28) - q(36) - q(38) - q(41) - q(42) + q(44)
       - q(45) + q(47) + q(51) + q(55) - q(59) - q(60) - q(65) - q(66)
       + q(69) + q(71) + q(75) + q(78) + q(79) + q(80) + 2.*q(81) - q(82)
       + q(83) + q(84) + q(89) + q(92) + q(93) - q(100) + q(101) + q(105)
       + q(109) - q(114) - q(123) - q(127) - q(131) - q(132) - 2.*q(133)
       - q(134) - q(135) - 2.*q(136) - q(137) - q(138) - q(139) + q(140)
       - q(142) + q(144) - q(145) - q(146) + q(153) - q(154) + q(156)
       - q(159) + q(162) + q(164) - q(167) + q(187)

qIII = - q(3)  - q(4)  - q(5)  - q(11) - q(13) - q(14) + q(15)
       + q(19) + q(20) + q(22) - q(26) + q(27) + q(28) + q(30) - q(41)
       - q(48) - q(49) + q(53) + q(54) + q(55) + q(57) + q(60) + 2.*q(62)
       + 2.*q(65) + 2.*q(66) - q(67) - q(68) + q(74) + q(75) + q(77)
       - q(83) - q(86) + q(87) + q(88) + q(89) + q(91) + q(93) - q(96)
       - q(98) - q(99) - q(101) + q(102) + q(104) - q(106) - q(108)
       - q(110) - q(111) - q(112) - q(113) - 2.*q(114) - q(116) - q(118)
       - q(119) - q(125) + q(127) - q(131) - q(132) + q(134) - q(135)
       - q(137) - q(139) + q(140) + q(142) + q(143) - q(152) + q(153)
       - q(154) + q(156) - q(157) - q(160) - 2.*q(166) + q(167) + q(168)
       - q(169) + q(172) + q(175) + q(177) - q(179) - q(180) + q(181)
       - q(184) + 2.*q(187) + q(195) - q(206)

qIV  = + q(31) + q(35) + q(36) + q(37) + 2.*q(38) + q(41) + q(42)
       - q(44) + q(45) - 2.*q(51) - q(54) - q(55) - q(59) + q(64)
       + q(127)+ q(133) + q(134) + q(136) + q(142) + q(143) + q(145)
       + q(146)- q(147) + q(159) + q(161) - q(162) - q(168) + q(177)

qV   = + q(34)

qVI  = - q(38) + q(46) + q(47) + q(48) + q(49) + q(164)

qVII = - q(38) + q(51) + q(54) + q(55) + q(58) + q(59) + q(60)
       + q(62) + q(65) + q(66) + q(167) + q(168) + q(187)

qVIII = + q(97) + q(98) + q(99) + q(110) + q(111) + q(114) + q(115)
        + q(116) + q(117) + q(118) + q(119) + q(145) + q(146)
```

```
qIX   = - q(99)  - q(110) - q(116) + q(123) + q(124) - q(145) + q(151)

 qX   = + q(130) - q(133) - q(134) - q(135) - q(136) - q(137) + q(144)
        + q(153) + q(156) + q(164)

qXI   = - q(23)  - q(24)  - q(25)  - q(41)  - q(42)  - q(54)  - q(59)
        - 2.*q(60) - 2.*q(65) - 2.*q(66) - q(127) - q(133) - q(134)
        - q(136)+ q(140) + q(141) - q(142) - q(143) - q(145) - q(146)
        - q(154)+ q(162) - 2.*q(167) - q(168)

qXII  = - q(78)  - q(79)  - q(81)  - q(83)  - q(84)  - q(92)  - q(101)
        - q(105) - q(106) - q(108) - q(109) - q(112) - q(113) - q(115)
        - q(117) - q(118) - q(119) - q(143) - q(152) + q(157) + q(158)
        + q(162) + q(168)

qXIII = + q(186) + q(187)

qXIV  = - q(57)  - q(60)  - q(62)    q(65)  - q(66)  + q(166) - q(167)
        - q(168) - q(187) + q(194)

 qXV  = + q(202)

qXVI  = + q(78)  + q(79)  + q(81)  + q(83)  + q(84)  + q(92)  + q(101)
        + q(105) + q(106) + q(108) + q(109) + q(112) + q(113) + q(115)
        + q(117) + q(118) + q(119) - q(127) - q(133) - q(134) - q(136)
        - q(142) - q(145) - q(146) + q(152) + q(160) + q(169) - q(177)
        + q(179) + q(180) + q(183) + q(184)
```

Tabelle 4-7: Globale Reaktionsgeschwindigkeiten

Die Übereinstimmung der Konzentrationsprofile, die mittels Berechnungen mit dem detaillierten und dem reduzierten Mechanismus erhalten wurden, ist ebenfalls sehr gut, wie exemplarisch *Abb. 4-55*, *Abb. 4-56* und *Abb. 4-57* zeigen. Die mit dem reduzierten Modell berechneten Verläufe zeigen jedoch unter allen drei hier dargestellten Bedingungen einen leichten Versatz zu niedrigeren Reaktionszeiten hin, was auf allgemein kürzere Induktionszeiten zurückzuführen ist. Dies ist ein Effekt, der automatisch mit der Einführung von Quasistationaritätsbedingungen einhergeht. Bei diesen Berechnungen wird die Bildung der quasistationären Spezies, die bei detaillierten Berechnungen am Anfang des Reaktionsablaufes erst erfolgen muss, unterschlagen. Da die Konzentrationen der quasistationären Spezies im reduzierten Mechanismus über die umgeformten Quasistationaritätsbedingungen berechnet werden, besitzen diese von Reaktionsbeginn an ihren quasistationären Wert. Bei höheren Temperaturen (*Abb. 4-56*) ist der Versatz wesentlich geringer, da hier bei den Berechnungen mit dem detaillierten Mechanismus der Aufbau der quasistationären Spezies schneller abläuft.

Die Hinzunahme einzelner quasistationärer Zwischenspezies zu den Hauptspezies hat nahezu keinen Einfluss auf die berechneten Verläufe. Eine Verkleinerung des Versatzes wird nur dadurch erreicht, dass mehrere quasistationäre Spezies, die in höheren Konzentrationen auftreten (z. B. HO_2, CH_3), als Hauptspezies betrachtet werden. Dies liegt jedoch nicht im Sinne der Vereinfachung, durch die die Anzahl der zu berücksichtigenden Spezies auf ein Minimum reduziert werden sollte.

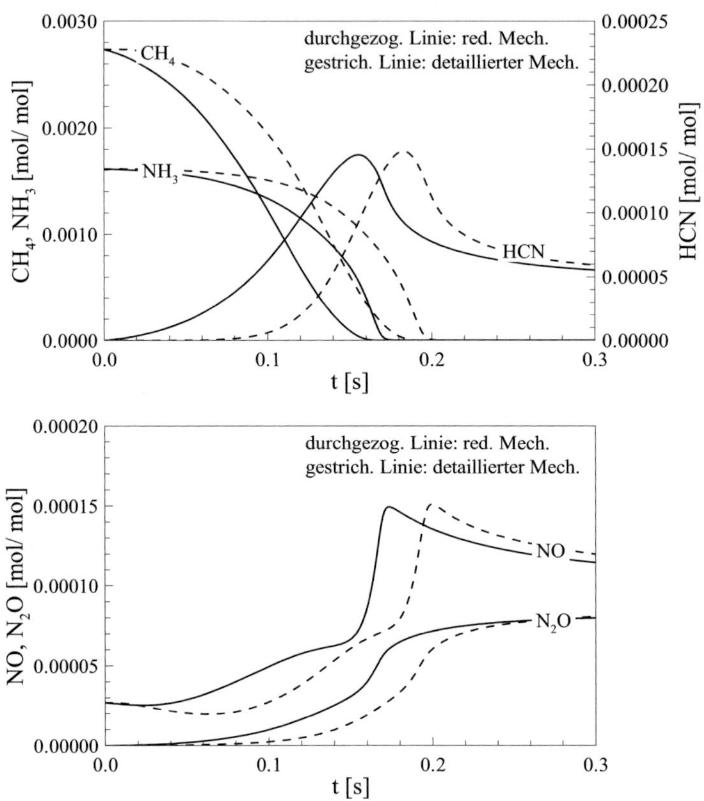

Abb. 4-55: Vergleich von Berechnungen mit detailliertem und reduziertem Mechanismus für Experiment 2

Der reduzierte Mechanismus steht als FORTRAN-Programm für die Verwendung in der numerischen Simulation zur Verfügung. Das Programm gibt die Umsatzgeschwindigkeiten der 20 Hauptspezies (O_2, H_2, H_2O, N_2, CO_2, CO, CH_2O, CH_4, CH_3OH, C_2H_6, C_2H_4, C_2H_2, NO, NH_3, N_2O, HCN, $HNCO$, C_4H_5N, $C_6H_{11}NO$, H) als Funktion von Druck, Temperatur und deren molarer Konzentration wieder.

Ein Vorgängermodell des hier vorgestellten Gesamtmechanismus, welches die Abbaumechanismen für Pyrrol und Caprolactam nicht enthält, wurde auf die gleiche Weise reduziert und erfolgreich in der Feuerraummodellierung mittels CFD eingesetzt (Seifert und Merz, 2003).

138

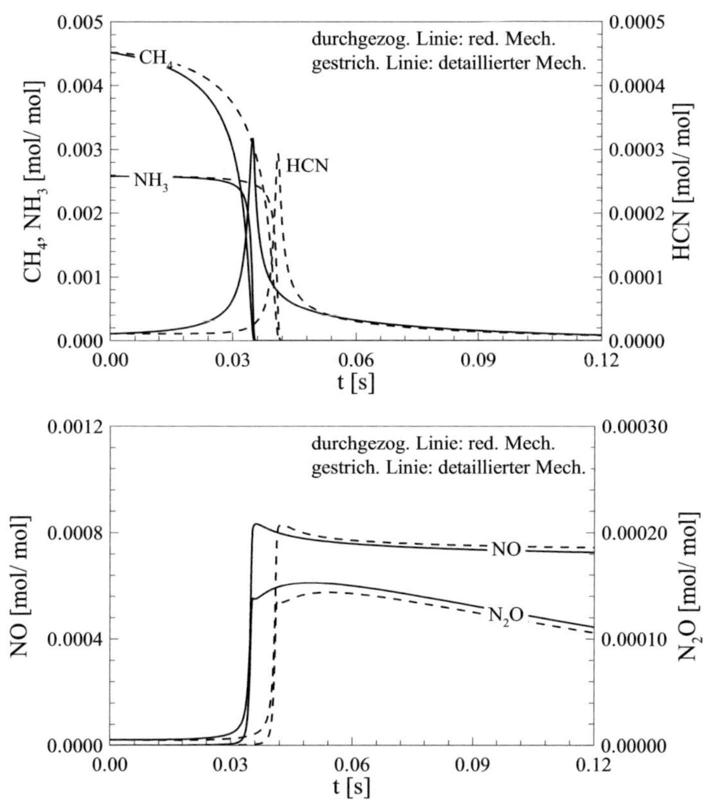

Abb. 4-56: Vergleich von Berechnungen mit detailliertem und reduziertem Mechanismus für Experiment 6

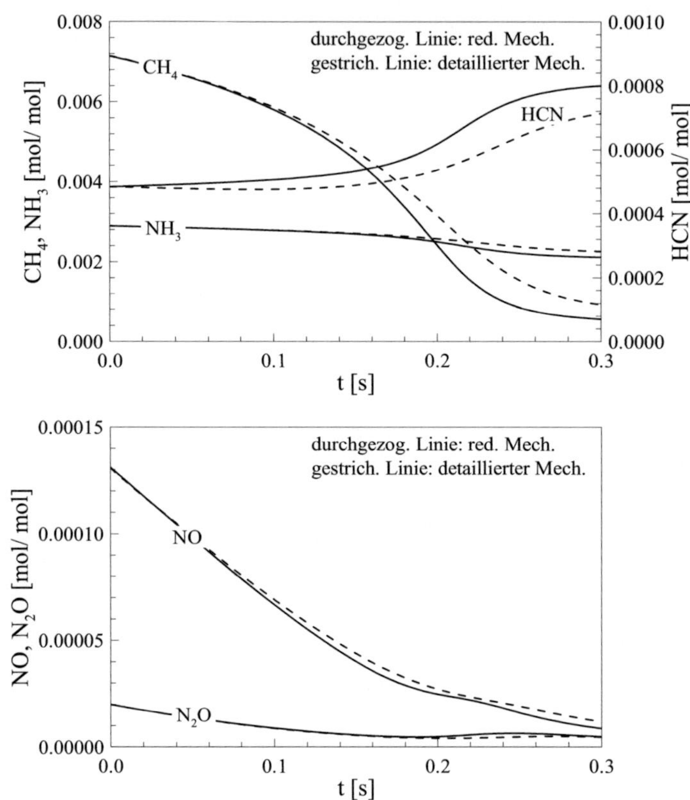

Abb. 4-57: Vergleich von Berechnungen mit detailliertem und reduziertem Mechanismus für Experiment 9

Kapitel 5: Zusammenfassung

Wichtige Ziele, die mit der Abfallverbrennung verfolgt werden und diese damit zu einem umweltfreundlichen Verfahren der Abfallbeseitigung machen, sind die Inertisierung des Abfalls, die Verringerung des Müllvolumens und die Gewinnung von Energie. Voraussetzung für die hohe Umweltfreundlichkeit ist eine entsprechende Abgasbehandlung, welche bei der Abfallverbrennung erheblichen Aufwand und Kosten verursacht. Einen Ansatz zur Verringerung dieser Kosten bietet speziell bei den Schadstoffkomponenten NO und NO_2 der Einsatz von Primärmaßnahmen. Dies wurde bisher vor allem deswegen nur in geringem Maße verfolgt, da die NO_x-Bildung bei der Verbrennung fester Abfallstoffe nicht ausreichend verstanden ist. Entscheidend sind dabei die Gasphasenreaktionen, da der Hauptanteil des gebundenen Stickstoffs beim Aufheizen des Abfalls in gasförmige Zwischenkomponenten übergeht.

Die vorliegende Arbeit stellt einen detaillierten Reaktionsmechanismus zur Verfügung, der die Stickstoffoxidbildung aus brennstoffgebundenem Stickstoff in der Gasphase unter Bedingungen der Abfallverbrennung beschreiben kann. Mit einem solchen detaillierten Modell können gezielt Einflussparameter auf die NO_x-Bildung bei der Abfallverbrennung untersucht werden. Berechnungen mit detaillierter Chemie erlauben die Analyse von Teilmechanismen und Reaktionsflüssen und tragen somit zum Verständnis der NO_x-Bildung bei.

Weiterhin wurde dieser Mechanismus in geeigneter Weise vereinfacht, damit er in der numerischen Simulation des Verbrennungsvorgangs im Feuerraum einer Abfallverbrennungsanlage eingesetzt werden kann. Mit Hilfe solcher Simulationen ist es möglich, Strategien zu erarbeiten, die eine Minimierung der NO_x-Bildung im Feuerraum bewirken.

Die Vorgehensweise war diese, dass zunächst der Einfluss der wichtigen Parameter auf die NO_x-Bildung bei der Abfallverbrennung untersucht wurde. Neben einer Analyse von Arbeiten aus der Literatur wurden diesbezüglich vor Allem reaktionskinetische Berechnungen mit einem detaillierten Reaktionsmechanismus durchgeführt, bei denen die Parameter Temperatur, Luftzahl, N-Gehalt sowie die Anfangskonzentrationen an CH_4, CO, CO_2 und H_2O systematisch variiert wurden.

Besonders hervorgehoben sei hier der Temperatureinfluss, der im für die Abfallverbrennung charakteristischen Bereich von 1000 bis 1500 K sehr stark ausgeprägt ist. Hier ist mit zunehmender Temperatur ein erheblicher Anstieg der NO_x-Bildung zu verzeichnen. Dies ist vor Allem auf die SNCR-Reaktion NO + NH_2 => N_2 + H_2O zurückzuführen, über die hauptsächlich der Abbau von NO und NH_2 erfolgt und deren Geschwindigkeitskoeffizient mit steigender Temperatur abnimmt.

Weitere Ursachen für die Zunahme der NO-Bildung bei steigender Temperatur sind die hohen Konzentrationen der Radikale H, O und OH, welche die Oxidation der N-haltigen Spezies zu NO begünstigen. Aus diesem Grund führt auch die Erhöhung des Brennstoffanteils (z.B. CH_4 oder CO) zu verstärkter NO-Bildung, da dadurch vermehrt H, O und OH gebildet werden.

Im Temperaturbereich von 1100 bis 1500 K ist auch ein ausgeprägter Einfluss der Art der N-

Bindung auf die NO-Bildung festzustellen. Hier wird aus HCN ca. doppelt so viel NO gebildet wie aus NH_3. Dies beruht darauf, dass HCN nur zum Teil in NH_2 überführt wird, welches wiederum über oben angeführte SNCR-Reaktion einen NO-Abbau bewirkt. Erst oberhalb von 1600 K ist die in der Literatur beschriebene Unabhängigkeit der NO-Bildung von der Art der Stickstoffbindung gegeben.

Auch der bei der Abfallverbrennung vorherrschende große Wasseranteil hat entscheidenden Einfluss auf den Radikalenhaushalt und damit auf das Reaktionsgeschehen. Zudem kann Wasser in hohen Konzentrationen direkt in die N-Chemie eingreifen und insbesondere bei Anwesenheit von HCN die NO-Bildung stark reduzieren.

Für die Bewertung von reaktionskinetischen Modellen aus der Literatur sowie für die Validierung eines für die Abfallverbrennung geeigneten Modells wurden verweilzeit-aufgelöste Messungen an einem eigens hierfür aufgebauten Kolbenströmungsreaktor im Technikumsmaßstab durchgeführt. Grundlage für die Erstellung des Messprogramms waren Literaturmessdaten an einer Abfallverbrennungsanlage, so dass mit den Messungen möglichst praxisnahe Bedingungen abgedeckt wurden. Neben NH_3 und HCN, den wichtigsten gasförmigen Spezies mit gebundenem Stickstoff, wurden auch Pyrrol und Caprolactam, die aus Proteinen und Polyamiden freigesetzt werden, im Strömungsreaktor unter Variation der Temperatur, der Luftzahl sowie der Anfangskonzentrationen der N-Spezies und Zusatzbrennstoffe umgesetzt. Der Wassergehalt wurde in den Experimenten entsprechend den Bedingungen der Abfallverbrennung mit > 10 % eingestellt.

Insgesamt wurden 8 detaillierte Reaktionsmechanismen zur Umwandlung von NH_3 und HCN mit den Messungen im Strömungsreaktor überprüft. Die Rechnungen wurden mit dem Programm PREMIX in Verbindung mit dem Programmpaket CHEMKIN unter Berücksichtigung einer abgeschätzten axialen Dispersion im Strömungsreaktor durchgeführt. Es zeigte sich, dass keiner der Mechanismen in der Lage war, die Messdaten zufrieden stellend zu reproduzieren. Auch untereinander gab es in den Simulationsergebnissen der Mechanismen zum Teil gravierende Unterschiede. Die besten Berechnungen wurden mit dem Mechanismus von Glarborg et al. (1998) erreicht, weshalb dieser als Basismodell für Verbesserungen und Aktualisierungen verwendet wurde.

Besonders auffällig bei den Messungen war, dass beim Abbau von Ammoniak sowohl unter luftreichen als auch luftarmen Bedingungen HCN in recht hohen Konzentrationen gebildet wurde. Dies ist insbesondere unter luftreichen Bedingungen eine interessante Beobachtung, da hier bisher nur die Bildung von NH_i-Spezies aus HCN belegt war.

Ein entscheidender Mangel des Mechanismus von Glarborg war, dass er diesen HCN-Aufbau nicht wiedergeben konnte. Der einzige Mechanismus, der dies zumindest qualitativ vorhersagen konnte, war das Modell von Dean und Bozzelli (2000). Mittels einer Reaktionsflussanalyse hat sich gezeigt, dass die HCN-Bildung über die Reaktion $CH_3 + NH_2$ => CH_3NH_2 erfolgt. Methylamin wird schließlich über schnelle H-Abstraktionsreaktionen zu HCN umgesetzt. Dieser von Dean und Bozzelli theoretisch abgeleitete Reaktionspfad wurde somit durch die Messungen experimentell bestätigt. Er beinhaltet insgesamt 50 Elementarreaktionen, die dem Mechanismus von Glarborg angefügt wurden.

Ein weiteres Defizit des Modells von Glarborg war, dass unter luftreichen Bedingungen der Abbau von Methan und Ammoniak im Vergleich zu den Messungen zu schnell vorhergesagt wurde. Über eine Sensitivitätsanalyse bezüglich des Konzentrationsgradienten von NH_3 wurden die unter diesen Bedingungen wichtigen Reaktionen identifiziert und deren Geschwindigkeitskoeffizienten an Hand von neuen Literaturdaten überprüft und aktualisiert. Eine bedeutende Rolle spielt in diesem Rahmen die Abbruchreaktion $H + O_2 + M \Rightarrow HO_2 + M$, die das Radikalniveau entscheidend steuert. Insbesondere für die Stoßpartner Wasser und CO_2, die in unserem System in hohen Konzentrationen vorhanden sind, wurden neue, direkte Messdaten der Geschwindigkeitskoeffizienten in das Modell eingesetzt.

Um die wichtigen Reaktionen für die NO_x-Bildung zu identifizieren, wurden schließlich im gesamten Parameterbereich Sensitivitätsanalysen bezüglich der NO und N_2O Konzentration durchgeführt. Die Geschwindigkeitskoeffizienten von insgesamt 19 Reaktionen, in denen stickstoffhaltige Spezies umgesetzt werden, wurden mit genaueren gemessenen oder berechneten Daten aus der Literatur aktualisiert. Es wurden keine Veränderungen der Geschwindigkeitskoeffizienten im Rahmen ihrer Bestimmungsgenauigkeit vorgenommen, um die mit dem verbesserten Mechanismus berechneten Konzentrationsprofile an die gemessenen Kurven anzupassen.

Die Überprüfung des verbesserten kinetischen Modells durch die im Strömungsreaktor durchgeführten Messungen zeigte insbesondere für die NO- und N_2O-Konzentrationen sehr gute Ergebnisse in allen untersuchten Parameterbereichen. Auch die Überprüfung mit Messungen aus der Literatur lieferte eine sehr gute Übereinstimmung von Messung und Simulation. Es kamen dazu Experimente zur Umsetzung von HCN, NH_3, HNCO und NO in Strömungsreaktoren, Rührkesseln sowie Flammen im für die Abfallverbrennung charakteristischen Parameterbereich zur Anwendung.

Um den Einfluss von Halogenen, die bei der Abfallverbrennung in relevanten Konzentrationen auftreten, auf die Reaktionskinetik abzuschätzen, wurden am Beispiel von Chlor reaktionskinetische Berechnungen durchgeführt. Dazu wurde der verbesserte Mechanismus mit einem kinetischen Modell für Reaktionen mit Cl-Spezies, welches zum Teil auch die Interaktion von Cl- mit N-Spezies berücksichtigt, erweitert. Mit den Rechnungen konnte gezeigt werden, dass der Einfluss von Chlor, das bei der Abfallverbrennung vor Allem in Form von HCl in typischen Konzentrationen von ca. 200-400 ppm vorliegt, nur sehr gering ist und daher vernachlässigt werden kann.

Neben NH_3 und HCN wurden auch die Spezies Pyrrol und Caprolactam im Strömungsreaktor untersucht. Es zeigte sich, dass aus beiden Substanzen sowohl unter luftreichen als auch luftarmen Bedingungen zunächst relativ schnell HCN gebildet wird, welches dann in langsamen Reaktionen weiter umgesetzt wird. Um den Pyrrolabbau zu berechnen wurde in das verbesserte Modell für die NH_3- und HCN-Umsetzung ein Abbaumechanismus für Pyrrol aus der Literatur eingefügt. Die mit diesem Modell berechneten Abbaugeschwindigkeiten waren jedoch im Vergleich zu den Messungen viel zu niedrig, weshalb die Geschwindigkeitskoeffizienten der zwei wichtigsten Reaktionen im zulässigen Rahmen angepasst wurden. Für den Caprolactamabbau wurde kein Mechanismus in der Literatur gefunden, weshalb ein Modell in Analogie zum Pyrrolmechanismus abgeleitet und dem NH_3/HCN-Modell zugefügt wurde. Der Caprolactamabbau erfolgt demnach über eine Ringaufschlussreaktion und anschließender Abspaltung von HCN. Der Kohlenwasserstoffrest wird über bekannte Mechanismen aus der Literatur weiter umgesetzt. Mit dem so erhaltenen

Gesamtmodell konnte der Abbau von Pyrrol und Caprolactam im Vergleich zu den Messungen recht gut berechnet werden.

Die Vereinfachung des Gesamtmodells, das schließlich ca. 900 Reaktionen zwischen über 100 Spezies enthält, wurde mittels der konventionellen Methode durchgeführt. Über Reaktionsflussanalysen im gesamten Parameterbereich wurden die unwichtigsten Reaktionen identifiziert und eliminiert, was zu einer Reduktion auf 209 Reaktionen und 73 Spezies führte. Berechnungen mit dem so erhaltenen Skelettmechanismus und dem detaillierten Modell zeigten keine nennenswerten Abweichungen. Weiterhin war es möglich durch die Einführung von Quasistationaritätsbedingungen die Zahl der zu berücksichtigenden Hauptspezies auf 20 zu reduzieren und aus den 209 Elementarreaktionen 16 Globalreaktionen zu definieren. Auch hier wurde eine sehr gute Übereinstimmung der Berechnungen mit dem detaillierten und dem reduzierten Mechanismus erreicht. Es werden lediglich die Induktionszeiten insbesondere bei tieferen Temperaturen etwas verkürzt, was mit der Einführung von Quasistationaritätsbedingungen automatisch einhergeht. Der Skelettmechanismus sowie der vollständig reduzierte Mechanismus stehen als FORTRAN-Programm für die Verwendung in der numerischen Simulation zur Verfügung.

Literatur

M. U. **Alzueta**, H. Røjel, P. G. Kristensen, P. Glarborg, K. Dam-Johansen (1997): Laboratory study of the $CO/NH_3/NO/O_2$ system: Implications for hybrid Reburn/SNCR strategies, Energy & Fuels, 11:716-723

P. J. **Ashman**, B. S. Haynes (1998): Rate coefficient of $H+O_2+M=>HO_2+M$ ($M = H_2O$, N_2, Ar, CO_2), 27th Symposium (International) on Combustion, The Combustion Institute, 185-191

P. W. **Atkins** (2002): Physikalische Chemie, dritte Auflage, Wiley-VCH

R. **Atkinson**, D. L. Baulch, R. A. Cox, R. F. Hampson Jr., J. A. Kerr, J. Troe (1992): Evaluated kinetic and photochemical data for atmospheric chemistry, J. Phys. Chem. Ref. Data, 21:1125-1568

G. B. **Bacskay**, M. Martoprawiro, J. C. Mackie (1999): The thermal decomposition of pyrrole: an ab initio quantum chemical study of the potential energy surface associated with the hydrogen cyanid plus propyne channel, Chemical Physics Letters, 300:321-330

B. **Bartenbach** (1998): Untersuchungen zur Rußoxidation unter den Bedingungen turbulenter Diffusionsflammen, Dissertation, Universität Karlsruhe

R. W. **Bates**, D. M. Golden, R. K. Hanson, C. T. Bowman (2001): Experimental study and modelling of the reaction $H+O_2+M=>HO_2+M$ ($M = Ar$, N_2, H_2O) at elevated pressures and temperatures between 1050 and 1250 K, Phys. Chem. Chem. Phys., 3:2337-2342

D. L. **Baulch**, D. D. Drysdale, D. G. Horne, A. C. Lloyd (1972): Evaluated kinetic data for high temperature reactions, Vol. 1 , Butterworths, London,

D. L. **Baulch** , C. J. Cobos, R. A. Cox, C. Esser, P. Frank, TH. Just, J. A. Kerr, M. J. Pilling, J. Troe, R. W. Walker, J. Warnatz (1992): Evaluated kinetic data for combustion modelling, J. Phys. Chem. Ref. Data, 21:411

D. L. **Baulch** , C. J. Cobos, R. A. Cox, P. Frank, G. Hayman, TH. Just, J. A. Kerr, T. Murrells, M. J. Pilling, J. Troe, R. W. Walker, J. Warnatz (1994): Summary table of evaluated kinetic data for combustion modelling: Supplement I, Combustion and Flame, 98:59-79

D. L. **Baulch**, C. T. Bowman, C. J. Cobos, R. A. Cox, TH. Just, J. A. Kerr, M. J. Pilling, D. Stocker, J. Troe, W. Tsang (2005): Evaluated kinetic data for combustion modelling: Supplement II, J. Phys. Chem. Ref. Data, 34:757-1398

A. B. **Bendtsen**, P. Glarborg, K. Dam Johansen (2000): Low temperature oxidation of methane: the influence of nitrogen oxides, Combustion Science and Technology, 151:31-71

J. **Bian**, J. Vandooren, P. J. Van Tiggelen (1990): Experimental study of the formation of nitrous and nitric oxides in H_2-O_2-Ar flames seeded with NO and/or NH_3, 23rd Symposium (International) on Combustion, The Combustion Institute, 379-386

H. **Bockhorn**, A. Hornung, U. Hornung, J. Weichmann (1999): Kinetic study on the non-catalysed and catalysed degradation of polyamide 6 with isothermal and dynamic methods, Thermochimica Acta, 337:97-110

A. A. **Borisov**, E. V. Dragalova, V. M. Zamanskii, V. V. Lisyanskii, G. I. Skachkov (1982): Kinetics and mechanism of methane self-ignition, Khim. Fizika, N 4, 536-543

A.A. **Borisov**, V. M. Zamanskii, A. A. Konnov, G. I. Skachkov (1990a): Mechanism of high-temperature acetaldehyde oxidation, Sov. J. Chem. Phys., 6:748-755

A.A. **Borisov**, V. M. Zamanskii, A. A. Konnov, V. V. Lisyanskii, G. I. Skachkov (1990b): Pyrolysis and ignition of ethylene oxide, Sov. J. Chem. Phys., 6:2181-2195

A.A. **Borisov**, V. M. Zamanskii, V. V. Lisyanskii, S. A. Rusakov (1992a): High-temperature methanol oxidation, Sov. J. Chem. Phys., 9(8):1836-1849

A.A. **Borisov**, V. M. Zamanskii, A. A. Konnov, V. V. Lisyanskii, S. A. Rusakov, G. I. Skachkov (1992b): A mechanism of high-temperature ethanol ignition, Sov. J. Chem. Phys., 9:2527-2537

J. W. **Bozzelli**, A. M. Dean (1995): O + NNH: A possible new route for NO_x formation in flames, International Journal of Chemical Kinetics, 27:1097-1110

J. H. **Bromly**, F. J. Barnes, B. S. Nelson, B. S. Haynes (1995): Kinetics and modeling of the H_2-O_2-NO_x system, International Journal of Chemical Kinetics, 27:1165-1178

J. H. **Bromly**, F. J. Barnes, S. Muris, X. You, B. S. Haynes (1996): Kinetic and thermodynamic sensitivity analysis of the NO-sensitised oxidation of methane, Combustion Science and Technology, 115:259-296

C. **Cárdenas** (2002): Kalibrierung eines FTIR-Spektrometers zur Konzentrationsmessung stickstoffhaltiger Spezies und Untersuchung der Stickoxidbildung aus NH_3 und HCN unter Bedingungen der technischen Abfallverbrennung, Abschlussarbeit (Diplomarbeit), Engler-Bunte-Institut, Bereich Verbrennungstechnik, Universität Karlsruhe

M. J. **Castaldi**, N. M. Marinov, C. F. Melius, J. Huang, S. M. Senkan, W. J. Pitz, C. K. Westbrook (1996): Experimental and modeling investigation of aromatic and polycyclic aromatic hydrocarbon formation in a premixed ethylene flame, 26th Symposium (International) on Combustion, The Combustion Institute, 693-702

J. A. **Caton**, D. L. Siebers (1990): Effects of nitrogen addition on the removal of nitric oxide by cyanuric acid, 23rd Symposium (International) on Combustion, The Combustion Institute, 128

J.-Y. **Chen** (1988): A general procedure for constructing reduced reaction mechanisms with given independent relations, Combustion Science and Technology, 57:89-94

J.-Y. **Chen** (1997): Development of reduced mechanisms for numerical modelling of turbulent combustion, in Workshop on "Numerical aspects of reduction in chemical kinetics", CERMICS-ENPC Cite Descartes-Champs sur Marne, France

E. **Coda Zabetta**, P. Kilpinen, M. Hupa, K. Ståhl, J. Leppälahti, M. Cannon, J. Nieminen (2000): A kinetic modeling study on the potential of staged combustion in gas turbines for the reduction of nitrogen oxide emissions from biomass IGCC plants, Energy & Fuels, 14:751-761

D. **Crowhurst**, R. F. Simmons (1983): The formation of NO_x from nitrogen-containing additives in premixed laminar flames, Combustion and Flame, 51:289-298

H. J. **Curran**, P. Gaffuri, W. J. Pitz, C. K. Westbrook (1998): A comprehensive modeling study of n-heptane oxidation, Combustion and Flame, 1998, Band 114:149-177

P. **Dagaut**, M. Cathonnet, J. P. Rouan, R. Foulatier, A. Quilgars, J.-C. Boettner, F. Gaillard, A. James (1985): A jet-stirred reactor for kinetic studies of homogeneous gas-phase reactions at pressures up to ten atmospheres, Journal of Physics E: Instrum., 19:207

P. **Dagaut**, J. C. Boettner, M. Cathonnet (1990): Ethylene pyrolysis and oxidation: A kinetic modelling study, International Journal of Chemical Kinetics, 22:641-664

P. **Dagaut**, J.-C. Boettner, M. Cathonnet (1991): Methane oxidation: Experimental and kinetic modeling study, Combustion Science and Technology, 77:127-148

P. **Dagaut**, M. Cathonnet, J.-C. Boettner (1992): Kinetic modelling of propane oxidation and pyrolysis, International Journal of Chemical Kinetics, 24:813-837

P. **Dagaut**, F. Lecomte, S. Chevailler, M. Cathonnet (1998): Experimental and detailed kinetic modeling of nitric oxide reduction by a natural gas blend in simulated reburning conditions, Combustion Science and Technology, 139:329-363

P. **Dagaut**, J. Luche, M. Cathonnet (2000a): Reduction of NO by N-butane in a JSR: Experiments and kinetic modeling, Energy and Fuels, 14:712-719

P. **Dagaut**, F. Lecomte, S. Chevailler, M. Cathonnet (2000b): The oxidation of HCN and reactions with nitric oxide: Experimental and detailed kinetic modeling, Combustion Science and Technology, 155:105-128

G. **Damköhler** (1940): Der Einfluss der Turbulenz auf die Flammengeschwindigkeit in Gasgemischen, Zeitschrift für Elektrochemie und Angewandte Physikalische Chemie, 46:601-652

A. M. **Dean** und J. W. Bozzelli (2000): Combustion chemistry of nitrogen, in Combustion Chemistry (W. C. Gardiner Jr., Ed.), Springer Verlag

M. C. **Drake**, R. J. Blint (1991): Calculations of NO_x formation pathways in propagating laminar, high pressure premixed CH_4/air flames, Combustion Science Technology, 75:261-285

P. **Dransfeld**, W. Hack, H. Kurzke, F. Temps, H. G. Wagner (1984): Direct studies of elementary reactions of NH_2-radicals in the gas phase, 20th Symposium (International) on Combustion, The Combustion Institute, 655-663

F. **Dubnikova**, A. Lifshitz (1998): Isomerisation of pyrrole. Quantum chemical calculations and kinetic modelling, Journal of Physical Chemistry, 102:10880-10888

H. **Eberius**, T. Just (1975): VDI-Berichte , 246:137-142

H. **Eberius**, T. Just, S. Kelm (1981): VDI-Berichte , 223:49-54

H. **Eberius**, T. Just, S. Kelm (1983): NO_x-Schadstoffbildung aus gebundenem Stickstoff in Propan/Luft-Flammen, Vergleich mit kinetischen Modellen, VDI-Berichte, 498:183-192

C. P. **Fenimore** (1971): Formation of Nitric Oxide in Premixed Hydrocarbon Flames, 13th Symposium (International) on Combustion, The Combustion Institute, 373-380

C. P. **Fenimore** (1972): Formation of Nitric Oxide from Fuel Nitrogen in Ethylene Flames, Combustion and Flame, 19:289-296

M. **Frenklach**, H. Wang (1994): Detailed mechanism and modelling of soot particle formation, in Soot formation in Combustion (H. Bockhorn, Ed.), Springer Series in Chemical Physics, 59:163-192

W. C. **Gardiner** Jr. (1984): Combustion Chemistry, Springer Verlag

W. C. **Gardiner** Jr., J. Troe (1984): Rate coefficients of thermal dissociation, isomerisation and recombination reactions, in Combustion Chemistry (W. C. Gardiner Jr., Ed.), Springer Verlag

W. C. **Gardiner** Jr. (2000): Gas-Phase Combustion Chemistry, Springer Verlag

I. **Giral**, M. U. Alzueta (2002): An augmented reduced mechanism for the reburning process, Fuel, 81:2263-2275

P. **Glarborg**, J. A. Miller, R. J. Kee (1986): Kinetic modelling and sensitivity analysis of nitrogen oxide formation in well-stirred reactors, Combustion and Flame, 65:177-202

P. **Glarborg**, S. Hadvig (1991): Development and test of a kinetic model for natural gas combustion, Nordic Gas Technology Centre, DK, ISBN 87-89309-44-8

P. **Glarborg**, K. Dam-Johansen, P. Kristensen (1993): Final Report, Gas Research Institute Contract No. 5091-260-2126, Nordic Gas Technology Centre Contract No. 89-03-11

P. **Glarborg**, J. A. Miller (1994): Mechanism and modelling of hydrogen cyanide oxidation in a flow reactor, Combustion and Flame, 99:475-483

P. **Glarborg**, P. G. Kristensen, S. H. Jensen, K. Dam Johansen (1994): A flow reactor study of HNCO oxidation chemistry, Combustion and Flame, 98:241-258

P. **Glarborg**, D. Kubel, P. G. Kristensen, J. Hansen, K. Dam-Johansen (1995): Interactions of CO, NO_x and H_2O under post-flame conditions, Combustion Science and Technology, 110-111:461

P. **Glarborg**, M.U. Alzueta, K. Dam-Johansen, J.A. Miller (1998): Kinetic modelling of hydrocarbon/nitric oxide interactions in a flow reactor, Combustion and Flame, 115:1-27

J. **Göttgens**, P. Terhoeven (1993): RedMech – An automatic reduction program, in Reduced kinetic mechanisms for applications in combustion systems (N. Peters, B. Rogg, Eds.), Springer-Verlag

GRI 3.0 (2000): http://www.me.berkeley.edu/gri_mech/

P. **Griffiths**, J. de Haseth (1986): Fourier Transform Infrared Spectrometry, Chem. Analysis 83, John Wiley & Sons, New York

X. **Han**, F. Rückert, U. Schnell, K. R. G. Hein, S. Koger, H. Bockhorn (2003): Computational modeling of NO_x reburning by hydrocarbons in a coal furnace with reduced kinetics, Combustion Science and Technology, 175:523-544

R. K. **Hanson**, S. Salimian (1984): Bimolecular survey of rate constants in the N/H/O system, in Combustion Chemistry (W. C. Gardiner, Jr., Ed.), Springer Verlag

J. E. **Harrington**, G. P. Smith, P. A. Berg, A. R. Noble, J. B. Jeffries, D. R. Crosley (1996): Evidence for a new NO production mechanism in flames, 26th Symposium (International) on Combustion, The Combustion Institute, 2133-2138

T. **Hasegawa**, M. Sato (1998): Study of ammonia removal from coal-gasified fuel, Combustion and Flame, 114:246-258

R. **Hemberger**, S. Muris, K.-U. Pleban, J. Wolfrum (1994): An experimental and modeling study of the selective non-catalytic reduction of NO by ammonia in the presence of hydrocarbons, Combustion and Flame, 99:660-668

G. **Hennig**, M. Klatt, B. Spindler, H. G. Wagner (1995): The reaction NH_2+O_2 at high temperatures, Ber. Bunsenges. Phys. Chem., 99:651-657

J. T. **Herron** (1988): Chemical kinetic data base for combustion chemistry, J. Phys. Chem. Ref. Data, 17:967

E. B. **Higman**, I. Schmeltz, W. S. Schlotzhauer (1970): Products from the thermal degradation of some naturally occurring materials, J. Agr. Food Chem., 18:636-639

M. **Hori**, N. Masunaga, N. Marinov, W. Pitz, C. Westbrook (1998): An experimental and kinetic calculation of the promotion of hydrocarbons on the $NO-NO_2$ conversion in a flow reactor, 27th Symposium (International) on Combustion, The Combustion Institute, 389-396 (http://www-cms.llnl.gov/combustion/combustion_home.html)

K. J. **Hughes**, T. Turányi, A. R. Clague, M. J. Pilling, (2001a): Development and testing of a comprehensive chemical mechanism for the oxidation of methane, International Journal of Chemical Kinetics, 33:513-538

K. J. **Hughes**, A. S. Tomlin, E. Hampartsoumian, W. Nimmo, I. G. Zsely, M. Ujvari, T. Turanyi, A. R. Clague, M. J. Pilling (2001b): An investigation of important gas-phase reactions of nitrogenous species from the simulation of experimental measurements in combustion systems, Combustion and Flame, 124:573-589

T. **Hulgaard**, K. Dam-Johansen (1993): Homogeneous nitrous oxide formation and destruction under combustion conditions, AIChE Journal, 39:1342-1354

H. **Hunsinger**, K. Jay, J. Vehlow, H. Seifert (1999): Investigations on the combustion of various waste fractions inside a grate furnace, Proceedings from the 7th Annual North American Waste-to-Energy Conference, Hyatt Regency Tampa, Florida

M. **Huth** (1992): Untersuchung der Rußbildung bei partieller Brennstoffoxidation und Pyrolyse, Dissertation, Universität Karlsruhe (TH)

P. **Jansohn** (1991): Bildung und Abbau N-haltiger Verbindungen, insbesondere von HCN, NH_3 und NO, in turbulenten Diffusionsflammen, Dissertation, Universität Karlsruhe (TH)

M. **Jødal**, C. Nielsen, T. Hulgaard, K. Dam-Johansen (1990): Pilot-scale experiments with NH_3 and urea as reductants in selective non-catalytic reduction of nitric oxide, 23rd Symposium (International) on Combustion, The Combustion Institute, 237-244

R. J. **Kee**, F. M. Rupley, J. A. Miller (1989): CHEMKIN-II: A fortran chemical kinetics package for the analysis of gas-phase chemical kinetics, Sandia Report SAND89-8009

R. J. **Kee**, J. F. Grcar, M. D. Smooke, J. A. Miller (1992): PREMIX: A fortran program for modeling steady laminar one-dimensional premixed flames, Sandia Report, SAND85-8240

P. **Kilpinen**, M. Hupa, M. Aho, J. Hämäläinen (1997): In Proceedings of the 7th International Workshop on Nitrous Oxide Emissions, April 21-23, P. Wieser (Ed.), Bergische Universität Gesamthochschule Wuppertal, Cologne, Germany

P. **Kilpinen** (1997): Detailed Kinetic Scheme "Kilpinen 97", Åbo Akademi University – PCG, http://www.abo.fi/fak/ktf/cmc

M. **Koebel**, M. Elsener (1992): Chemie Ingenieur Technik 64:934-937

T. **Kolb**, P. Jansohn, and W. Leuckel (1988): Reduction of NO_x emission in turbulent combustion by fuel-staging / effects of mixing and stoichiometry in the reduction zone, 22nd Symposium (International) on Combustion, The Combustion Institute, 1193

T. **Kolb** (1990): Experimentelle und theoretische Untersuchungen zur Minderung der NO_x-Emission technischer Feuerungen durch gestufte Verbrennungsführung, Dissertation, Universität Karlsruhe (TH)

T. **Kolb**, D. Merz, S. Bleckehl, H. Leibold, H. Seifert (2003): Detaillierte Untersuchungen zur Beschreibung des Zusammenhangs zwischen Freisetzung von N-Spezies aus dem Gutbett und Verbrennungsführung einer Rostofenanlage, VDI Berichte, Nr. 1750

A. A. **Konnov** (2000): Detailed reaction mechanism for small hydrocarbons combustion, Release 0.5, http://homepages.vub.ac.be/~akonnov/

M. **Kopp** (1994): Erste orientierende Messungen an einem Kolbenströmungsreaktor zur Untersuchung von Stickoxidbildungsmechanismen unter Verbrennungsbedingungen, Seminararbeit, Engler-Bunte-Institut, Bereich Verbrennungstechnik, Universität Karlsruhe

P. G. **Kristensen**, P. Glarborg, K. Dam-Johansen (1995): Verification of a quartz flow reactor system for homogeneous combustion chemistry, CHEC report 9511

P.G. **Kristensen**, P. Glarborg, K. Dam-Johanson (1996): Nitrogen chemistry during burnout in fuel-staged combustion, Combustion and Flame, 107:211-222

F. **Kull** (1986): Einfluss des Sondenmaterials auf die Messung von Stickstoffoxiden im Rauchgas, Seminararbeit, Engler-Bunte-Institut der Universität Karlsruhe (TH)

S. H. **Lam**, D. A. Goussis (1988): Understanding complex chemical kinetics with computational singular perturbation, 22nd Symposium (International) on Combustion, The Combustion Institute, 931-941

Leeds (2001): http://www.chem.leeds.ac.uk/Combustion/Combustion.html

W. **Leuckel**, R. Römer (1979): Schadstoffe aus Verbrennungsprozessen, VDI-Berichte, 346:323-347

K. M. **Leung**, R. P. Lindstedt, W. P. Jones (1993): Reduced kinetic mechanisms for propane diffusion flames, in Reduced kinetic mechanisms for applications in combustion systems (N. Peters, B. Rogg, Eds.), Springer-Verlag

S. V. **Levchik**, E. D. Weil, M. Lewin (1999): Thermal decomposition of aliphatic nylons, Polymer International, 48:532-557

O. **Levenspiel** (1972): Chemical reaction engineering (2. Ed.), NewYork: Wiley

J. C. **Leylegian**, C. K. Law, H. Wang (1998): Laminar flame speeds and oxidation kinetics of tetrachlormethane, 27th Symposium (International) on Combustion, The Combustion Institute, 529-536

A. **Lifshitz**, C. Tamburu, A. Suslensky (1989): Isomerisation and decomposition of Pyrrle at elevated temperatures. Studies with a single-pulsed shock tube, International Journal of Physical Chemistry, 93:5802-5808

A. **Lifshitz**, C. Tamburu (1998): Thermal decomposition of acetonitrile. Kinetic modeling, International Journal of Chemical Kinetics, 30:341-348

F. A. **Lindemann** (1922): Discussion on "The radiation theory of chemical action", Trans. Farad. Soc. 17:599

R. P. **Lindstedt**, F. C. Lockwood, M. A. Selim (1994): Detailed kinetic modeling of chemistry and temperature effects on ammonia oxidation, Combustion Science and Technology, 99:253-276

R. P. **Lindstedt**, F. C. Lockwood, M. A. Selim (1995): A detailed kinetic study of ammonia oxidation, Combustion Science and Technology, 108:231-254

V. V. **Lissianski**, V. M. Zamanska, W. C. Gardiner Jr. (2000): Combustion Chemistry Modeling, in Combustion Chemistry (W. C. Gardiner Jr., Ed.), Springer Verlag

LLNL, Lawrence Livermore National Laboratory (1998): http://www-cms.llnl.gov/combustion/combustion_home.html

G. **Loeffler**, V. J. Wargadalam, F. Winter, H. Hofbauer (2002): Chemical kinetic modelling of the effect of NO on the oxidation of CH_4 under fluidized bed combustor conditions, Fuel, 81:855-860

J. P. **Longwell**, M. A. Weiss (1955): Ind. Eng. Chem., 47:1634

M. **Lumbreras**, M. U. Alzuetha, A. Millera, R. Bilbao (2001) : Astudy of pyrrole oxidation under flow reactor conditions, Combustion Science and Technology, 172:123-139

A. E. **Lutz**, R. J. Kee, J. A. Miller (1988): SENKIN: A fortran program for predicting homogeneous gas phase chemical kinetics with sensitivity analysis, Sandia Report SAND87-8248

R. K. **Lyon** (1975): Method for the reduction of the concentration of NO in combustion effluents using ammonia, U. S. Pat. 3, 900, 544

U. **Maas**, S. B. Pope (1992): Simplifying chemical kinetics: Intrinsic low-dimensional manifolds in composition space, Combustion and Flame, 88:239-264

J. C. **Mackie**, M. B. Colket III, P. F. Nelson, M. Elser (1991): Shock tube pyrolysis of pyrrole and kinetic modeling, International Journal of Chemical Kinetics, 23:733-760

M. R. **Manna**, D. R. Yarkony (1992): Chemical Physics Letters, 188:352

N. M. **Marinov**, W. J. Pitz, C. K. Westbrook, M. J. Castaldi, S. M. Senkan, (1996): Modeling of aromatic and polycyclic aromatic hydrocarbon formation in premixed methane and ethane flames, Combustion Science and Technology, 116:211-288

N. M. **Marinov** (1999): A detailed chemical kinetic model for high temperature ethanol oxidation, International Journal of Chemical Kinetics, 31:183-220

M. **Martoprawiro**, G. B. Bacskay and J. C. Mackie (1999): Ab initio quantum chemical and kinetic modeling study of the pyrolysis kinetics of pyrrole, J. Phys. Chem. A, 103, 3923-3934

R. **Mechenbier** (1989): Experimentelle Untersuchungen der NO_x-Reduktion durch Brennstoffstufung mit Methan bei der Kohlenstaubverbrennung, Dissertation, Ruhr-Universität Bochum

J. V. **Michael**, M.-C. Su, J. W. Sutherland, J. J. Caroll, A. F. Wagner (2002): Rate constants for $H+O_2+M=>HO_2+M$ in seven bath gases, J. Phys. Chem., 106:5297-5313

M. G. **Michaud**, P. R. Westmoreland, A. S. Feitelberg (1992): Chemical mechanisms of NO_x-formation for gas turbine conditions, 24th Symposium (International) on Combustion, The Combustion Institute, 879-887

J. A. **Miller**, R. E. Mitchell, M. D. Smooke, R. J. Kee (1982): Toward a comprehensive chemical mechanism for the oxidation of acetylene: Comparison of model predictions with results from flame and shock tube experiments, 19th Symposium (International) on Combustion, The Combustion Institute, 181

J. A. **Miller**, M. C. Branch, W. J. McLean, D. W. Chandler, M. D. Smooke, R. J. Kee (1984): The conversion of HCN to NO and N_2 in H_2-O_2-HCN-Ar flames at low pressure, 20th Symposium (International) on Combustion, The Combustion Institute, 673-684

J. A. **Miller**, C. T. Bowman (1989): Mechanism and modeling of nitrogen chemistry in combustion, Progress in Energy and Combustion Science 15, S.287-338

J. A. **Miller**, C. F. Melius (1992): Combustion and Flame, 91:21

J. A. **Miller**, P. Glarborg (1996): Springer Series in Chemical Physics, Springer-Verlag, Berlin

L. V. **Moskaleva**, W. S. Xia, M. C. Lin (2000): The $CH+N_2$ reaction over the ground electronic doublet potential energy surface: a detailed transition state search, Chemical Physics Letters, 331:269-277

C. **Mueller**, P. Kilpinen, M. Hupa (1998): Influence of HCl on the homogeneous reactions of CO and NO in postcombustion conditions – A kinetic modeling study, Combustion and Flame, 113:579-588

NIST Chemical Kinetics Database, NIST Standard Reference Database 17, http://kinetics.nist.gov

U. **Nowak**, L. Warnatz (1988): Sensitivity analysis in aliphatic hydrocarbon combustion, in Dynamics of reactive systems, Part. I (Kuhl, J. R. Bowen, J.-C. Leyer, A. Borisov, Ed.), AIAA, New York

R. **Ottl** (1999): Modifikation, Kalibrierung und Erprobung eines infrarotspektroskopischen Gasanalysesystems zur Untersuchung der HCN- und NH_3-Bildung in der primären Verbrennungsstufe einer luftgestuften Versuchsdruckbrennkammer, Studienarbeit, Engler-Bunte-Institut, Bereich Verbrennungstechnik, Universität Karlsruhe

J.-F. **Pauwels**, J. V. Volponi, J. A. Miller (1995): The oxidation of allene in a low-pressure $H_2/O_2/Ar$-C_3H_4 flame, Combustion Science and Technology, 110:249-276

N. **Peters** (1991): Reducing Mechanisms, in Reduced kinetic mechanisms and assymptotic approximations for methane-air-flames (M. D. Smooke, Ed.), Springer-Verlag, Berlin

N. **Peters**, B. Rogg (1993): Reduced kinetic mechanisms for applications in combustion systems, Springer-Verlag, Berlin

E. **Ranzi**, A. Sogardo, P. Gaffuri, G. Pennati, T. Faravelli, (1994): A wide range modelling study of methane oxidation, Combustion Science and Technology, 96:279-325

M. **Riegel** (1992): Untersuchungen und Optimierung der Einmischung von Gasen in eine Kolbenströmung, Seminararbeit, Engler-Bunte-Institut, Bereich Verbrennungstechnik, Universität Karlsruhe

P.J. **Robinson**, K. A. Holbrook (1972): Unimolecular Reactions, Wiley-Interscience, New York

J. F. **Roesler**, R. A. Yetter, F. L. Dryer (1992a): The inhibition of the $CO/H_2O/O_2$ reaction by trace quantities of HCl, Combustion Science and Technology, 82:87-100

J. F. **Roesler**, R. A. Yetter, F. L. Dryer (1992b): Detailed kinetic modeling of moist CO oxidation inhibited by trace quantities of HCl, Combustion Science and Technology, 85:1-22

J. F. **Roesler**, R. A. Yetter, F. L. Dryer (1995): Kinetic interactions of CO, NO_x, and HCl emissions in postcombustion gases, Combustion and Flame, 100:495-504

A. F. **Sarofim**, G. C. Williams, M. Modell, S. M. Slater (1975): AICHE Symposium Series, 71: 51-61

H. **Seifert**, D. Merz (2003): Primärseitige Stickoxidminderung als Beispiel für die Optimierung des Verbrennungsvorgangs in Abfallverbrennungsanlagen, Wissenschaftliche Berichte Forschungszentrum Karlsruhe, FZKA-6944

K. **Sendt**, E. Ikeda, G. B. Bacskay, J. C. Mackie (1999): Ab initio quantum chemical and experimental (shock tube) studies of the pyrolysis kinetics of acetonitrile, J. Phys. Chem., 103:1054-1072

G. P. **Smith**, D. M. Golden, M. Frenklach, N. W. Moriarty, B. Eiteneer, M. Goldenberg, C. T. Bowman, R. K. Hanson, S. Song, W. C. Gardiner Jr., V. V. Lissianski, and Z. Qin (2000): GRI-Mechanism 3.0, http://www.me.berkeley.edu/gri_mech/

G. P. **Smith** (2003): Evidence of NCN as a flame intermediate for prompt NO, Chemical Physics Letters, 367:541-548

M. D. **Smooke** (1991): Reduced kinetic mechanisms and asymptotic approximations for methane-air-flames, Springer-Verlag, Berlin

G.G. **de Soete** (1975): Overall reaction rates of NO and N_2 formation from fuel nitrogen, 15th Symposium (International) on Combustion, The Combustion Institute, 1093-1102

Y. H. **Song**, D. W. Blair, V. J. Siminsky, W. Bartok (1981): Conversion of fixed nitrogen to N_2 in rich combustion, 18th Symposium (International) on Combustion, The Combustion Institute, 53-63

S. **Song**, R. K. Hanson, C. T. Bowman, D. M. Golden (2001): Shock tube determination of the overall rate of NH_2+NO=>products in the thermal de-NO_x temperature window, International Journal of Chemical Kinetics, 33:715-721

L. **Sørum**, Ø. Skreiberg, P. Glarborg, A. Jensen, K. Dam-Johansen (2001): Formation of NO from combustion of volatiles from municipal solid waste, Combustion and Flame, 123:195-212

Ø. **Skreiberg**, P. Kilpinen, P. Glarborg (2004): Ammonia chemistry below 1400 K under fuel-rich conditions in a flow reactor, Combustion and Flame, 136:501-518

D. **Stapf** (1998): Experimentell basierte Weiterentwicklung von Berechnungsmodellen der NO_x-Emission technischer Verbrennungssysteme, Dissertation, Universität Karlsruhe

G. **Sybon** (1994): Untersuchungen zur Bildung und Emission von NO_x und N_2O bei brennstoffgestufter Verbrennungsführung, Dissertation, Universität Karlsruhe (TH)

Y. **Tan**, P. Dagaut, M. Cathonnet, J.-C. Boettner (1994): Acetylene oxidation in a JSR from 1 to 10 atm and comprehensive modelling, Combustion Science and Technology, 102:21-55

G. I. **Taylor** (1954): Prog. Roy. Soc., A223:446

L. J. **Tichacek**, C. H. Barkelew, T. Baron (1957): Axial mixing in pipes, A.I.Ch.E. Journal, 3:439-442

W. **Tsang**, R. F. Hampson (1986): Chemical kinetic data base for combustion chemistry, Part 1: Methane and related compounds, J. Phys. Chem. Ref. Data, 15:1087-1279

W. **Tsang** (1987): Chemical kinetic data base for combustion chemistry, Part 2, J. Phys. Chem. Ref. Data, 16:417

W. **Tsang** (1988): Chemical kinetic data base for combustion chemistry, Part 3: Propane, J. Phys. Chem. Ref. Data, 17:887

W. **Tsang**, J. T. Herron (1991): Chemical kinetic data base for propellant combustion I, J. Phys. Chem. Ref. Data, 20:609

W. **Tsang** (1992): Chemical kinetic data base for propellant combustion II, J. Phys. Chem. Ref. Data, 21:753

T. **Turányi** (1994): Application of repro-modeling for the reduction of combustion mechanisms, 25th Symposium (International) on Combustion, The Combustion Institute, 949-955

V. J. **Wargadalam**, G. Löffler, F. Winter, H. Hofbauer (2000): Homogeneous formation of NO and N_2O from oxidation of HCN and NH_3 at 600-1000°C, Combustion and Flame, 120:465-478

J. **Warnatz** (1984): Rate coefficients in the C/H/O system, in Combustion Chemistry (W. C. Gardiner Jr., Ed.), Springer Verlag

J. **Warnatz**, U. Maas, R. W. Dibble (2001): Verbrennung (3. Auflage), Springer Verlag

X. **Wei**, X. Han, U. Schnell, J. Meier, H. Wörner, K. R. G. Hein (2003): The effect HCl and SO_2 on NO_x formation, Energy & Fuels, 17:1392-1398

C. Y. **Wen**, L. T. Fan (1975): Models for flow systems and chemical Reactors, Marcel Dekker, New York, 149

C. K. **Westbrook**, W. J. Pitz (1984): A comprehensive chemical kinetic reaction mechanism for oxidation and pyrolysis of propane and propene, Combustion Science and Technology, 37:117

C. K. **Westbrook**, F. L. Dryer (1981): Simplified reaction mechanism for the oxidation of hydrocarbon fuels in flames, Combustion Science and Technology, 27:31-43

C. K. **Westbrook**, F. L. Dryer (1984): Chemical kinetic modeling of hydrocarbon combustion, Progress in Energy and Combustion Science, 10:1-57

K. R. **Westerterp**, W. P. M. van Swaaij, A. A. C. M. Beenackers (1984): Chemical reactor design and operation, John Wiley & Sons, 183-185

M. S. **Wooldrige**, R. K. Hanson, C. T. Bowman (1996): A shock tube study of $CO+OH=>CO_2+H$ and $HNCO+OH=>$products via simultaneous laser absorption measurements of OH and CO_2, International Journal of Chemical Kinetics, 28:361-372

R. A. **Yetter**, F. L. Dryer, U. Rabitz (1991): Flow reactor studies of carbon monoxide/ hydrogen/ oxygen kinetics, Combustion Science and Technology, 79:129-140

Ja. B. **Zeldovich**, P. Ja. Sadovikov, D. A. Frank-Kamenetskii (1947): Oxidation des Stickstoffs bei der Verbrennung (Übersetzung: Inna Nickel), Akademie der Wissenschaften der UdSSR, Moskau, Leningrad

R. **Zellner** (1984): Bimolecular reaction rate coefficients, in Combustion Chemistry (W. C. Gardiner Jr., Ed.), Springer Verlag

L. **Zhai**, X. Zhou, R. Liu (1999): A theoretical study of pyrolysis mechanisms of pyrrole, Journal of Physical Chemistry, 103:3917-3922

R. **Zhu**, M. C. Lin (2000): The NCO+NO reaction revised: Ab initio MO/VRRKM calculations for the total rate constants and product branching ratios, J. Phys. Chem. A, 104:10807-10811

J. **Zierep** (1993): Grundzüge der Strömungslehre (5. Aufl.), Springer-Verlag, Berlin

Anhang

Spektralbereich [cm^{-1}]	Spezies	Querempfindliche Spezies	Kalibrierbereich
1954,6 - 1955,8		NO, HNCO	
1965,0 - 1966,9	H_2O	-	6 - 30 Vol%
1987,4 - 1988,7		CO	
2853,0 - 2855,0			
2863,8 - 2865,6		HCN, H_2O, $C_6H_{11}NO$	1 - 5 Vol%
2873,5 - 2877,0	CH_4		
2916,2 - 2918,2			
2905,7 - 2907,7		C_2H_6,C_2H_2,C_2H_4,NO_2, $C_6H_{11}NO$	0,05 - 1 Vol%
2003,2 - 2004,5		H_2O, C_2H_4, HNCO	
2032,0 - 2033,0	CO		0,1 -12 Vol%
2054,8 - 2056,3		H_2O, C_2H_4, HNCO, CO_2	
608,8 - 612,2		H_2O, HNCO,	
622,0 - 623,0	CO_2		0,5 - 10 Vol%
621,8 - 624,5		H_2O,NH_3,HNCO	
2976,4 – 2977,6	C_2H_6	$C_6H_{11}NO$,CH_4,H_2O,C_2H_4	10 - 1000 ppm
2983,0 – 2987,0			
901,8 – 903,1		CO_2, NH_3, C_2H_2, H_2O	
978,0 - 979,5	C_2H_4		10 - 2000 ppm
985,5 - 986,6		CO_2, NH_3, C_2H_2, HNCO	
2707,0 – 2702,3		CH_4, HNCO	
775,7 - 776,3		HCN,CO_2,H_2O,NH_3, HNCO	
789,6 – 790,6	C_2H_2	HCN,CO_2,H_2O,NH_3	20 - 9000 ppm
3250,2 - 3251,2		HCN, H_2O, NH_3, C_2H_4	
729,3 - 731,0		HCN,CO_2,H_2O,NH_3,HNCO,C_2H_4	10 - 200 ppm
1103,0 - 1104,0		C_2H_4, H_2O, CH_4	
1121,6 - 1122,8	NH_3		5 - 6000 ppm
1140,1 - 1141,3		C_2H_4, N_2O, H_2O, CH_4	
3350,4 - 3351,3		CH_4, HNCO	
3353,2 - 3353,8			
3344,9 - 3345-9	HCN		150 - 5000 ppm
3373,2 - 3374,2		H_2O, C_2H_2, NH_3, HNCO	
3267,9 – 3269,2			
712,3 - 714,2		H_2O,C_2H_2,C_2H_4,NH_3,HNCO,CO_2	5 - 500 ppm
3507,3 - 3508,0	HNCO	H_2O, CO_2, NH_3, N_2O	120 - 1000 ppm
820,6 - 822,1		H_2O,CO_2,C_2H_4,NH_3, C_2H_2	5 - 1000 ppm

Spektralbereich [cm^{-1}]	Spezies	Querempfindliche Spezies	Kalibrierbereich
2985,0 – 2986,1 3040,0 - 3041,5 1041,6 - 1042,8	CH_3CN	H_2O, CH_4, C_2H_4 H_2O, CH_4, C_2H_4, NH_3	10 – 2000 ppm
721,5 - 723,0 722,5 - 724,3 1060,8 - 1063,6	C_4H_5N	$HCN,NH_3,CO_2,C_2H_2,HNCO,H_2O$ $C_6H_{11}NO,NH_3,CO_2$	10 – 300 ppm 10 – 1000 ppm
2929,5 - 2936,6 2939,4 - 2942,8 2944,0 - 2945,5	$C_6H_{11}NO$	C_2H_6,H_2O, $C_2H_4,C_2H_2,C_4H_5N,CH_4$	10 – 700 ppm
1900,0 - 1900,8	NO	C_2H_4, H_2O, CH_4, CO_2	20 - 1100 ppm
2231,4 - 2232,7 2229,2 - 2229,9 2234,0 - 2234,9 2210,8 - 2211,8 2213,8 - 2215,0	N_2O	CO, CO_2, NO, H_2O CO, CO_2, NO CO, CO_2, NO, H_2O HNCO, CO, CO_2 HNCO, CO, CO_2	10 - 1000 ppm
1598,0 - 1600,1	NO_2	H_2O,NH_3,CH_4,NO,C_2H_2	0 - 100 ppm

Tabelle A-1: Wellenzahlbereiche zur Konzentrationsbestimmung mittels FTIR

$\bar{u}$ [m/s]	T [°C]	Re
7	900	4310
10	900	5950
10	930	6160
12	1000	6460

Tabelle A-2: Re-Zahlen bei den Geschwindigkeits-messungen

t	T	O_2	H_2O	$CO2$	CO	CH_4	C_2H_2	C_2H_4	C_2H_6	NH_3	HCN	HNCO	NO	N_2O	Py/Ca
ms	K	Vol%	Vol%	Vol%	ppm	ppm	ppm	ppm	ppm	ppm	ppm	ppm	ppm	ppm	ppm

Exp. 1

t	T	O_2	H_2O	$CO2$	CO	CH_4	C_2H_2	C_2H_4	C_2H_6	NH_3	HCN	HNCO	NO	N_2O	Py/Ca
0	1178	4,24	15,14	8,15	0	0	0	0	0	2756	0	0	36	0	0
25	1178	4,24	15,13	8,14	0	0	0	0	0	2685	0	0	28	0	0
50	1178	4,24	15,11	8,13	0	0	0	0	0	2720	0	0	20	0	0
87	1178	4,25	15,03	8,09	0	0	0	0	0	2740	0	0	15	0	0
124	1178	4,25	15,04	8,10	0	0	0	0	0	2781	0	0	14	0	0
224	1178	4,25	15,03	8,10	0	0	0	0	0	2771	0	0	8	0	0

Exp. 2

t	T	O_2	H_2O	$CO2$	CO	CH_4	C_2H_2	C_2H_4	C_2H_6	NH_3	HCN	HNCO	NO	N_2O	Py/Ca
0	1089	6,96	11,41	6,14	0	2734	0	68	219	1612	0	0	27	0	0
33	1099	6,68	11,53	6,18	0	2211	0	112	121	1423	13	0	27	0	0
65	1113	6,54	11,80	6,30	0	1527	0	100	60	1240	40	0	37	0	0
97	1126	6,43	12,10	6,39	502	882	0	56	32	994	70	0	53	8	0
129	1137	6,37	12,50	6,49	1362	408	0	22	16	673	92	0	66	21	0
160	1147	6,27	12,77	6,62	1218	0	0	0	0	343	94	2	82	35	0
191	1156	6,18	12,83	6,76	0	0	0	0	0	123	77	7	94	47	0
222	1153	6,14	12,94	6,81	0	0	0	0	0	29	55	7	98	59	0
253	1143	6,15	12,99	6,84	0	0	0	0	0	1	42	8	96	63	0

Exp. 3

t	T	O_2	H_2O	$CO2$	CO	CH_4	C_2H_2	C_2H_4	C_2H_6	NH_3	HCN	HNCO	NO	N_2O	Py/Ca
0	1129	4,10	14,20	7,58	0	4398	0	98	229	2998	6	0	32	0	0
52	1148	3,96	14,28	7,60	0	3823	0	157	158	2813	22	0	27	0	0
85	1157	3,85	14,24	7,56	0	3273	0	174	121	2617	46	0	27	0	0
119	1172	3,67	14,42	7,64	0	2613	0	165	93	2434	85	0	35	0	0
152	1191	3,44	14,92	7,78	755	1715	0	119	62	1971	133	0	58	23	0
185	1203	3,23	15,54	8,02	1144	949	0	68	36	1363	156	1	89	57	0
217	1215	3,05	15,78	8,21	0	421	0	26	17	748	146	11	121	88	0
249	1206	2,93	16,05	8,32	0	89	0	0	0	375	114	17	133	112	0
266	1201	2,88	16,21	8,39	0	0	0	0	0	234	96	18	137	124	0

Exp. 4

t	T	O_2	H_2O	$CO2$	CO	CH_4	C_2H_2	C_2H_4	C_2H_6	NH_3	HCN	HNCO	NO	N_2O	Py/Ca
0	1179	4,26	14,83	8,01	0	2801	0	67	145	2892	6	0	29	0	0
25	1181	4,21	14,90	8,03	0	2409	0	91	107	2715	13	0	26	0	0
50	1183	4,11	14,91	8,02	0	2173	0	106	87	2662	28	0	27	0	0
74	1191	4,04	14,97	8,04	821	1818	0	106	69	2554	58	0	31	0	0
99	1203	3,93	15,13	8,10	1589	1344	0	89	50	2318	102	0	42	0	0
123	1213	3,83	15,32	8,17	1102	851	0	60	33	1928	150	0	60	14	0
147	1218	3,68	15,70	8,33	0	439	0	29	18	1372	162	2	93	34	0
171	1223	3,53	15,97	8,42	0	135	0	0	0	792	156	12	108	52	0
195	1223	3,49	16,55	8,69	0	0	0	0	0	399	132	18	113	75	0

t	T	O_2	H_2O	CO2	CO	CH_4	C_2H_2	C_2H_4	C_2H_6	NH_3	HCN	HNCO	NO	N_2O	Py/Ca
ms	K	Vol%	Vol%	Vol%	ppm	ppm	ppm	ppm	ppm	ppm	ppm	ppm	ppm	ppm	ppm

Exp. 5

t	T	O_2	H_2O	CO2	CO	CH_4	C_2H_2	C_2H_4	C_2H_6	NH_3	HCN	HNCO	NO	N_2O	Py/Ca
0	1188	3,92	15,20	8,10	0	3007	0	168	145	2194	24	0	20	0	0
11	1198	3,83	15,29	8,14	0	2652	0	176	122	2110	43	0	21	0	0
22	1205	3,77	15,38	8,17	0	2290	0	170	103	2008	64	0	22	0	0
33	1214	3,65	15,44	8,19	0	1782	0	148	82	1837	99	0	28	0	0
44	1223	3,58	15,85	8,27	1152	1264	0	114	61	1606	142	0	40	0	0
55	1231	3,41	16,23	8,40	1456	709	0	67	37	1200	166	0	69	25	0
66	1237	3,25	16,67	8,61	1269	303	0	25	19	669	172	10	112	45	0
77	1242	3,08	16,91	8,83	0	0	0	0	0	263	136	22	157	69	0
87	1243	3,05	17,21	8,98	0	0	0	0	0	68	84	25	183	93	0
98	1243	3,01	17,23	8,99	0	0	0	0	0	13	50	21	190	109	0
114	1242	2,99	17,21	8,98	0	0	0	0	0	0	29	17	184	117	0
135	1241	2,99	17,19	8,97	0	0	0	0	0	0	18	12	176	122	0

Exp. 6

t	T	O_2	H_2O	CO2	CO	CH_4	C_2H_2	C_2H_4	C_2H_6	NH_3	HCN	HNCO	NO	N_2O	Py/Ca
0	1234	3,86	14,69	7,73	0	4513	0	127	239	2581	11	0	21	0	0
10	1251	3,81	14,63	7,69	0	4197	0	200	195	2558	30	0	23	0	0
20	1264	3,62	14,68	7,68	0	3151	0	209	146	2251	76	0	52	7	0
30	1291	3,37	15,29	7,95	0	1909	0	148	90	1601	112	0	142	37	0
40	1305	3,13	16,09	8,30	0	834	0	68	41	795	109	8	253	71	0
50	1314	2,92	16,55	8,50	0	298	0	17	16	311	76	15	333	89	0
60	1325	2,80	16,67	8,55	0	0	0	0	0	104	41	17	377	99	0
69	1322	2,75	16,84	8,64	0	0	0	0	0	39	22	14	388	102	0
79	1318	2,74	16,83	8,63	0	0	0	0	0	15	14	11	383	102	0
98	1319	2,72	16,90	8,67	0	0	0	0	0	0	8	10	375	91	0

Exp. 7

t	T	O_2	H_2O	CO2	CO	CH_4	C_2H_2	C_2H_4	C_2H_6	NH_3	HCN	HNCO	NO	N_2O	Py/Ca
0	1144	2,28	17,15	8,61	4320	4227	28	305	143	2181	280	0	108	42	0
34	1163	2,21	17,23	8,59	4806	3861	25	285	126	2043	324	0	84	47	0
67	1185	2,10	17,51	8,66	5437	3389	24	265	115	1880	377	0	67	52	0
100	1199	1,93	17,83	8,75	5940	2879	25	238	103	1683	428	0	60	60	0
132	1220	1,68	18,20	8,92	6018	2369	28	207	90	1394	453	0	68	76	0
164	1240	1,37	18,75	9,30	4766	1494	4	139	63	874	391	8	99	93	0
180	1246	1,22	19,03	9,51	3924	1126	0	108	50	637	333	12	119	100	0
196	1249	1,06	19,18	9,66	3092	851	0	81	40	463	274	11	141	104	0
211	1247	0,91	19,40	9,89	1975	509	0	46	26	272	186	11	160	109	0
227	1249	0,82	19,56	10,03	1309	317	0	26	18	167	127	10	175	110	0
250	1237	0,73	19,45	10,11	0	0	0	2	10	86	71	7	184	107	0

t	T	O_2	H_2O	CO2	CO	CH_4	C_2H_2	C_2H_4	C_2H_6	NH_3	HCN	HNCO	NO	N_2O	Py/Ca
ms	K	Vol%	Vol%	Vol%	ppm	ppm	ppm	ppm	ppm	ppm	ppm	ppm	ppm	ppm	ppm

Exp. 8

t	T	O_2	H_2O	CO2	CO	CH_4	C_2H_2	C_2H_4	C_2H_6	NH_3	HCN	HNCO	NO	N_2O	Py/Ca
0	1298	1,65	18,35	9,12	5345	2636	99	211	105	1644	333	0	177	47	0
6	1318	1,35	18,91	9,43	4830	1975	79	173	86	1117	318	4	215	58	0
12	1331	1,07	19,37	9,71	4196	1475	62	137	68	753	276	8	240	49	0
17	1336	0,93	19,62	9,93	3153	946	44	91	47	480	211	11	281	46	0
23	1340	0,79	19,81	10,06	2843	768	39	75	38	368	182	10	301	37	0
29	1345	0,66	20,03	10,21	2472	574	33	57	30	261	146	9	316	29	0
34	1345	0,60	20,00	10,22	2129	429	28	42	23	188	117	9	318	25	0
40	1345	0,57	20,13	10,30	2058	353	26	34	19	150	102	7	317	20	0
48	1350	0,49	20,23	10,33	2302	313	25	31	17	129	100	4	309	14	0
62	1350	0,44	20,27	10,35	2284	103	3	16	0	83	85	4	296	2	0
81	1347	0,41	20,36	10,40	2218	0	0	0	0	44	68	1	280	0	0
104	1345	0,38	20,42	10,45	2042	0	0	0	0	21	50	0	262	0	0
133	1340	0,36	20,44	10,45	2119	0	0	0	0	16	49	0	255	0	0

Exp. 9

t	T	O_2	H_2O	CO2	CO	CH_4	C_2H_2	C_2H_4	C_2H_6	NH_3	HCN	HNCO	NO	N_2O	Py/Ca
0	1241	1,09	17,09	8,51	6051	7142	412	478	162	2894	484	0	131	20	0
15	1233	0,99	17,28	8,57	6239	6822	377	474	173	2573	504	0	116	22	0
44	1240	0,88	17,50	8,62	6723	6492	341	483	178	2348	534	0	103	24	0
73	1248	0,80	17,65	8,64	7247	6004	316	485	172	2200	574	0	86	26	0
102	1253	0,72	17,88	8,70	7778	5623	303	488	164	2115	630	0	72	28	0
132	1249	0,64	18,02	8,70	8356	5211	302	483	153	2032	645	0	64	28	0
161	1257	0,55	18,26	8,78	8729	4319	287	440	129	1922	695	1	49	28	0
189	1259	0,51	18,44	8,81	9229	4046	303	427	118	1887	737	3	41	27	0
219	1243	0,42	18,61	8,86	9642	3666	318	399	104	1842	770	3	31	25	0
256	1195	0,35	18,65	8,83	10008	3233	338	361	90	1779	804	3	30	24	0

Exp. 10

t	T	O_2	H_2O	CO2	CO	CH_4	C_2H_2	C_2H_4	C_2H_6	NH_3	HCN	HNCO	NO	N_2O	Py/Ca
0	1349	0,40	18,56	8,77	10116	2793	407	195	73	1515	584	8	151	23	0
10	1350	0,33	18,66	8,79	10407	2438	404	185	64	1421	607	9	128	22	0
20	1352	0,27	18,76	8,77	11066	2410	443	191	60	1462	659	11	104	21	0
36	1356	0,19	18,87	8,74	11782	2334	490	186	55	1502	718	12	77	19	0
51	1356	0,16	18,90	8,70	12327	2317	534	180	50	1543	767	13	62	19	0
71	1351	0,16	18,97	8,68	12876	2347	592	175	46	1606	808	13	51	18	0
112	1354	0,16	19,13	8,69	13521	2267	654	149	37	1650	846	15	34	16	0

Exp. 11

t	T	O_2	H_2O	CO2	CO	CH_4	C_2H_2	C_2H_4	C_2H_6	NH_3	HCN	HNCO	NO	N_2O	Py/Ca
0	1171	1,71	18,19	8,94	4698	3351	45	257	145	0	288	0	187	28	0
14	1187	1,58	18,44	9,08	4637	2695	37	223	121	0	284	0	184	32	0
35	1208	1,31	18,81	9,32	4221	1936	33	178	91	0	262	0	187	39	0
56	1222	1,07	19,20	9,63	3150	1205	24	120	60	0	204	2	182	42	0
76	1235	0,92	19,35	9,78	2597	944	6	99	48	0	172	3	185	38	0
97	1240	0,79	19,51	9,93	1907	609	0	67	33	0	130	5	186	36	0
117	1244	0,69	19,64	10,06	1353	367	0	41	22	0	90	4	181	33	0
144	1246	0,57	19,66	10,14	757	160	0	22	14	0	60	3	179	28	0
177	1245	0,48	19,69	10,23	0	0	0	0	0	0	31	1	177	25	0
218	1228	0,43	19,73	10,25	0	0	0	0	0	0	11	0	169	23	0

t	T	O_2	H_2O	CO2	CO	CH_4	C_2H_2	C_2H_4	C_2H_6	NH_3	HCN	HNCO	NO	N_2O	Py/Ca
ms	K	Vol%	Vol%	Vol%	ppm	ppm	ppm	ppm	ppm	ppm	ppm	ppm	ppm	ppm	ppm

Exp. 12

t	T	O_2	H_2O	CO2	CO	CH_4	C_2H_2	C_2H_4	C_2H_6	NH_3	HCN	HNCO	NO	N_2O	Py/Ca
0	1220	1,76	17,96	8,79	4751	5031	103	337	205	0	463	0	238	37	0
12	1229	1,61	18,25	8,96	4606	3992	86	297	172	0	450	0	231	43	0
24	1246	1,42	18,58	9,16	4398	3255	77	264	144	0	420	0	231	46	0
36	1256	1,23	18,72	9,26	4166	2783	72	237	124	0	394	0	233	46	0
47	1262	1,16	18,86	9,33	4144	2703	72	237	119	0	390	0	237	43	0
59	1264	1,05	19,03	9,44	3999	2354	68	216	104	0	367	0	233	41	0
76	1267	0,88	19,28	9,62	3568	1751	59	176	80	0	318	0	221	38	0
99	1268	0,69	19,65	9,85	3246	1200	49	132	57	6	268	0	213	30	0
122	1267	0,59	19,72	9,88	3304	979	45	115	47	8	254	0	201	24	0
157	1267	0,43	19,96	10,07	2827	476	30	60	25	10	189	0	179	16	0

Exp. 13

t	T	O_2	H_2O	CO2	CO	CH_4	C_2H_2	C_2H_4	C_2H_6	NH_3	HCN	HNCO	NO	N_2O	Py/Ca
0	1325	0,78	19,83	9,63	4872	1834	127	166	81	10	347	1	289	22	0
6	1326	0,64	19,98	9,70	4936	1550	115	153	71	10	330	1	277	19	0
13	1330	0,57	20,04	9,72	5083	1330	108	141	62	12	317	0	277	17	0
19	1330	0,49	20,13	9,76	5187	1153	102	128	54	13	304	0	265	15	0
26	1327	0,41	20,25	9,84	4994	909	92	105	43	14	277	0	254	13	0
38	1328	0,33	20,30	9,92	4617	593	74	72	28	14	235	0	242	7	0
54	1325	0,27	20,43	9,94	4986	457	72	57	22	20	242	0	216	0	0
70	1322	0,23	20,38	9,91	5125	327	67	40	15	24	237	0	197	0	0

Exp. 14 mit Pyrrol

t	T	O_2	H_2O	CO2	CO	CH_4	C_2H_2	C_2H_4	C_2H_6	NH_3	HCN	HNCO	NO	N_2O	Py/Ca
0	1089	4,61	13,92	7,34	0	3291	0	104	224	1517	65	0	28	0	401
25	1095	4,62	13,90	7,33	0	3406	10	145	205	1595	103	0	27	0	388
57	1101	4,64	13,86	7,33	0	3288	31	187	165	1597	155	0	28	11	307
90	1104	4,62	13,74	7,27	0	3019	47	220	127	1558	226	0	30	21	223
122	1116	4,59	13,86	7,34	0	2640	61	229	96	1507	309	1	34	35	132
154	1127	4,42	14,32	7,40	1794	2101	57	207	72	1389	414	17	41	36	72
185	1143	4,24	14,58	7,45	2584	1475	44	159	51	1193	501	35	50	43	32
216	1147	3,98	15,00	7,62	2951	813	26	93	32	846	537	55	67	64	2

Exp. 15 mit Pyrrol

t	T	O_2	H_2O	CO2	CO	CH_4	C_2H_2	C_2H_4	C_2H_6	NH_3	HCN	HNCO	NO	N_2O	Py/Ca
0	1175	4,85	13,85	7,31	0	3603	10	115	287	1609	74	0	31	0	394
6	1187	4,74	13,91	7,35	0	3455	39	182	241	1630	139	0	29	0	324
12	1196	4,67	13,94	7,38	0	3200	55	243	196	1607	215	0	32	7	199
18	1213	4,50	14,01	7,42	0	2940	68	261	169	1552	287	0	46	21	154
24	1233	4,38	14,17	7,49	0	2513	79	259	138	1429	370	2	77	38	117
32	1226	4,28	14,67	7,63	1201	1769	63	204	94	1146	404	14	68	58	51
40	1251	4,09	15,20	7,88	1343	1012	42	130	57	723	381	29	119	90	18
48	1268	3,92	15,53	8,09	876	540	24	68	34	431	293	34	176	115	0

t	T	O_2	H_2O	CO2	CO	CH_4	C_2H_2	C_2H_4	C_2H_6	NH_3	HCN	HNCO	NO	N_2O	Py/Ca
ms	K	Vol%	Vol%	Vol%	ppm	ppm	ppm	ppm	ppm	ppm	ppm	ppm	ppm	ppm	ppm
Exp. 16		mit Pyrrol													
0	1163	0,95	17,89	8,82	5640	5055	271	338	103	1413	85	0	21	0	369
29	1183	0,97	17,80	8,77	5731	4646	275	349	106	1499	134	0	19	0	314
57	1187	0,94	17,95	8,82	6233	4442	281	376	109	1505	206	0	17	0	234
85	1181	0,91	18,04	8,80	6942	4468	286	414	112	1504	264	0	15	0	165
114	1182	0,88	18,21	8,85	7347	4288	292	415	111	1484	335	0	14	0	135
142	1190	0,84	18,26	8,86	7533	4039	277	409	109	1449	385	0	12	3	98
170	1189	0,82	18,34	8,90	7580	3597	255	383	101	1393	436	0	12	12	65
198	1172	0,83	18,41	8,91	7851	3487	259	381	98	1378	479	0	13	12	64
227	1152	0,71	18,51	8,94	8147	3133	245	355	91	1335	521	0	9	13	39
Exp. 17		mit Caprolactam													
0	1137	4,68	13,79	7,25	0	3526	32	379	322	1638	173	2	9	59	213
4	1141	4,64	13,83	7,27	0	3407	33	408	289	1589	198	6	8	60	165
8	1147	4,65	13,77	7,23	0	3465	37	453	281	1635	232	11	9	63	138
14	1150	4,57	13,88	7,28	0	3277	37	445	241	1564	248	14	9	59	97
20	1156	4,48	13,98	7,32	0	3076	39	434	199	1511	277	21	9	53	66
26	1164	4,40	14,02	7,34	0	2977	42	437	175	1518	326	31	11	52	54
34	1176	4,29	14,31	7,37	1230	2744	41	399	147	1488	340	36	15	47	44
44	1182	4,19	14,59	7,43	1967	2289	38	337	114	1403	387	44	20	44	39
60	1195	4,02	15,12	7,64	2563	1485	25	193	72	1108	391	52	51	51	32
79	1227	3,77	15,85	8,05	1942	541	0	62	29	524	304	54	50	95	23
102	1230	3,49	16,14	8,38	0	0	0	0	0	123	166	46	50	149	24
Exp. 18		mit Caprolactam													
0	1194	4,55	14,31	7,39	0	2407	43	378	198	40	211	14	6	49	83
3	1205	4,47	14,37	7,42	0	2181	49	363	159	34	241	22	9	46	51
6	1214	4,35	14,79	7,48	1568	1707	47	298	117	30	261	31	8	39	37
9	1222	4,30	14,89	7,49	2044	1299	40	227	86	27	259	38	11	34	32
12	1233	4,15	15,17	7,62	2277	827	29	144	56	22	242	43	24	30	28
15	1245	3,98	15,40	7,77	2089	473	0	80	34	16	207	45	48	27	23
19	1255	3,82	15,68	8,00	1318	0	0	21	14	8	144	44	88	30	18
24	1265	3,75	15,86	8,23	0	0	0	0	0	0	78	37	121	35	17
30	1270	3,70	16,03	8,32	0	0	0	0	0	0	47	29	137	43	14
38	1271	3,66	16,02	8,32	0	0	0	0	0	0	31	22	140	48	13
Exp. 19		mit Caprolactam													
0	1148	0,76	18,73	8,50	11330	5503	337	688	169	78	180	19	13	38	223
5	1152	0,72	18,81	8,52	11485	5361	335	699	166	75	210	22	14	37	151
10	1154	0,72	18,68	8,44	11557	5244	335	712	163	74	233	24	14	37	117
15	1153	0,71	18,64	8,40	11691	5267	336	715	160	72	245	25	13	36	94
22	1155	0,69	18,69	8,40	11988	5256	333	711	158	71	251	25	13	35	75
33	1158	0,66	18,70	8,37	12318	5232	327	712	154	70	272	26	12	33	54
46	1158	0,61	18,75	8,35	12784	5299	322	711	152	67	280	26	11	32	40
66	1159	0,56	18,91	8,40	13134	5160	308	701	147	69	302	27	11	29	29
96	1161	0,52	18,88	8,33	13681	5069	291	672	141	71	310	24	10	27	20
137	1163	0,46	19,02	8,36	14227	4821	271	631	132	76	317	21	10	24	17

Tabelle A-3: Gemessene Temperaturen und Konzentrationen